Technology of Gallium Nitride Crystal Growth

氮化镓晶体生长技术

［日］德克·埃伦特劳特（Dirk Ehrentraut）

［德］埃尔克·迈斯纳（Elke Meissner）　著

［波兰］迈克尔·博科夫斯基（Michal Bockowski）

王党会　许天旱　译

U0263632

中国石化出版社

内 容 提 要

本书内容涵盖了第三代宽禁带半导体材料 GaN 晶体的生长方法、原理及实现技术，包括 GaN 晶体的应用前景、GaN 晶体的卤化物气相外延生长技术、籽晶法生长 GaN 晶体、真空辅助技术生长自支撑 GaN 衬底、卤化物气相外延生长非极性与半极性 GaN 晶体、金属有机化学气相外延的高速率生长 GaN 晶体、热氨法生长 GaN 晶体、高/低压环境下的 GaN 晶体生长技术、Na 流量法生长大尺寸 GaN 技术简介及 GaN 晶体的表征方法等内容。

本书适合微电子与半导体材料与器件、材料相关专业的高年级本科生及研究生作为教学参考教材使用，也适合工程技术人员用于提高和作为参考资料使用。

著作权合同登记 图字 01-2021-7179

First published in English under the title

Technology of Gallium Nitride Crystal Growth

edited by Dirk Ehrentraut, Elke Meissner and Michal Bockowski, edition: 1

Copyright © Springer-Verlag Berlin Heidelberg, 2010

This edition has been translated and published under licence from

Springer-Verlag GmbH, DE, part of Springer Nature.

图书在版编目 (CIP) 数据

氮化镓晶体生长技术/(日) 德克·埃伦特劳特 (Dirk Ehrentraut)，(德) 埃尔克·迈斯纳 (Elke Meissner)，(波) 迈克尔·博科夫斯基 (Michal Bockowski) 著; 王党会，许天旱译. —北京: 中国石化出版社，2021.11

书名原文: Technology of Gallium Nitride Crystal Growth

ISBN 978-7-5114-6521-4

Ⅰ.①氮… Ⅱ.①德… ②埃… ③迈… ④王… ⑤许…
Ⅲ.①氮化镓-晶体生长-工艺学 Ⅳ.①O782

中国版本图书馆 CIP 数据核字 (2021) 第 260722 号

中国石化出版社出版发行

地址: 北京市东城区安定门外大街 58 号
邮编: 100011   电话: (010)57512500
发行部电话: (010)57512575
http://www.sinopec-press.com
E-mail: press@sinopec.com
北京富泰印刷有限责任公司印刷
全国各地新华书店经销

*

787×1092 毫米 16 开本 15.25 印张 355 千字
2021 年 12 月第 1 版　2021 年 12 月第 1 次印刷
定价: 88.00 元

序

　　自硅（Silicon, Si）技术诞生50多年以来，半导体材料一直被广泛研究。对半导体材料的物理和化学性能进行精确剪裁的能力，已经成为过去数十年电子革命的关键因素。现在，半导体材料体系［如硅和与 GaAs（Gallium Arsenic）相关的材料］已经成熟，并在电子、光电子学和其他数个领域内建立了广泛的应用。随后发展起来的其他材料体系（如Ⅲ族氮化物），目前在上述的半导体领域内还无法实现需求。Ⅲ族氮化物材料的属性［AlN（Aluminium Nitride）、GaN（Gallium Nitride）和 InN（Indium Nitride）及相关合金体系］使它们在可见光、紫外发光、紫外探测器等高效发光器方面成为最佳的选择，并适用于各种电子器件，如高频单极功率器件。大约在1970年，研究人员对 GaN 材料体系的研究有了大幅度的进展，主要的重点集中于体材料的生长。实现 p 型材料的生长在当时阻碍了大多数研究小组，它们的研究活动在数年后濒于停滞。20世纪80年代中后期，生长工艺的数项重要改进，重新燃起了研究人员对 GaN 及其相关材料的研究兴趣。赤崎勇（Akasaki）等提出了使用低温生长薄的（约30nm）AlN 缓冲层技术——在异质衬底上生长光滑单晶 GaN 层的方法（蓝宝石上的异质外延）。它们还发现了一种实现低欧姆 p 型 GaN 的技术，并且证明这是一种 pn 结基的发光器件。这一发现导致了Ⅲ族氮化物发光器件［发光二极管（Lighting – emitting Diode，简称 LED）和激光二极管（Laser Diode，简称 LD）］商业化的快速发展。20世纪80年代后期，卡恩（Khan）等使用异质外延（最初使用在蓝宝石上，后来为 SiC（Silicon Carbide）生长技术，展示了高质量 AlGaN – GaN 层和高电子迁移率晶体管（High Electron Mobility Transistors，简称 HEMT）界面处的二维电子气（Two – dimensional Electron Gas，简称 2DEG），这加速了微波功率器件的发展并日益完善，其令人印象深刻的功率处理能力正在被广泛用于商业领域。

　　迄今为止，GaN 的主要研究集中于异质外延生长技术，这是由于Ⅲ族氮化物体衬底尚未得到充分的开发。大尺寸、高质量的体 GaN 衬底仍然比蓝宝石或 SiC 昂贵得多，这是 GaN 异质外延生长的首选衬底。对体 GaN 衬底未来的需求目前还在辩论之中。由于降低了位错密度（线位错密度 $< 10^6/cm^2$），这些衬底的使用使激光器在连续工作条件下的使用寿命得到了明显的延长。然而，对于发光二极管而言，其优势并不是很明显。尽管如此，所有 GaN 基的器件均可能受益于高结晶质量体 GaN 衬底带来的低位错密度薄膜。因此，开发出适宜的生长技术以获得高结晶质量、低成本商业化的 GaN 器件，已经成为近十年来最重要的研究工作。本书的目的之一旨在反映这方面发展的现状，但范围仅限于 GaN 材料——迄今为止，在生长工艺和材料质量方面被研究得最广泛的材料。对 AlN 也在进行类似的研究，但是这些内容不包含在本书内。

目前，正如本书中的不同作者所详细讨论的那样，好几种技术被用来生长体 GaN 晶体。一开始研究者就很清楚，GaN 生长技术与用于制备体 Si 材料或者其他窄禁带 Ⅲ-Ⅴ 材料的技术是不同的。对于这些"传统"半导体材料，直接采用从籽晶的熔体中生长晶锭是最常见的技术（某些化合物的生长需要适度的压强）。材料的提纯也可以使用熔融和重结晶过程完成，例如"区域熔化"。对于Ⅲ族氮化物（如其他许多宽带隙半导体 SiC 等），提纯、熔融和重结晶不是最佳选择。在氮化物材料相图中所示的中压条件下，当温度升高时，GaN 材料不会熔化，它将分解为液态金属（Ga 来自 GaN）和 N_2。研究人员已经计算出 GaN 的熔化温度约为 2500℃，但只有当压强超过 4.5GPa 时才能发生。在实验中，如果 GaN 粉末在压强超过 6GPa 并加热到 2400℃时，保持该压强，当冷却时，就会有尺寸约为 10μm 的 GaN 单晶析出，这是最接近硅熔体的生长 GaN 的方法。当使用极高的压强和极高的温度（以及低生长速率）时，我们也可以采用熔体生长技术实现大尺寸 GaN 单晶的生长。

体 GaN 在大气压或接近大气压条件下的生长技术，要求温度 <1200℃，这是很有趣的。所谓的氯化物（或氢化物）气相外延（简称 HVPE）方法是迄今为止最受欢迎的方法。该技术采用气相 GaCl 和 NH_3 作为气源气体，在标准大气压下，典型的生长温度通常为 1000~1100℃。最经常使用的衬底是蓝宝石，各种籽晶层允许调整到近衬底的区域，生长速率高达 0.5mm/h，已报道的在 2in 衬底上生长的 GaN 晶体厚度超过 1cm，在生长过程中通过 Si 掺杂可形成 n 型材料；p 型材料可以通过 Mg 掺杂实现。通过在衬底上精心设计的图形化或在衬底上沉积的缓冲层上进行图形化，使衬底附近形成的腔体在冷却之后扮演了弱机械连接的作用。当生长结束后，需要将衬底在冷却过程中自动剥离的时候，该方法可以优化为一种自我分离的技术。晶圆可通过标准的锯切从晶锭上被切下，并进行抛光。很明显，这种经抛光后的体晶片可以作为后续生长中高质量体单晶衬底应用于生长中。

另一种气相生长技术是金属有机气相外延（Metal Organic Vapor Phase Epitaxy，简称 MOVPE）技术，该技术对器件结构中的薄外延层生长非常重要。金属有机物前驱气体（如三乙基镓或三甲基镓）可与 NH_3 一起进行生长的化学反应。对于薄外延层的生长而言，其生长速率通常调整为 $1 \sim 2 \mu m/h$，以获得高质量的外延薄膜层。为了促进体材料的生长，其生长速率可以优化到更高的值，最高可达 $50 \mu m/h$。

在中等温度（$<1000 ℃$）和高压条件下，体单晶体的溶剂生长需要另一种技术。数十年来，这项技术——在所谓的氨热生长 GaN 的方法中，在超临界 NH_3 中使用了一种 GaN 多晶体的矿化剂，压强通常保持在 $100 \sim 300 MPa$ 的高压范围内——生长商业化大尺寸石英晶体方面取得了成功。在生长室内，晶体生长于 GaN 籽晶上，温度通常为 $400 \sim 600 ℃$，并保持一定的梯度。到目前为止，获得的生长速率仅限于 $1 \sim 4 \mu m/h$。然而，这种生长体系具有扩大生长尺寸的潜力，进一步优化生长条件，将来或许可以生长尺寸非常大的体单晶。到目前为止，已经报道了直径为 2in 的 GaN 晶锭。

另一种生长体 GaN 的方法是流量生长法，即采用金属流量溶解 GaN。在高温高压下，通过溶有 GaN 的金属 Ga，就可以采用溶剂生长法实现体 GaN 晶体的生长。在实验中，在 1.5GPa 的压力和 N_2 气氛中，通过在 1600℃的范围内降低温度，研究人员可以获得厘米级的 GaN 薄晶片。然而，将该生长法扩大到大尺寸晶体和籽晶的生长，仍然是一个亟待解决的问题。

流量生长方法通常使用 Na 作为流量生长金属。生长发生在中等温度（$700 \sim 800 ℃$）梯度下和压强约为 5MPa 的籽晶上。最近，这项技术也取得了快速发展，生长速率增大到约 $30 \mu m/h$，晶锭的直径约为 2in，生长厚度约为数毫米。多项在大气压条件下生长 GaN 的技术也在开发中。

采用上述技术生长的体 GaN 晶体的品质通常是优异的，通常优于在外延衬底上生长的材料。然而采用该方法生长的材料，纯度通常不会很高。目前，质量最高的材料中，残余杂质的浓度范围为 $10^{16} \sim 10^{17}/cm^3$。出于商业的目的，主要需求是 n 型掺杂和半绝缘型的晶圆。通常，绝缘晶体和导电晶体均可以通过上述技术实现生长。但是，通常根据技术类型的需要，该方法使用略有不同。X 射线衍射（X - ray Diffraction，简称 XRD）摇摆曲线的半波宽通常为 20arcsec，并且报道的线位错密度的范围为 $10^4 \sim 10^6/cm^2$（即使是在最苛刻的应用条件下，该位错密度也被认为是适宜的）。

在过去的数年间，体 GaN 材料的生长取得了令人瞩目的进展。生长速率和晶锭尺寸也取得了显著的增加。几个学术机构和工业实验室现在已经规模化生产大尺寸 GaN 衬底。采用高结晶质量体 GaN 衬底外延生长其他各种光学和电子器件的结构带来的优势，还有待于进一步的调查。体 GaN 晶体的生长速率已增加到约 $34 \mu m/h$，而直径为 2in、厚度为数毫米的晶锭已被证实。似乎很清楚，大功率发光结构（如用于固态照明的结构）的生长，可能需要使用非极性或半极性表面的生长，这是由于量子阱结构发光活性区中潜在的俄歇（Auger）复合限制了辐射效率。大尺寸晶圆或晶体将被进一步切割成所需晶体方向的晶圆，这种对非极性或半极性衬底的需求，可能会进一步刺激体 GaN 衬底的生长和使用。到目前为止，在非极性或半极性方向上异质外延生长低缺陷密度的器件结构被证明是相当困难的。最终，是否使用体 GaN 衬底将主要取决于经济因素。正如在异质外延中使用的同类材料一样，它们同样也具备高结晶质量和低成本。因此，挑战将来自扩大生长体系以更加有效地生长大量高结晶质量的材料。目前，我们讨论的许多技术尚且处于向工业转移的阶段，在这个阶段，增大生长尺寸的进程正在进行。

Columbia，美国 M. Asif Khan

Lin köping，瑞典 B. Monemar

2010 年 3 月

前　言

氮化镓（GaN）已成为现代科技领域内最重要的半导体材料之一。正如我们所预见的那样，它的未来将在固态照明和大功率电子器件方面大放异彩。实际上，推动和创造这个全新领域内 GaN 基器件技术的主要因素，是成功地实现了可靠的 p 型掺杂，并因此实现了具有制造能力的发光器件（Light‐emitting Diode，简称 LED 和 Laser Diode，简称 LD）。这个领域内的先驱者，Shuji Nakamura 已经在他的著作中进行了总结，见 S. Nakamura, G. Fasol, The Blue Laser Diode, Springer‐Verlag, 第 1 版, 1997。

自那时起，研究人员已经在开发更高发光效率 GaN 基器件方面做了很多工作，并开拓了数十亿美元的市场。更加令人惊叹的是，与 GaN 基器件在晶格常数和热膨胀系数相匹配的衬底还尚未开发。2000 年左右，GaN 晶体的生长技术已经在学术界和工业界得到了广泛的认可。

本书旨在首次为读者带来最先进 GaN 晶体生长技术的全面概述，反映了在过去的十年间取得的巨大进步，并规划出仍然需要我们实现的共同目标——足够多数量与价格合理的大尺寸、无错位的 GaN 晶体来制造非极性、半极性和极性 GaN 晶圆。

来自工业界和学术界的许多公认的领导者对本书做出了贡献，编者对此非常感谢。我们真诚地希望本书将帮助工程师、研究人员和学生妥善处理 GaN 晶体生长、工艺和器件制造等方面遇到的问题，无论这些问题是来自工业方面还是学术方面。

最后，我们感谢所有参与和准备出版本书的人。特别感谢 T. Fukuda 教授在过去数年间的合作；以及感谢他的妻子 Yumiko 的耐心和对本书写作的支持。

最后，施普林格‐维拉格出版社的 C. Ascheron 博士和 A. Duhm 女士为本书的出版提供了帮助，一并在此表示特别感谢！

仙台，德克·埃伦特劳特

埃尔坎，埃尔克·迈斯纳

华沙，迈克尔·博科夫斯基

2010 年 3 月

目　录

第1章　GaN 衬底体材料市场的发展

Andrew D. Hanser 和 Keith R. Evans

摘要　本章从特定的设备生长衬底技术出发，考察了 GaN 体材料在近期和长期市场中面临的机遇和挑战。从 GaN 体材料的需求来看，短期需求的主要推动力是激光二极管(Laser Diode，简称 LD)，而长期需求的推动力主要是固体照明技术(Solid-State Lighting，简称 SSL)和功率电子器件。GaN 衬底在市场上具有广阔应用的挑战在于增加生产体能，降低生产成本，这需要深刻理解当前基于异质衬底技术制备 GaN 的设备。

1.1　引言

技术无处不在地贯穿于当前的大多数生活之中。全世界大众化的技术创造了巨大的产业来满足人们对不断增长的技术需求。即使在第三世界，技术也是以不同的形式地被引进，包括无线通信、太阳能发电和现代医药等。先进的技术以很多方式促进了人们的生活，但同时也以增加了资源和能源消耗以及废物生成量。人们面临着越来越严峻的挑战是，技术在提高人们生活水平的同时，使用更少的能源来降低对环境带来的负面影响。

在新技术的不断发展和应用过程中，一种可以改变世界运作方式的基本技术会时常出现。硅半导体材料的使用，使晶体管、集成电路(Integrated Circuits，简称 IC)、微处理器、计算机和信息时代的发展几乎影响了现代生活的方方面面。以类似的方式，Ⅲ族氮化物半导体材料从根本上改变了人们的生活。这些材料[包括氮化铝(AlN)，氮化镓(GaN)和氮化铟(InN)]赋予半导体器件新的使用功能，并使目前半导体技术的革新成为可能。对于这些材料，虽然有很多潜在的应用前景，但它们对于未来十年的影响将主要集中在两个方面：光的产生及功率控制。可以预见，这些方面的应用将开辟一个潜力巨大的商业世界，有可能以一种前所未有的方式来支撑材料和器件的发展。起源于创新带来的巨大前景，有能力用更高能效、更低电能以及更低热损耗来生产能量更大的光源和更大的功率。在本章中，我们讨论了 GaN 基材料面临的市场和应用方面的机遇与挑战，特别审视了 GaN 衬底将如何在新的市场中应用。我们展示了 GaN 衬底是如何引入近期市场并成为制造业革新的动力，以及在未来的市场机遇中占有一席之地。

1.2　Ⅲ族氮化物器件的市场驱动力和展望

1.2.1　光的产生和Ⅲ族氮化物中的固态发光

Ⅲ族氮化物的独特属性之一是，它们可以高效地实现从深紫外到红外波长波段的发光。这些波长使得高效半导体基白色光源的发展成为可能。基于发光二极管（Light-emitting Diode，简称 LED）的固态照明技术允许用户更换效率和可靠性更低的发光技术，如白炽灯、荧光灯、金属卤化物等光源。

在我们的日常生活中，大量的能量消耗用于生产光源。例如，在美国，约22%的国家电力被用于照明[1]，这相当于大约100家大型电厂的产能。而这么多的产能，由于照明系统电气效率低下的缘故，需要3倍以上的能源来获得支持。而且随着能源成本的增加、人口的增长以及全世界的技术渗透率的上升，这些电能的成本约为550亿美元。如今，对全球范围而言，将照明的需求转化为灯具（灯泡）、镇流器、照明灯具和照明控制的市场，每年价值约为400亿美元[1]。目前，基于SSL（固态照明）技术的高效照明系统以及用于替代许多低效率的照明技术正在被研发。考虑到SSL技术在照明领域中的渗透和这些变化所节约的能量，这项技术将会给人们的生活带来巨大的好处：提高能效、降低能耗、减少碳排放、降低消费者的总成本。这些好处为开发新的GaN基SSL技术提供了动力。

根据美国能源部的数据，从有效降低消耗和市场竞争力两个方面来看，到2025年，基于SSL技术的光源，其长期目标和开发目标要求发光效率为160lm/W[2]。这种高水平的发光性能，比迄今为止世界上最普遍的光源（如荧光灯和金属卤化物）的发光效率提高了约60%，比白炽灯的发光效率提高了约800%。从表1.1所示的不同光源发光功效的汇总中我们可以看出，目前最先进的技术取得重大进展是满足美国能源部要求的当务之急。

表1.1　固态照明技术的转变对美国电能消耗结构的潜在影响

普通照明光源			
性能评估	固态发光光源	60W 白炽灯	23W 紧凑型荧光灯
光输出通量/lm	1000	1000	1200
功率/W	6.67	60	23
发光效能/(lm/W)	150	16.7	52
年能耗(每天8h, 365d)/(kW·h)	19.5	175.2	67.2
高于 LED 的因数	1	9.0	3.4
每盏灯的年能源成本[9.3美分/(kW·h)]	1.81	16.29	6.25
使用 LED 照明的年节约能耗估计：2020 年预计的基准将达到 7.5quad			

续表

普通照明光源			
美国照明转化 SSL 百分比	节约的能量/ quads	节约的经济成本/ 亿美元	假设：采用相同固 体光源替换白炽灯和 荧光灯
1%	0.05	3.3	
10%	0.49	32.3	
25%	1.21	79.9	
50%	2.43	160.4	

注：1. quad 是一个 4000000000 英制热量单位（BTU；1BTU = 1055.06J）；

2. 单位 quad 的电能约为 66 亿美元。

2008 年，GaN 基 LED 市场估计约为 70 亿美元，2012 年增长至约 150 亿美元[4]。尽管 GaN 基 LED 已经具有了重要的市场，但它们在 SSL 中的应用被局限在很小的范围。与现有方法相比，GaN 基 LED 照明解决方案的成本和总体技术准备水平都受到了限制。随着器件发展技术的不断改进，用于 SSL 的 LED 市场于 2012 年增长到 12 亿美元[4]，并将在长期内达到数亿美元甚至更多，见表 1.2。

表 1.2　不同光源的发光效能范围[3]

光源	典型的发光效能范围/（lm/W）
白炽灯	10 ~ 18
卤素灯	15 ~ 20
紧凑型荧光灯	35 ~ 60
线型荧光灯	50 ~ 100
金属卤素灯	50 ~ 90
目前用于普通照明的 SSL 光源	62
2025 年 SSL 照明系统的发光效能目标	160

1.2.2　Ⅲ族氮化物的电学系统和功率器件

提高电子系统中的能效可以降低许多应用中的总能源需求。例如，家庭中的待机电源占年度能源消耗的 5% ~ 10%，加起来的能源费用每年超过 30 亿美元[5,6]。根据美国能源部的数据，这一待机用电量在 2004 年约为 64500GW·h[7]，浪费的能量相当于 18 座典型发电站的产量。这种待机功耗产生的原因是：低成本但效率低下的电源在电子设备未使用时消耗了大量电能。此外，SSL 的实施将需要高效率的电源供应商和控制器来维护照明系统的整体高效。电力系统在汽车行业中的使用也越来越广泛，而作为一种提高效率的运输系统，混合动力电动汽车（电动汽车）也越来越重要。使用电动马达与内燃机结合，提高了车辆的能效，并减少了运输石油的需求和大气排放物的含量。一项特别的研究表明，在 2030 年之前，与目前的消费水平相比，在车辆的数量和年平均里程均有所增加的情况下，混合动力汽车的增加有效降低了轻型车辆的石油总需求量[8]。单独使用电动马达或将其与内燃机结合，可以提高车辆的能效，并能减少 CO_2 的排放，同时减少运输石油的相关需求。最后，包括传统电力系统在内、向用户传输电能的新能源电网也在不断增长，如再生能源网络，如风能、太阳能、生物能等其他的新能源。目前的发电系统受益于更有效的电力转换系统和电力切换系统。智能化系统通过监测和管理能源的生成和负荷的变化周期，提高了可再生能源的载荷效率。通过固体功率控制系统可以实现变压、电压的交流动态增强控制、阻抗、高压交流相位角的传输线等方面的改进[9]。

工业和消费性电子产品、全电动和混合动力汽车、发电过程和电网的能量转换，均受益于更高效率的电子元器件。为了提高这些系统的效率，我们必须在电源中添加一个由电源逆变器和转换器组成的大功率电子元件(High Power Electronic，简称 HPE)。对于现代的电力系统，这些半导体元器件主要是由硅制成的。由于受到材料固有性质的限制，硅半导体器件在功率处理能力和操作温度方面受到了限制，这对整个电气系统的效率产生了负面影响。与 Si 半导体器件相比，GaN 基半导体器件在提高功率性能方面，具有更高的效率。GaN 的带隙较宽(3.4eV)，临界击穿电场较高(约 3MV/cm)，电子迁移率较大(室温下为 1500cm²/V·s)。这些性能赋予了 GaN 器件具有低开启电阻、低开关损耗、高温性能以及高功率转换效率，如肖特基二极管和场效应晶体管(Field Effect Transitor，简称 FET)。使用 GaN 基器件将提高电力系统的转换效率，可能对减少全世界的总用电量产生重大影响，并进一步影响电气系统的方方面面，每年可节约 300 多亿美元[10]。2008 年，GaN 功率器件的市场保有量超过 3.5 亿美元，长期内 GaN 功率器件将增长到 220 亿美元[11]。

1.2.3　GaN 衬底在固态发光和功率器件市场的定位

GaN 器件在进入 SSL 固态发光领域和功率器件市场时，需要进行重要的技术开发。进入这些市场需要成熟的工艺技术，以制造出用于照明和功率元件系统的材料和器件。高性能器件的高制作能力、低成本的工艺性能也是必需的。两个重要因素将有助于成功地实现 GaN 基器件在这些方面的应用。首先，GaN 器件的性能必须提高。例如，对发光器件而言，其发光功效需要增加 3 倍以上，才能满足市场并具有竞争力。GaN 基 LED 在设计方面经过一段时间的改进后，其发光功效有了稳步的提高。然而，目前的技术方法能否继续保持当前的性能，仍然有待进一步观察。目前，大多数的标准 LED 是在外延(非氮化物)衬底上生长的。衬底和外延层之间材料性质的不完美匹配，导致了大量的缺陷。这种生长方法导致了衬底和外延层之间材料性能的不完美匹配，从而产生了缺陷并降低了器件性能。研究人员正在调查这些缺陷对 LED 性能的影响，以确定是否是材料质量的原因使得 LED 器件的性能受到根本的限制，这对于高密度电流工作下的光输出器件尤其重要。与在照明方面的应用相同，器件性能和已经证明的可靠性仍然是实现 GaN 基功率器件全部潜能的重要障碍。

第二个因素是降低 GaN 基器件技术的成本，其中衬底的成本在器件的总成本中占比较大。成本－业务量曲线是半导体制造业的主要挑战之一，而衬底成本的降低可通过增加产品的总量得以实现。市场虽然对 GaN 器件的需求很大，但对于基于 GaN 衬底的器件（如 LED 器件），目前的市场也仅仅在最初的时候以 GaN 作为衬底，应用于高端领域。由于现有器件技术价格低廉，生长于异质衬底上的 LED 器件具有足够的性能应用于照明领域，这些 GaN 外延晶片和器件价格低廉的部分原因是产量高和低成本衬底。因而，使用体 GaN 作衬底的 LED 技术，由于生产产量较低导致的衬底高昂成本，目前还无法在市场中获利。因此，新的市场需求需要确定，短期内是否能容纳体 GaN 衬底的这些不足。从长期来看，GaN 衬底的制造成本应该接近 GaAs 衬底，这是由于二者的生长设备、起始材料和生长速率非常相似。然而，必须认识到，对于给定的器件性能、可靠性和外在因素而言，衬底的成本只是决定制造成本的一个因素而已，见图 1.1。

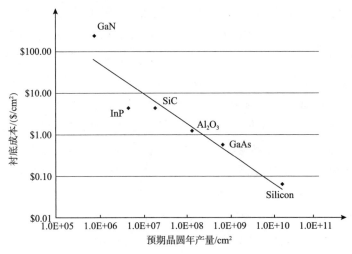

图 1.1 单位平方厘米衬底成本的估价与半导体晶圆年产量之间的关系

表 1.3 GaN 基 LED、功率器件和激光器件的应用

LED 应用	功率器件应用	激光二极管应用
背光照明（移动照明、LCD 显示）	用于通信和雷达的 RF（射频）功率放大器	光学数据存储
全色显示、大幅面视屏屏幕	开关、电源	投影仪
汽车的内外照明	电机控制	显示器
信号灯和标牌显示	卫星功率系统	商业印刷
普通的照明	高温电子器件	测试和测量（光谱学和传感）

　　体 GaN 衬底的制造商已经认识到，中间环节和市场定位机遇的存在，有助于满足固态发光技术和功率器件庞大的市场需求和对成本的要求。正是这些近期和中期的市场需求，为体 GaN 衬底材料提供了建立生产能力、扩大商业规模、提高生产产量、降低成本的机会，从而使得持续不断地进入新的和更大的市场成为可能（见表 1.3）。最初的市场定位目标是控制高性能器件的昂贵价格，或者是从这些器件的其他方面获利，如获得更高的电子效率、更小的尺寸/或更低的温度敏感性能。通过竞争的方式应对尚未饱和的市场需求，体 GaN 衬底器件一开始就迅速地占领了市场。接下来，我们要研究的是那些有助于体 GaN

衬底满足市场要求以及这些驱动力是如何进入额外市场的因素。

1.2.4 体GaN衬底产业化成功的关键动力

从GaN衬底中迅速获益的领域之一是GaN基激光二极管。GaN基激光二极管主要应用于下一代、高清DVD光驱和录像机,也包括其他方面的应用,例如,高清视频投影仪和显示器、商业印刷测试和测量应用,以及光谱学和生物传感等方面。高清DVD利用40nm的激光二极管读写光盘上的数据,而GaN是唯一能够产生这种波长的半导体激光器。发生于20世纪早期的蓝光DVD和高清DVD之间的格式战争,被认为潜在地阻碍了下一代播放器市场的发展[12]。但在2008年年初的时候,业界就认定了蓝光格式,为激光二极管和光驱的产量增加铺平了道路。蓝光DVD光驱和录像机的销售于2008年达到了500万台,并于2009年将翻一番达到1200万台[13],而GaN基激光二极管的市场销售额于2011年将达到12亿美元[14]。蓝光只读光驱的LD通常在20mW运行[15],在连续波长操作模式下的使用寿命超过1×10^4h,但人们仍然期望开发出更大功率的激光器来提高DVD刻录机的写入速度。激光二极管的可读写功率从2倍速标准写入速度时的125mW、4倍标准写入速度时的170mW(脉冲)[16]一直发展到8倍速写入速度时的250mW[17]。对于输出功率更高的LD,在操作过程中产生的热量也会变得更大。将LD的可靠性能扩展到更高的输出功率需要提高材料质量[18]。GaN基激光器的制造仍然集中在日本。据报道,2008年,GaN激光器的主要生产商——日亚公司(Nichia),在GaN基LD市场中占有80%的市场份额[19]。另据报道,日亚公司采用蓝宝石基的工艺和体GaN衬底工艺[20],并与索尼(Sony)公司展开合作研究和开发GaN基LD技术。索尼、夏普(Sharp)和三洋(Sanyo)正在开发以GaN为衬底的LD制造工艺[21]。GaN基LD在制造方面的重大挑战,减慢了批量生产的速度,推迟了索尼公司的PS 3和蓝光播放器的交付使用。制造GaN基LD的主要问题是获得高的产量,这部分归因于高质量体GaN衬底可用性的限制[22]。生长于蓝宝石衬底上的GaN具有较高的位错密度,这需要对衬底上的器件进行细致的布局,并和衬底对准。虽然几乎没有公开的关于蓝宝石衬底和体GaN衬底上LD的产量数据,但由于高质量的体GaN衬底材料具有低缺陷密度、较高均匀性、简化的外延生长过程等特性,因而提高了外延生长的成品率。从蓝宝石衬底到GaN衬底的这种改变,所有LD制造商,特别是大功率LD的制造商,都看到了这方面的技术进步。

GaN基LD市场抓住了如下几个关键驱动力,并成功地使体GaN衬底材料商业化。

(1)先进Ⅲ族氮化物半导体器件在大范围内应用的强劲需求和日益增长的商业需求;

(2)改进体GaN衬底材料的性能(器件的结构质量和散热性能)是其他方法无法达到的;

(3)源自体GaN衬底材料带来的高性能器件优势的证明。

GaN衬底制造商将以市场驱动为导向,为增加制造能力提供资源调配,从而提高优质体GaN衬底的可用性。这种衬底的供应促进了商业器件市场的发展,进一步推动了衬底产量的扩大,并可能使制造业产量得以改观。由于GaN衬底制作程式的进展,通过降低研发成本和衬底的稳定供应，其他新器件的应用也将从大量的 GaN 衬底中获益。新的器件被开发出来，开拓了新的商业需求领域，就可以进一步为衬底制造商提供动力，增加制造能力。例如，图 1.2 展示了用于功率器件的 4in GaN 晶片的产量。预测到 2015 年，4in GaN 晶片的年产量接近 60 万片。

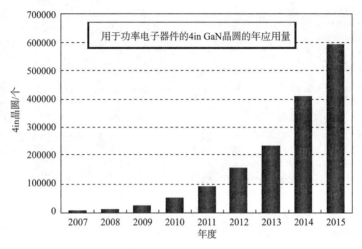

图 1.2　用于功率电子器件的 4in 晶圆预测，资料来源：Yole Développement

1.3　体 GaN 衬底材料的优势和重要性

在不同半导体材料的家族中，我们观察到，绝大多数 Si、SiC、GaAs 和 InP 等器件都是在与其相关的体材料衬底上制作的，但是仍然有很多研究者试图开发在价格较为低廉的硅和蓝宝石衬底上生长的 SiC，特别是 GaAs 和 InP 器件。氮化物器件的状况是不同的：目前，大多数商业化的氮化物半导体器件都是在诸如 Si、SiC 和蓝宝石等外延衬底上制造的，这反映出世界范围内努力开发价格低廉、结晶质量高的体 GaN 衬底材料速度缓慢，并限制了这些衬底材料的使用。作为 GaN 外延生长的起始材料，为 GaN 器件的开发和商业化选择外延衬底，是一种折中的方法。尽管外延衬底具有很多的优点，例如，容易获得的大尺寸、高质量和低成本的衬底，但这种异质外延生长的方法还是有许多众所周知的缺点，如与衬底材料之间的晶格失配、热膨胀系数失配，以及衬底与外延层薄膜之间的化学不相容。然而，多年来外延衬底生长方法已经得到了长足的发展，并广泛应用于商业化的 GaN 基 LED 器件。这一发展途径也导致了许多新颖的外延层生长方法，并降低了 GaN 异质外延层薄膜中的位错密度。这些技术包括外延层横向过生长技术(Epitaxial Lateral Over-growth，简称 ELOG)和赝生长或悬挂键外延等。但每一种新技术的出现，都具有复杂的外延生长工艺，从而增加了成本。许多 LED 的制造商在适当增加成本的情况下，正在逐渐过渡到采用图形化的蓝宝石衬底(Patterned Sapphire Substrate，简称 PSS)技术以提高 LED 的性能(见图 1.3)。体 GaN 衬底材料的主要优点是，专门解决了外延衬底方法的不足。事实上，GaN 衬底市场的驱动力是强大的，这是由于大多数器件的固有性能将通过衬底的广泛应用得以实现。体 GaN 衬底是如何影响器件制作的成本和复杂性的原因的，我们将分别予以详细讨论。

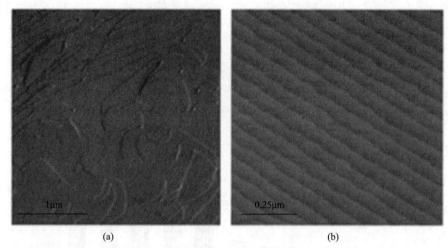

图 1.3　蓝宝石衬底(a)和体 GaN 衬底(b)上外延 GaN 薄膜的原子力显微镜照片注：生长于蓝宝石衬底上 GaN 薄膜的位错密度大于 $10^9/cm^2$，表面台阶止于线位错，导致非平行的生长台阶；生长于体 GaN 衬底上 GaN 薄膜的位错密度约为 $10^6/cm^2$，表面上的单层台阶几乎是平行的，没有被线位错终止。

数据来源：A. 阿勒曼，桑地亚国家实验室(A. Allerman, Sandia National Laboratories)和 R. 杜普伊斯，佐治亚理工学院(R. Dupuis, Georgia Institute of Technology)。

1.3.1　器件性能

对器件性能的优化而言，有一个简单的原则：最好的器件源自最高结晶质量的外延层。在这种情况下，高结晶质量意味着几种情况，但最显著的是，外延层结构完美地匹配了最初的设计，而结构方面的匹配几乎可以忽略，至少不那么显著了。反之，高质量器件的外延层取决于衬底在细节上的选择与优化外延生长方法的融合。

如前文所述，高结晶质量器件的外延晶片意味着高的结构质量：精确的厚度、器件各层的组分变化、平整的异质结界面和突变掺杂剖面，以及低的缺陷密度。对于所有的 GaN 基器件而言，体 GaN 衬底材料的主要优点归结为最简单一句话就是，提高了器件外延层的结构质量，但有时也很难理解如何通过改善器件的结构质量来影响某一种具体器件的性能与可靠性。答案很大程度上在于，什么是外延层器件结构最重要的特性，以及体 GaN 衬底是如何影响器件的性质的。例如，对用于光存储的蓝光或近紫外激光二极管，器件的输出功率和可靠性必须满足某些阈值，以供商业需求。系统研究表明，当采用体 GaN 为衬底时，当输出功率给定时，激光二极管的可靠性在很大程度上依赖于器件活性区中的缺陷密度。对于其他许多器件而言，据不完全统计，采用体 GaN 作为衬底是有益的。在表 1.4 中，我们预测普通器件采用体 GaN 衬底的优点，并展示体 GaN 衬底的几个具体应用。

表1.4　验证和预测体 GaN 衬底对器件优势的总结

器件应用	已验证的优势	预测的优势
激光	提高了使用寿命，降低了阈值电流，更高的输出功率，改善了导热性能，降低了位错并增强了扩散	提高了功率和功率密度
LED	减少了非辐射复合中心，降低了泄漏电流，改善了导热系数，提高了发光效率；降低了铟组分分离导致的位错，降低了金属沿位错方向的电迁移诱发的老化效应	IQE(内量子效率)进一步改进，长波段效率降低效应降低，输出功率提高
RF FET(射频场效应晶体管)	更高的沟道迁移率和更高的沟道电荷、更高的沟道迁移率×更高的沟道电荷，降低了缓冲层的泄漏电流，改善了表面态	更高的工作频率，更高的使用功率，更高的可靠性
功率开关和二极管	高击穿电压，更快的开关速度，更高的效率以及更低的反向恢复时间	可靠性更高，更低的导通电阻，更高功率的载流能力以及更高的沟道迁移率
光电探测器和太阳能电池	低的暗电流，盖革模式工作	高探测能力，高光电流以及更高的效率

1. 激光二极管

自从 Nakamura 等首次示范以来，GaN 基 LD 取得了重大的进展[23]。GaN 基 LD 的大部分构件是以蓝宝石作为衬底生长晶体薄膜。因此，这种异质外延的生长方法带来的问题是，GaN 薄膜层中的高位错密度和双轴应变阻碍了氮基 LD 性能的提高。位错导致量子阱结构 LD 运行恶化的机制主要有三种[24]：(1)通过充当电子和空穴的非辐射复合中心而不是光发射产生热量；(2)通过引入沿位错线的快速扩散，抹平量子阱，缩短 p−n 结；(3)通过干扰外延层生长前端，无法获得原子级的平整表面结构。位错还能引起 LD 的阈值电流密度增加，最终限制了器件的寿命[25,26]。众所周知，横向过生长技术可实现 GaN 外延层薄膜中的位错密度降低至 $10^6/cm^2$ 的量级，从而增加器件的使用寿命[27,28]。已有研究结果表明，在体 GaN 衬底上采用氢化物气相外延(Hydride Vapor Phase Epitaxy，简称 HVPE)生长的 LD 中的位错密度低于 $10^5/cm^2$[29]。此外，如前所述，对于大功率 LD，器件的导热系数会影响性能和可靠性。LD 的失效与焦耳热效应或非辐射复合产生的热量密切相关[28]。下面我们将进一步讨论 LD 中的散热问题。

2. 紫外和可见光 LED

GaN 基 LED 涵盖的波长范围较广。已有研究表明，器件的性能(输出功率、器件的效率等)在很大程度上取决于输出波长和电流密度。蓝光 LED 与荧光粉结合，产生了今天绝大多数的白光 LED，展现了 GaN 基 LED 的最高效率水平。当波长较短(紫外光)或更长(绿光)时，LED 器件具有较低的效率。是什么机制导致了不同波长和工作条件下，内量子效率(Internal Quantum Efficiency，简称 IQE)的变化，并阻碍了 LED 的性能？这仍然是一个被广泛讨论的问题。虽然有几个值得商榷的机制解释了当电流增大时，LED 效率降低的原因，包括载流子注入和量子限制效应[30,31]、压电极化效应[32]，俄歇（Auger）损失[33]，但也有证据表明，器件中的材料质量在控制 LED 性能方面扮演着主要角色。对于可见光 LED，InGaN 发光活性区的发射机制决定了 LED 的 IQE。在蓝光 LED 中，InGaN 量子阱中的铟组分要求为 15% ~ 20%，而在绿光 LED 中，铟组分则要求为 25% ~ 35%[34]。由于低的分解温度和溶解度间隙[35]，以及随着铟组分的增加，InGaN 与 GaN 薄膜之间的晶格失配度加大等原因，InGaN 成为一种众所周知的难以生长的材料。随着铟含量的增加，材料的结晶质量趋于下降，而量子阱中的组分一致性也趋于下降。量子阱中的富铟区域，使载流子局域化，提高了蓝光波段的发光效率；但在长波波段，局域化效应的作用被削弱了，使铟组分中较高的 LED 更容易在位错处受到非辐射复合的影响[36]。InGaN 生长中的 V 形缺陷也被证明与线位错有关[37]，并且降低这些缺陷的密度将改善绿光 LED 的性能[38]。采用分子束外延生长（Molecular Beam Epitaxy，简称 MBE）的方法，在没有位错的情况下，在体 GaN 衬底上生长的 InGaN 外延层薄膜，为层－层的生长模式[39]。降低 InGaN 薄膜中的位错密度，不但可以提高材料的结晶质量，而且还能提高 LED 的性能。紫外光 LED 中的非辐射复合也是影响器件性能的因素之一，由于缺乏载流子局域化、高位错密度，因而紫外光 LED 的 IQE 比可见光的 IQE 低。紫外光 LED 在近 GaN 能隙（3.42eV）处实现发光，因而采用 GaN 作衬底是有益的，而深紫外光 LED（200nm < λ < 300nm）则受益于 AlN 作衬底[40]。

3. 射频晶体管

生长在 SiC 衬底上的 GaN 射频晶体管显示了与载流子俘获有关的可靠性问题[41]，但目前只有有限的证据证明，在体 GaN 上的生长的射频器件，其性能得到了提高。一个重要的关于 GaN 衬底的研究表明，以体 GaN 作衬底，比在 SiC 衬底上生长的 GaN 场效应晶体管的可靠性高[42]。美国海军实验室研究人员的近期研究表明，生长在半绝缘 GaN 衬底上的射频场效应晶体管具有良好的 X 波段行为——表面电阻和载流子迁移率均得到了提高。这些现象在生长于 SiC 上类似结构的射频场效应晶体管中也被观察到了[43]。凯玛科技（Kyma Technologies）和其他的研究提供了更多这方面的证据。半绝缘体 GaN 衬底上加工成的晶体管主要应用于在高速、大功率射频等领域。

4. 大功率开关

基于 GaN 衬底的大功率开关器件，如 GaN 肖特基二极管，其性能显示了与缺陷密度之间的依赖性。因此，尽可能低的缺陷密度对器件的性能是有利的。文献研究表明[44,45]，纯螺位错已经被确定为 GaN 基器件的反向泄漏电流提供了通道。在 GaN 衬底上制作的器件，降低了总位错密度和表面上的螺位错密度，因而减少了栅极电流的泄漏。根据文献报道[46,47]，当生长在体 GaN 衬底上时，肖特基势垒二极管表现出的一些性能已经超过了以蓝宝石作衬底的器件，这些优点包括反向恢复时间、导通电阻、反向击穿电压和反向泄漏电流等。最近在功率电子器件行业中的最新进展，包括维洛克斯公司（Velox）和国际整流器公司（International Rectifier），均对在硅和蓝宝石上生长 GaN 功率开关器件表示出强烈的兴趣，但在体 GaN 衬底上生长的 GaN 功率开关器件的性能则有待进一步的提升。近两年，日本研究人员发表的几篇论文表明，体 GaN 衬底上生长功率器件具有很大的进展[48~50]。

5. 新器件应用

对 GaN 材料而言，研发人员仍在不断地开发新的器件，包括太赫兹器件、量子阱带间跃迁器件，如最初开发于贝尔实验室的量子级联激光器（Quantum Cascade Laser，简称 QCL)[51]。研究人员有充分的理由相信，体 GaN 材料对这些新的应用是非常重要的。事实上，缺乏优质的 GaN 衬底，是制作性能优异的 GaN 量子级联激光器失败的原因[52]。至于其他方面的应用（如光伏），研究人员已经开发出紫外盲雪崩探测器[53]和 InGaN 基太阳能电池，为开发超高效率器件提供了潜在的动力[54]。以 GaN 为衬底，通过降低位错密度，研究人员实现了降低暗电流、提高太阳能电池光响应的目的。

1.3.2　热导率

许多以高端应用为目的的 GaN 基器件，要求具有高输出功率和高电流密度。用于固态发光技术的光源要求数百甚至数千流明的光输出，这要求高亮度 LED 在高电流状态下工作，而用于大功率输出的激光二极管则需要在高电流密度（kA/cm^2）下工作。用于无线通信雷达的射频场效应晶体管，目标功率密度为 5W/mm，甚至更高，而开关和二极管的功率电子器件在大电流和高电流密度（高达数百安培和数百 A/cm^2）条件下工作。所有的这些工作条件，通过自身热效应在器件中产生了高温，而且所有器件性能都受到了高温的影响。温度的变化会改变电子器件的性能，包括主要发光波长、发光强度和发光效率，以及开启电阻、增益和转换效率。

如果没有适当的热量耗散系统，大功率 GaN 器件就不能持续工作。作为器件中不可或缺的一部分，热量耗散系统决定了热量是如何从发光活性区传递到外延层的。为了探究热量传播的问题，科研人员研究了衬底的热导效应对外延层器件结点或沟道温度的影响。相关出版物中的实验测量结果表明，生长于蓝宝石或者 SiC 上缺陷密度高达 $10^{10}/cm^2$ 的 GaN 外延层薄膜，室温下的热导率低于 1.0W/(cm·K)，而高结晶质量（缺陷密度小于 $10^6/cm^2$）的体 GaN 衬底，室温下的热导率高达 2.3~2.5W/(cm·K)[55,56]。因此，采用高缺陷密度的缓冲层和活性区，会引起 SiC 等衬底材料热导率的降低。利用微拉曼（Micro - Raman）热成像技术，科研人员研究了 SiC 衬底上生长的 AlGaN/GaN 的热导率对射频性能的影响。利用具有高空间分辨率（在微米到亚微米范围内）的微拉曼技术，科研人员观测到了 GaN 外延片的温度明显高于底层 SiC 衬底的温度，这是由于 GaN 外延层具有较高热阻而导致的。此外，在 AlGaN/GaN 电子器件中，GaN 外延层薄膜与衬底之间也存在边界热阻[57]。对这些因素的分析，有助于研究 AlGaN/GaN 场效应晶体管的沟道温度，这可能会影响射频器件的性能和可靠性。相关文献对 GaN 和 SiC 衬底上的 AlGaN/GaN 场效应晶体管模型进行了比较研究[58]，同时还进行了衬底热效应的比较实验。热模型表明，SiC 衬底上外延生长的 GaN 和 AlN 层中缺陷的引入，影响了衬底的热流动，增加了器件的沟道峰值温度。采用微拉曼光谱对两种衬底的研究结果，也证实了类似的沟道温度。对射频器件，体 GaN 衬底表现出了与 SiC 相类似的热学性能，这不仅提高了材料的质量和潜力，而且还提高了器件的可靠性。相关研究表明，对于 GaN 激光二极管，使用体 GaN 作为衬底，比蓝宝石作衬底更能改善结温并提高器件性能(这归因于 GaN 衬底具优异导热系数的缘故[28])。

1.3.3 热激活的器件失效分析

在半导体器件中，由于热效应诱发的失效机理，我们可用一阶与缺陷浓度有关的如下方程来描述:

$$\tau^{-1} = A[D]\exp(-E_a/kT) \tag{1.1}$$

式中，A——指前因子; E_a——与失效机理相关联的活化能; $[D]$——失效机理中，瓶颈过程中的载流子浓度; T——绝对温度。GaAs 基异质结双极型晶体管(HBT)[59]、太阳能电池[60]、GaAs 基激光二极管[61] 等半导体器件的失效行为都已经观测到了。索尼公司的研究人员已经证明了，GaN 基激光二极管的使用寿命与线缺陷密度之间存在着明确的一阶相关性[27]。从线缺陷热激活失效机理来看，体 GaN 比其他异质衬底具有更大的优势。当然，其他方面的优势在于，提高了输出效率和热导率。其他类型的半导体器件，特别是射频场效应晶体管可靠性的研究将是未来几年的热点。

1.3.4 器件成本

具有确定性能、可靠性和形状参数等要求的半导体器件的制造成本是一个复杂的函数，其中包括原材料、外延生长设备、制作工艺及器件成品率等方面，以及其他重要的过程(如器件封装成本、性能测试成本及可靠性测试成本等)，在这里不做讨论。在评价体 GaN 衬底的优势时，我们需要考虑以下成本因素。例如，以低成本的蓝宝石作衬底，虽然成品率高、外延层结构较薄，但 LED 器件的性能往往表现不佳。另外，高性能的 LED 通常要求更厚的外延层结构、更严格的技术规范(如输出流明或波长变化)，因而在外延生长和加工的过程中成品率较低。可是，某些成本因素的增加会导致总体成本降低。一些 LED 制造商已经注意到，采用制作成本稍微昂贵的图形化蓝宝石衬底，可以改善 LED 的性能，并能有效地降低高性能 LED 的整体成本。

除了考虑材料成本之外，我们还需要考虑新的生长工艺带来的工艺开发成本。在 GaN 器件技术的发展过程中，Ⅲ族氮化物外延生长技术的应用比体 GaN 衬底研究得更早一些。因此，GaN 基器件的研发人员专门使用外延衬底技术，即主要以蓝宝石、SiC 和 Si 作为衬底;对其他半导体材料，如 GaAs、SiC 和 InP 等，在器件的研发阶段，则使用其同质材料作为衬底。有了这些材料的研发经历，人们发现，在同质衬底材料上制作器件具有节约成本的潜力，但同时在提高外延层和器件的成品率、降低研发成本方面有待于进一步的优化。就 GaN 器件而言，外延衬底上的制作工艺得到了优化。由于 GaN 衬底逐渐变得可用，器件制造商必须与早期昂贵的衬底材料和新衬底上不断优化生长工艺带来的成本进行竞争。与其他外延衬底相比，体 GaN 衬底的使用不但简化了生长过程，还提高了器件的成品率，尽管优化过程取决于许多因素（如衬底表面的处理、斜切角度和方向和掺杂等）。当器件性能带来的利润超过材料和工艺开发的成本时，器件制造商将转向以体 GaN 为衬底进行研发。提高器件的成品率可能是 GaN 衬底带来的最大的成本效益，即使这是最不被看好和最难预测的。GaN 基 LD 的开发人员很快发现，外延层中的缺陷密度极大地影响了器件的性能、可靠性及成品率，这为加速体 GaN 衬底的研发提供了强大的推动力[22,27]。目前，LED、射频场效应晶体管和功率开关器件的研发商和制造商主要采用外延衬底技术，这表明当前的器件性能要求符合成本较低的制造方法。鉴于 GaN 衬底的进一步发展和成本的降低，我们认为，除了低性能的 LED 器件，绝大多数 GaN 器件最终都将过渡到以 GaN 为衬底。过渡的速度将取决于器件的性能和成本、结晶质量和体 GaN 的直径。

在某些情况下，使用外延衬底将会产生额外的成本。在制作 LED 时，有一种趋势是去除衬底材料以改善光抽取效率，并尽可能地提高导热系数[63]。生长在 Si 上的 GaN 基射频场效应晶体管，采用导热性能良好的环氧树脂，以消散外延层背面产生的热量[64]。如前所述，体 GaN 无论是作为缓冲层还是器件的活性区，都具有良好的导热系数，这是与生长在外延衬底（包括 SiC 衬底）上的 GaN 缓冲层的导热系数相比较得到的结果。历史表明，随着各自市场的逐渐成熟，所有半导体器件性能在现有工作条件下的提升都变得更加困难，但所有器件的性能都受到了散热的影响。因此，虽然 Si 上生长的 GaN 基射频场效应晶体管具有中等水平的性能，比当前体 GaN 上生长的器件便宜一些，但这种状况将会由于 GaN 衬底成本的降低和生长尺寸的增加而改变。在某些情况下，使用射频场效应晶体管的数量可以通过增加单个场效应晶体管的功率来减少，这种情况最终将过渡到采用体 GaN 衬底来实现。

1.4　体 GaN 衬底上 GaN 器件的发展趋势

1.4.1　激光和发光二极管

GaN 基光电器件市场规模很大，这将继续为 LED 和 LD 提供新的应用。例如，许多行业将极大地受益于波长为 500nm 的 LD 的可用性，包括激光视频投影仪和分析系统。根据蓝/紫光存储激器发展趋势和长波段的性能与材料质量的要求进行推断，大多数专家认为，低缺陷密度的自支撑 GaN 衬底是这种激光二极管的必要组成部分。然而，由于存在强压电极化效应和自发极化效应，传统的 c 面量子阱结构受到量子限制斯塔克效应（Quantum – Confined Stark Effect，简称 QCSE）的负面影响。沿 c 方向的强内建电场在空间上引起了电子和空穴的分离，使载流子辐射复合效率和振子强度降低，并使光子发射产生了红移。对长波 LED 而言，随着 InGaN 多量子阱结构中铟组分的增加，量子限制斯塔克效应对发光的影响更加显著。避免量子限制斯塔克效应对于高效率 LD 和 LED 是非常重要的，并引发了人们对非极性和半极性方向 GaN 材料的广泛研究。有研究表明，非极性取向上的 GaN 消除了自发极化效应诱发的内建电场，这不但对 GaN 基紫光 LD[65,66]、蓝光 LED[67] 而且对 GaN 基长波 LD 都是有利的。半极性取向的 GaN 则部分消除了自发极化效应，因而更容易获得高结晶质量的外延层薄膜[68]。研究人员相信，高结晶质量的非极性和半极性 GaN 衬底具有制作高质量 GaN 基、波长大于 500nm LD 的潜质。

基于近期的研究成果，研究人员相信，在可预见的未来，用于固态发光的功率 LED 将会在蓝宝石衬底上开发出来。诸如日亚，科锐和欧司朗等大公司，都在持续不断地对 LED 的输出功效[69] 和总输出流明进行着改进[70]。表面发射型 LED 的设计改善了光抽取效率，并通过使用透明蓝宝石衬底的激光剥离技术简化了从底部衬底中除去 GaN 外延层的方法[71]。虽然许多组织对 GaN 衬底上的 LED 进行了研发，但由于材料质量导致 LED 基本性能受限的根源尚未最终确定，因此在生产应用中对 GaN 衬底的需求尚不明朗。日本松下公司推出了 GaN 衬底上的基于蓝光 LED 的白光 LED 技术。该公司表示，高热导率和电导率大大改善了 LED 在高电流状态下的性能[72]。另外，亮度最高的 LED 将仍然是基于蓝光 LED + 荧光粉的组合发光模式，直到绿光 LED 的发光效率提高到与红绿蓝色彩模式（RGB）的白色光源具有了同等水平的时候。

1.4.2 功率开关器件

由于具有零偏压常闭状态、高的击穿电压和电流处理能力，受益于场效应晶体管的设计理念，大功率常闭型开关器件引起了越来越多的研究兴趣和市场应用。垂直功率场效应晶体管器件的设计方法比侧向设计的芯片尺寸小，是大多数情况下高电压器件的首选设计方法。垂直器件使导电衬底成为必要，而低泄漏电流和高击穿电压要求均要求低缺陷密度。因此，高质量导电的体 GaN 衬底对这些器件性能的实现是非常理想的。虽然 AlGaN/GaN 高电子迁移率器件（High Electron Mobility Transistor，简称 HEMT）是一种常开型器件，具有高载流子迁移率和低电阻，但仍然有一些组织正在研究它在大功率场效应晶体管方面的应用[50]。GaN 基金属氧化物半导体场效应晶体管（MOSFET）的设计也在研究之中，虽然许多挑战都归结于开发 GaN 栅极的介电性能。标准的 SiO_2 栅极介电性能展现了很高的沟道迁移率[73]，其他介电材料的性能也在研究之中[74]。以 GaN 衬底材料为基础的全套集成方法，结合为 GaN 材料体系开发和优化的栅极介质材料，将使高效率、高性能、常闭型场效应晶体管能够满足大功率电子电路的标准设计要求成为可能。

1.4.3 高频、大功率 HEMT 器件

用于无线通信系统的 GaN 基射频器件比 Si 基射频器件更具有优势，主要表现在工作电压和功率密度方面，虽然目前还无法在成本上与 Si 器件匹敌。因此，Si 基器件在无线基站应用中的 2.4 ~ 5.8GHz 频率范围内仍然具有很强的竞争力。由于成本在器件的商业应用中具有巨大的推动力，低成本制造方法的 GaN 基射频器件占主导地位，其中包括在 Si

和 SiC 衬底上制作的 GaN 器件。这些器件的结构提供了进入市场所需的性能和可靠性，并有望随着当前的发展而继续改进。因此，对 GaN 衬底在高频应用的需求被降低至 10GHz。由于射频器件性能与材料质量之间的确切关系尚不清楚，因此我们需要进一步的研究来确定体 GaN 衬底的优点。与 LED、LD 和大功率电子器件市场相比，这些高频器件的市场应用规模更小，并且可能只是为体 GaN 衬底制造商提供利了机会[75]。对 GaN 射频场效应晶体管开发人员来说，一个关键的挑战是实现常闭型器件；非极性 GaN 为这种"增强模式"或工程场效应晶体管的发展提供了明显的潜力。随着非极性 GaN 的出现，工程 GaN 基场效应晶体管的发展将变得越来越重要。

1.5　体 GaN 衬底的发展趋势

目前，商业应用的体 GaN 衬底材料制造技术刚刚开始兴起。研究人员在不断地探索改进和优化现有的晶体生长技术的方法，以便于生长体 GaN 衬底，同时在更低的成本下探索新的方法，以生长尺寸更大、质量更高的预期晶体结构，以及更优的光学和电学性能。目前，主要有三种技术被用于开发和制造体 GaN 衬底材料。我们将简要地研究这三种晶体生长技术及其在 GaN 器件中的应用趋势。

1.5.1　氢化气相外延(HVPE)

HVPE 生长工艺对于制作 GaN 衬底有几个有利的方面，包括高生长速率(已经证明生长速率最高可达 $300\mu m/h$)，高纯度和便于控制掺杂。这些优点，使体 GaN 衬底材料成为可能，并且成功导致了衬底的商品化。目前，采用 HVPE 技术制作的 GaN 衬底的数量在市场上占主导地位。然而，HVPE 工艺在实现高质量体 GaN 衬底方面面临着许多挑战。GaN 衬底在工程化的生长过程中存在结晶质量、衬底材料结构或晶体内低角度晶界和子晶粒的类晶畴结构等方面的变化。由于这些缺陷，GaN 的结晶质量是不均匀的，而位错密度可以自上而下地贯穿整个衬底。因此，HVPE 技术生长的材料的均匀性还没有达到其他方法生长的高结晶质量，如氨热法或者热熔法生长的小尺寸晶体。此外，大面积衬底材料上晶格常数的倾斜、晶圆的弯曲和晶体生长方向的精确控制仍然是面临的挑战。

最近，对 HVPE 工艺的稳步改进成功地在[0001]方向上生长了长度为 1cm 的 GaN 晶柱，这样非极性衬底可以从 c 面 GaN 上通过剖切获得。这些衬底的尺寸虽然小(10mm × 10mm)，但相比于采用异质外延的方法在非极性方向上生长的高缺陷密度的异质材料，其结晶质量仍然得到了极大的改善[56]。生长的体 GaN 尺寸过小仍然是目前该技术发展的主要限制。增加体非极性衬底的尺寸大小需要几个方面的技术改进，包括扩展的 c 方向生长或非极性 GaN 籽晶的生长。然而，在这些成熟的生长方法在实现更长和更大的晶体过程中，仍然有重要的问题有待解决。采用 HVPE 法生长 GaN 籽晶柱有望生长出优质的材料，在降低成本方面具有一定的吸引力。本书第二章详细介绍了体 GaN 衬底材料的 HVPE 生长过程。

1.5.2　氨热生长法

氨热法(或热熔法)的生长过程类似于采用超临界热熔法生长石英晶体的过程——升高温度、增加压强，可以提高溶质的溶解度。在氨热法生长过程中，超临界状态的氨与特殊的矿化剂结合，作为熔剂离解并输运 GaN 形成籽晶。热熔法在制备高结晶质量的其他材料方面(包括石英和 ZnO)具有广泛的用途。制备过程的规模为降低成本提供了巨大的潜力，这是该方法的优势之一。此外，氨热生长工艺已经被证明可以获得低位错密度和低晶格倾扭的高质量 GaN 晶体[76]。氨热法的技术缺点包括：生长速率(约 $100\mu m/d$)过于缓慢，化学生长技术研发时间过长，生长大尺寸晶体需要扩大经济规模以降低生产成本。本书第三章对氨热生长过程进行了详细的介绍。

1.5.3　热熔生长法

热熔(或流量法)生长是一种涉及液相的过程，即通过生长原料的离解与溶解为籽晶的生长和重结晶提供输运的过程。在高压溶解生长过程中以 Ga 熔体为溶剂，在高压下溶解氮气(1GPa)和高温(约 1500℃)下形成晶体。这种晶体通常是六边形薄片或者是拉长的六角形针状[77]。在低压热熔生长法中，一种含有 Ga 元素的溶剂用于溶解氮并输运氮，从而形成 GaN 晶体。这些生长技术通常是在低压到中压(约 5MPa)和温度约 750℃下进行的[78]，并且有几种工艺参数。生长的驱动力来自生长系统的热梯度和温度改变造成的溶解度变化而引起的重结晶。而高压生长过程在大规模生产方面具有明显的障碍，低压生长过程则具有获得成功的迹象。液相生长过程的优势是在近平衡生长条件下生长晶体，比氨热法具有更高的增长速率(高达 $240\mu m/d$[79])，而且低压和低温对液相生长是有利的。

此外，采用这种生长方法，研究人员已经在其他材料体统中制备了高品质、低成本、大尺寸的晶体，因而这种工艺还有扩大的潜力。液相技术制备 GaN 的挑战包括氮的溶解度相对较低、复杂的化学溶剂以及杂质的精确控制等方面。本书第四章概述了热熔生长过程中的流量控制。

1.5.4　融合生长技术

虽然外延在其他衬底上的金属有机化学气相沉淀(Metal - organic Chemical Vapor Deposition，简称 MOCVD)生长模式已经被广泛用于籽晶的生长，研究人员开始认识到，结合不同生长技术的优点，能够提高体 GaN 衬底的结晶质量。例如，使用液相生长工艺或氨热工艺生长出优质的籽晶，可以为 HVPE 工艺提供籽晶。较高的生长速率和更大的现有生产能力可以迅速地生长出高质量的衬底。此外，HVPE 工艺生长出的高纯度 GaN 可以作为液相法和氨热法的源材料。这些晶体的生长方法目前已处于探索阶段。

1.6　小结

Ⅲ族氮化物材料赋予新型半导体器件在光输出、功率控制和转化效率等方面具有以前无法取得的性能。这些特性将使现有技术的革新成为可能，有益于人们生活的方方面面。虽然这些材料有许多潜在的应用前景，但最大的应用在于光的产生和功率的控制。体 GaN 衬底有望用来解决这些器件的市场机遇，但 GaN 衬底技术的应用仍然面临许多挑战。全面的技术开发才能使 GaN 器件渗透到固态发光和功率电子器件市场。GaN 基器件的性能必须在许多方面得到改善：高流明输出下 LED 的发光功效，场效应晶体管和二极管的击穿电压和开启电阻，以及功率开关器件的可靠性，等等。在器件应用中，衬底的成本必须进行大幅度的降低，以便于更加经济实用，这对基于外延衬底的 GaN 基器件来说尤其具有挑战性。与蓝宝石基器件相比较，特别是高电流密度下工作的电子器件，体 GaN 衬底为 GaN 基 LD 器件的性能超过蓝宝石基器件带来了明确而直接的优势。目前，GaN 衬底制造商专注于解决这方面的市场需求。其他器件方面(如 LED、射频场效应晶体管，功率器件以及探测器等)的优势也已经开始有所展现，虽然这些器件的商业化需要大量低成本的衬底材料。这些方面的改进将通过持续研发体材料的生长技术来实现，如 HVPE、氨热法、热熔生长法和其他生长技术的融合。随着这些改进方法的推进，Ⅲ族氮化物器件将向着更高(更高的发光效率、更大的功率、更高的能量转化效率)、更低(更低的耗电量、更低的热耗散量)的方向发展。

致谢

作者感谢他们的同事 Tanya Paskova 和 Kyma 科技的 Edward Preble 为本章的研究和写作做出了宝贵的贡献。我们还要感谢 Yole Développement 市场调研公司的 Philippe Roussel 提供的电力电子市场数据，感谢桑地亚国家实验室的 Andrew Allerman 和佐治亚理工学院的 Russell Dupuis 提供的 AFM 照片。

参考文献

[1] Some Facts about the Lighting Industry Today and Its Potential for Change in the Future，http：// www. nglia. org/documents/SSL – Benefits. pdf (October 2008).

[2] http：//www. netl. doe. gov/ssl/usingLeds/general_ illumination_ efficiency_ luminous. htm (October2008).

[3] http：//www. netl. doe. gov/ssl/comm_ testing. htm (October 2008).

[4] Strategies Unlimited，The Market for High – Brightness LEDs in Lighting：Application Analysisand Forecast – 2008，August 2008.

[5] http：//www. lbl. gov/today/2006/Mar/14 – Tue/standby. html (October 2008).

［6］J. P. Ross，A. Meier，Whole – house measurements of standby power consumption. In Proceedingsof the Second International Conference on Energy Efficiency in Household Appliances，Naples（Italy）.（Association of Italian Energy Economics，Rome，2000）. Also published asLawrence Berkeley National Laboratory Report LBNL – 45967，（Rome）.

［7］Pulling the plug on standby power，The Economist，March 9，2006.

［8］A. Raskin，S. Shah，The emergence of hybrid vehicles. AllianceBernstein，Research onStrategic Change，June 2006.

［9］M. Amin，J. Stringer，The electric power grid：today and tomorrow. MRS Bulletin 33，399（2008）.

［10］J. W. Palmour，In IEEE Compound Semiconductor IC Symposium，2006.

［11］T. Hausken，Are GaN & SiC ready for prime time? In IEEE Applied Power ElectronicsConference and Exposition，Feb. 24 – 28，2008，Austin，TX，USA.

［12］http：//www. businessweek. com/innovate/content/oct2005/id20051021_ 469296. htm.（October 2008）.

［13］http：//compoundsemiconductor. net/cws/article/news/35847（October 2008）.

［14］http：//compoundsemiconductor. net/cws/article/news/30529（October 2008）.

［15］http：//www. sony. net/Products/SC – HP/cx_ news/vol49/pdf/sld3131vf_ vfi. pdf.（October 2008）.

［16］http：//www. sony. net/Products/SC – HP/cx_ news/vol49/pdf/sld3234vf_ vfi. pdf.（October 2008）.

［17］http：//www. eetimes. com/showArticle. jhtml；jsessionid = 2GCT0UEZ5S0BEQSNDLRSKH0CJUNN2JV%20N? articleIDD198001549.（October 2008）.

［18］M. Ikeda，S. Uchida，Phys. Stat. Sol.（a）194，407（2002）.

［19］http：//compoundsemiconductor. net/cws/article/news/32952.（October 2008）.

［20］R. Stevenson，Compound Semicond. 12，22（2006）.

［21］http：//compoundsemiconductor. net/cws/article/business/36163（October 2008）.

［22］http：//www. eetimes. com/showArticle. jhtml? articleIDD194400941.（October 2008）.

［23］S. Nakamura，M. Senoh，S. Nagahama，N. Iwasa，T. Yamada，T. Matsushita，H. Kiyoku，Y. Sugimoto，Jpn. J. Appl. Phys. 35，L74（1996）.

［24］S. Porowski et al.，Blue lasers on high pressure grown GaN single crystal substrates，Europhysics News 35，（3）69（2004）.

［25］S. Nakamura，Science 281，956（1998）.

［26］H. Y. Ryu，K. H. Ha，J. H. Chae，K. S. Kim，J. K. Son，O. H. Nam，Y. J. Park，J. I. Shim，Appl. Phys. Lett. 89，171106（2006）.

［27］M. Ikeda，T. Mizuno，M. Takeya，S. Goto，S. Ikeda，T. Fujimoto，Y. Ohfuji，T. Hashizu，Phys. Stat. Sol.（c）1，1461（2004）.

［28］O. H. Nam，et al. Phys. Stat. Sol.（a）201，2717（2004）.

［29］S. Ito，Y. Yamasaki，S. Omi，K. Takatani，T. Kawakami，T. Ohno，M. Ishida，Y. Ueta，T. Yuasa，M. Taneya，Jpn. J. Appl. Phys. 43，96（2004）.

［30］M. – H. Kim，M. F. Schubert，Q. Dai，J. K. Kim，E. F. Schubert，Appl. Phys. Lett. 91，183507（2007）.

［31］H. Masui，H. Kroemer，M. C. Schmidt，K. – C. Kim，N. N Fellows，S. Nakamura，S. P. DenBaars，J. Phys. D：Appl. Phys. 41，082001（2008）.

［32］M. Kunzer，M. Baeumler，K. K? hler，C. – C. Leancu，U. Kaufmann，J. Wagner，Phys. Stat. Sol. A 204，

236（2007）.

［33］Y. C. Shen, G. O. Mueller, S. Watanabe, N. F. Gardner, A. Munkholm, M. R. Krames, Appl. Phys. Lett. 91, 141101（2007）.

［34］Y. Yang, X. A. Cao, C. Yan, IEEE Trans. Electron. Dev. 55, 1771（2008）.

［35］I. Ho, G. B. Stringfellow, Appl. Phys. Lett. 69, 3701（1996）.

［36］Y. - H. Cho, S. K. Lee, H. S. Kwack, J. Y. Kim, K. S. Lim, H. M. Kim, T. W. Kang, S. N. Lee, M. S. Seon, O. H. Nam, Y. J. Park, Appl. Phys. Lett. 83, 2578（2003）.

［37］Y. Chen, T. Takeuch, H. Amano, I. Akasaki, N. Yamada, Y. Kaneko, S. Y. Wang, Appl. Phys. Lett. 72, 710（1998）.

［38］C. Wetzel, T. Salagaj, T. Detchprohm, P. Li, J. S. Nelson, Appl. Phys. Lett. 85, 866（2004）.

［39］Unipress InGaN MBE.

［40］Z. Ren, Q. Sun, S. - Y. Kwon, J. Han, K. Davitt, Y. K. Song, A. V. Nurmikko, W. Liu, J. Smart, L. Schowalter, Phys. Stat. Solidi（c）4, 2482（2007）.

［41］M. Faqir, G. Verzellesi, G. Meneghesso, E. Zanoni, F. Fantini, IEEE Trans. Electron Dev. 55, 1592（2008）.

［42］K. K. Chu, P. C. Chao, M. T. Pizzella, R. Actis, D. E. Meharry, K. B. Nichols, R. P. Vaudo, X. Xu, J. S. Flynn, J. Dion, G. R. Brandes, IEEE Electron Dev. Lett. 25, 596（2004）.

［43］D. F. Storm, D. S. Katzer, J. A. Roussos, J. A. Mittereder, R. Bass, S. C. Binari, D. Hanser, E. A. Preble, K. R. Evans, J. Cryst. Growth, 301 - 302, 429（2007）.

［44］J. W. Hsu, M. J. Manfra, R. J. Molnar, B. Heying, J. S. Speck, Appl. Phys. Lett. 81, 79（2002）.

［45］B. B. Simpkins, E. T. Yu, P. Waltereit, J. S. Speck, J. Appl. Phys. 94, 1448（2003）.

［46］K. H. Baik, Y. Irokawa, J. Kim, J. R. LaRoche, F. Ren, S. S. Park, Y. J. Park, S. J. Pearton, Appl. Phys. Lett. 83, 3192（2003）.

［47］Y. Zhou, M. Li, D. Wang, C. Ahyi, C. - C. Tin, J. Williams, M. Park, N. M. Williams, A. Hanser, Appl. Phys. Lett. 88, 113509（2006）.

［48］H. Lu, R. Zhang, X. Xiu, Z. Xie, Y. Zheng, Z. Li, Appl. Phys. Lett. 91, 172113（2007）.

［49］T. Uesugi, R&D Review of Toyota CRDL 35 1（2000.6）.

［50］H. Ueda, M. Sugimoto, T. Uesugi, and T. Kachi, Wide - bandgap semiconductors for automobileapplications, In CS MANTECH Conference, April 24 - 27, 2006, Vancouver, British Columbia, Canada.

［51］C. Gmachl, H. M. Ng, S. N. G. Chu, A. Y. Cho, Appl. Phys. Lett. 77, 3722（2000）.

［52］G. Sun, R. A. Soref, J. B. Khurgin, Superlattices Microstruct. 37, 107（2005）.

［53］J. B. Limb et al. Appl. Phys. Lett. 89, 011112（2006）.

［54］O. Jani, H. Yu, E. Trybus, B. Jampana, I. Ferguson, A. Doolittle, C. Honsburg, Effect of phaseseparation on performance of III - V nitride solar cells, In 22nd European Photovoltaic SolarEnergy Conference, September 3 - 7, 2007, Milan, Italy.

［55］C. Mion, J. F. Muth, E. A. Preble, D. Hanser, Appl. Phys. Lett. 89, 092123（2006）.

［56］S. Kubo, K. Fujito, H. Nagaoka, T. Mochizuki, H. Namita, S. Nagao, Bulk GaN crystals grownby HVPE, In Second International Symposium on Growth of III - Nitrides, July 6 - 9, 2008, Laforet Shuzenji, Izu, Japan.

［57］A. Sarua, H. Ji, M. Kuball, M. J. Uren, T. Martin, K. P. Hilton, R. S. Balmer, IEEE Trans. Electron Dev. 53, 2438 (2006).

［58］A. Sarua, H. Ji, K. P. Hilton, D. J. Wallis, M. J. Uren, T. Martin, M. Kuball, IEEE Trans. ElectronDev. 54, 3152 (2007).

［59］A. D. Hanser, E. A. Preble, L. Liu, K. R. Evans, B. K. Wagner, H. M. Harris, Thermal benefitsof native GaN substrates, In Advanced Technology Workshop on Advanced Substrates andNext – Generation Semiconductors, April 30 – May 1, 2008, Linthicum Heights, Maryland, USA.

［60］M. Harris, B. Wagner, S. Halpern, M. Dobbs, C. Pagel, B. Stuffle, J. Henderson, K. Johnson, Full two – dimensional electroluminescent (EL) analysis of GaAs/AlGaAs HBTs, In Proc. IEEEIRPS, vol. 121 (1999).

［61］C. G. Michel, G. J. Vendura, H. S. Marek, J. Elect. Mat. 16, 295 (1987).

［62］G. Mueller, P. Berwian, E. Buhrig, and B. Weinert, GaAs substrate for high power laser diodes, in High Power Diode Lasers, ed by R. Diehl, Topics Appl. Phys. 78, 121 (2000).

［63］M. J. Rosker, in IEEE Compound Semiconductor Integrated Circuit Symposium 2007, pp 1 – 4.

［64］I. P. Smirnova, L. K. Markov, D. A. Zakheim, E. M. Arakcheeva, M. R. Rymalis, Semicond. 40, 1363 (2006).

［65］http: //compoundsemiconductor. net/cws/article/fab/36330. (October 2008).

［66］K. Okamoto, H. Ohta, S. F. Chichibu, J. Ichihara, J. Takasu, Jpn. J. Appl. Phys. 46, L190 (2007).

［67］M. C. Schmidt et al. Jpn. J. Appl. Phys. 46, L190 (2007).

［68］J. P. Liu et al. Appl. Phys. Lett. 92, 011123 (2008).

［69］H. Zhong, A. Tyagi, N. N. Fellows, F. Wu, R. B. Chung, M. Saito, K. Fujito, J. S. Speck, S. P. DenBaars, S. Nakamura, Appl. Phys. Lett. 90, 233504 (2007).

［70］http: //www. ledsmagazine. com/news/5/7/22. (October 2008).

［71］http: //www. ledsmagazine. com/news/4/9/9. (October 2008).

［72］O. B. Shchekin, J. E. Epler, T. A. Trottier, T. Margalith, D. A. Steigerwald, M. O. Holcomb, P. S. Martin, M. R. Krames, Appl. Phys. Lett. 89, 071109 (2006).

［73］http: //www. ledsmagazine. com/news/4/3/7. (October 2008).

［74］W. Huang, T. P. Chow, and T. Khan, Phys. Stat. Sol (a) 204, 2064 (2007).

［75］J. S. Jur, V. D. Wheeler, M. T. Veety, D. J. Lichtenwalner, D. W. Barlage, and M. A. L. Johnson, Epitaxial rare earth oxide growth on GaN for enhancement – mode MOSFETs, in CS MANTECHConference, April 14 – 17, 2008, Wheeling, Illinois, USA.

［76］Yole Développement, 400 epi – wafer needs for GaN – based RF devices market 2005 – 2012, 2008.

［77］R. Dwili'nski, R. Doradzi'nski, J. Garczy'nski, L. P. Sierzputowski, A. Puchalski, Y. Kanbara, K. Yagi, H. Minakuchi, H. Hayashi, J. Cryst. Growth 310, 3911 (2008).

［78］I. Grzegory, M. Bo'ckowski, S. Porowski, in Bulk Crystal Growth of Electronic, Optical, andOptoelectronic Materials, ed. by P. Capper (Wiley, UK, 2005), Chap. 6, pp. 173 – 207.

［79］F. Kawamura, M. Morishita, M. Tanpo, M. Imade, M. Yoshimura, Y. Kitaoka, Y. Mori, T. Sasaki, J. Cryst. Growth 310, 3946 (2008).

第 2 章　GaN 的氢化物气相外延生长技术

Akinori Koukitu，Yoshinao Kumagai

摘要

长期以来，氢化物气相外延（Hydride vapor phase epitaxy，简称 HVPE）作为一种晶体的生长方法而闻名于世，该方法以卤化物蒸气为前驱物，如 GaCl；用氢化物和 NH_3 分别作为Ⅲ族和Ⅴ族的前驱物。HVPE 生长法具有生长速率快和结晶质量好等特点，这是由于卤化物源材料的热稳定性，起始材料纯度高且不含碳，以及卤化物分子表面迁移率较大等原因。因此，HVPE 生长作为厚膜生长的一种方法引起人们的关注。

2.1　引言

1969 年，Maruska 等首先报道了在蓝宝石衬底上生长 GaN 的氢化气相外延（HVPE）技术[1]。GaN 的生长温度为 825℃，大大低于近年来高品质体 GaN 生长的 HVPE 技术。从生长温度的角度来看，GaN 外延层似乎并不具备高的结晶质量，但人们还是第一次测量了 GaN 的带边吸收和晶格常数。20 世纪 90 年代，GaN 的 HVPE 生长法引起了人们对自支撑 GaN 晶圆（free – standing substrate）制备的关注。

1992 年，Detchprohm 等报道了第一例具有光滑表面、厚度约为 400μm 的 GaN 外延层，以 ZnO 作为缓冲层，生长于蓝宝石衬底上[2]。虽然 ZnO 缓冲层上 GaN 外延层是透明和平滑的，但 ZnO 缓冲层非常薄，以至于不能用溶液来蚀刻 ZnO 缓冲层。

从 20 世纪 90 年代末开始，研究人员的研究注意力都集中在异质外延 GaN 方面，如蓝宝石、Si、$NdGaO_3$ 和 GaAs 等衬底，以实现自支撑 GaN 晶圆[3~7]。Usui 等人采用一项新技术，获得了直径为 2in（大约 5cm）的自支撑 GaN 晶圆的制备[6]，这种新的外延技术叫横向过生长（Epitaxial Lateral Overgrowth，简称 ELOG），能极大地降低外延层中的位错密度，并为后续采用激光剥离法从蓝宝石衬底上去除 GaN 厚层提供了方便。遗憾的是，激光剥离法似乎没有满足大规模生产 GaN 的需求。

GaN 的一个重要特性是，根据衬底的原子构型，能够结晶为具有六边形对称的纤锌矿结构或具有立方对称的闪锌矿结构。从原子构型的角度来看，使用 GaAs 作为衬底具有以下优势：（1）GaAs（100）表面的原子构型等效于立方结构的 GaN；（2）GaAs（111）表面的原子构型等效于纤锌矿结构 GaN；（3）GaAs 与和 GaN 之间热膨胀系数的差异约为蓝宝石与 GaN 之间热膨胀系数差异的四分之一；（4）GaAs 衬底易于研磨和蚀刻，可较易将 GaN 层与 GaAs 衬底分离。

本章以 GaAs 为衬底描述了 HVPE 生长 GaN 的方法。首先，为了获得合适的生长条件并理解生长机理，我们详细地讨论了 HVPE 生长 GaN 的热力学分析。其次，我们展示了 HVPE 法在 GaAs(100) 衬底上生长立方结构 GaN，并对两种不同 GaAs 衬底[分别为 GaAs(111)A 和 GaAs(111)B]上生长的 GaN 进行比较。为了更好地理解 GaAs 衬底上 GaN 的生长，我们利用密度泛函理论（Density - function Theory，简称 DFT）研究了 GaN 缓冲层与 GaAs 衬底取向之间的相关性。研究结果表明，在 GaAs(111)A 衬底上生长的 GaN 厚层在 1000℃ 以上有望成为自支撑 GaN 衬底。最后，我们给出了去除 GaAs(111)A 衬底后的未掺杂与铁掺杂的自支撑 GaN 衬底的特性。

2.2　HVPE 法生长 GaN 的热力学分析

掌握决定生长速率机制的知识对化合物半导体的生长是重要的——它为我们提供了制备半导体所需的适宜生长条件，以及对晶体生长机制的洞察。研究表明，我们建立的化学平衡模型不但能够预测 GaN 的生长速率，而且还适用于多种气相外延（Vapor Phase Epitaxy，简称 VPE）技术[如金属有机气相外延法（metalorganic vapor phase epitaxy，简称 MOVPE）、HVPE 及分子束外延生长法（molecular beam epitaxy，简称 MBE）]等方法中Ⅲ~Ⅳ族化合物元素间的结合。本章采用热力学分析对 HVPE 生长 GaN 层进行了描述，以理解不同组分的平衡蒸气分压和 HVPE 法中 GaN 沉积的驱动力。

2.2.1　计算过程

采用 HVPE 技术生长 GaN 需要以下六类物质的气相状态作为源材料：$GaCl$、$GaCl_3$、NH_3、HCl、H_2 和惰性气体（如 N_2 或者 He）。发生在沉积区的反应如下：

$$GaCl(g) + NH_3(g) \Longrightarrow GaN(s) + HCl(g) + H_2(g) \qquad (2.1)$$

$$GaCl(g) + 2HCl(g) \Longrightarrow GaCl_3(g) + H_2(g) \qquad (2.2)$$

在 HVPE 法中，GaCl 作为主要的 Ga 源，通常由金属 Ga 和 HCl 加热至 800~900℃ 时反应生成。由于 HVPE 生长设备必须有源区和沉积区，因而生长设备比金属有机气相外延法和分子束外延生长法复杂一些。

另外，金属氯化氢气相外延（MOHVPE）[5,18] 是一种简化的生长反应器。在该系统中，烷基镓（三甲基或乙基镓，TMG 或 TEG）和氨（NH_3）分别作为 Ga 源和氮源。烷基镓以 H_2 驱动，与 HCl 在上游区混合后，加热至 750℃ 并发生反应。烷基镓与 HCl 之间的反应生成气态 GaCl 被输送到下游区域，称为沉积区。当 GaCl 和 NH_3 混合时，GaN 生长的最终反应与常规 HVPE 的生长相同，如式(2.1)所示。

式(2.1)和式(2.2)的平衡常数表达式为：

$$K_1 = \frac{P_{HCl} P_{H_2}}{P_{GaCl} P_{NH_3}} \tag{2.3}$$

$$K_2 = \frac{P_{GaCl_3} P_{H_2}}{P_{GaCl} P_{HCl}^2} \tag{2.4}$$

Ⅲ族氮化物在沉积区的气相物质的总压强和化学计量关系为：

$$\sum P_i = P_{GaCl} + P_{GaCl_3} + P_{NH_3} + P_{HCl} + P_{H_2} + P_{IG} \tag{2.5}$$

$$P_{GaCl}^0 - P_{GaCl} = P_{NH_3}^0 - P_{NH_3} \tag{2.6}$$

式中，P_i^0 为输入源材料的分压。另外，引入参数 A 和 F 的定义如下：

$$A = \frac{1/2 P_{GaCl} + 3/2 P_{GaCl_3} + 1/2 P_{HCl}}{P_{H_2} + 3/2 P_{NH_3} + 1/2 P_{HCl} + P_{IG}} \tag{2.7}$$

$$F = \frac{P_{H_2} + 3/2 P_{NH_3} + 1/2 P_{HCl}}{P_{H_2} + 3/2 P_{NH_3} + 1/2 P_{HCl} + P_{IG}} \tag{2.8}$$

式中，A 为体系中氯原子数与(体系中氢原子数 + 惰性气体原子数)之比；F 为体系中氢原子相对于惰性气体原子的摩尔分数。我们假定，这些参数在给定的生长条件下保持不变。从热力学角度来分析，几乎所有的 NH_3 在温度高于300℃时分解为 N_2 和 H_2。然而，众所周知的是，在没有催化剂的典型生长条件下，NH_3 的分解速率非常缓慢并强烈地取决于生长条件和设备。因此，将参数 α 作为 NH_3 分解的摩尔分数引入到计算中。

$$NH_3(g) \rightarrow (1-\alpha) NH_3(g) + \alpha/2 N_2(g) + 3\alpha/2 H_2(g) \tag{2.9}$$

在接下来的计算中，生长体系中 H_2、N_2、NH_3 的分压均可以影响 α 的变化。类似地，通过改变参数 F 的值也能取得类似的结果。随后，我们将 α 的取值固定为0.03，通过改变参数 F 的值来进行接下来的计算。根据热壁石英反应器中本(Ban)的实验，我们将反应器内的温度设定为950℃[19]。反应各组分的平衡分压计算如式(2.3)~式(2.8)所示。

2.2.2　GaN 的平衡分压和沉积驱动力

图2.1以各组分的平衡蒸气分压作为生长温度的函数，图2.2以平衡蒸气分压作为 GaCl 输入分压的函数。我们知道，平衡蒸气分压的基本特征与氢化物生长系统中的砷化物、GaP 和 InP 是相似的[20,21]。除了作为载气的 H_2 之外，NH_3、GaCl、N_2 和 HCl 均为主要组分，它们的压强均随注入 GaCl 分压的增加而增大。Ga 原子随 GaCl 被输运到沉积区，与 NH_3 发生反应生成 GaN 和 HCl。因此，发生在衬底上的控制反应可以描述为：

$$GaCl + NH_3 \Longrightarrow GaN + HCl + H_2 \tag{2.10}$$

图2.3展示了各组分分压(包括 H_2 和惰性气体)与参数 F 之间的关系。图中惰性气体的分压包含了 NH_3 分解产生的 N_2。在计算中，惰性气体的影响是相同的，与惰性气体的种类无关。在降低载气中 H_2 摩尔分数的同时，以增加 HCl 分压的方式抵消 GaCl 在反应中的损耗。这意味着，随着惰性气体摩尔分数的增加，GaN 倾向于沉积到固相中。因此，H_2 在

GaN 的沉积过程中起着重要的作用。

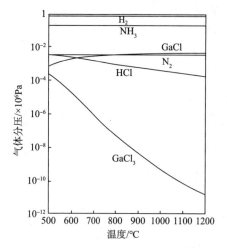

图 2.1　GaN 表面上各组分的平衡分压与
生长温度之间的函数关系

注：总压强为 1.0×10^5 Pa，输入 GaCl 的分压为
5×10^2 Pa，输入的 V/Ⅲ 为 50，F 为 1.0，α 为 0.03。

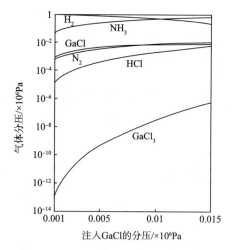

图 2.2　1000℃时 GaN 表面上各组分的平衡
分压与 GaCl 输入分压之间的函数关系

注：总压强为 1.0×10^5 Pa，GaCl 的输入分压为 $5 \times$
10^2 Pa，输入的 V/Ⅲ 为 50，F 为 1.0，α 为 0.03。

图 2.4 展示了 GaN 沉积过程中的驱动力——$\Delta P_{Ga} [P_{GaCl}^0 - (P_{GaCl} + P_{GaCl_3})]$ 与温度之间的函数关系。从图中可以看出，GaN 沉积驱动力随着参数 F 的增加而减小。因此可以预测，在以惰性气体为载气的生长体系中，GaN 的生长速率比以 H_2 为载气的体系中更高，这个事实与本（Ban）的实验结果是一致的[19]。研究结果表明，当 He 作为载气时，GaCl 的消耗量即 GaN 的沉积量，明显大于 H_2 作为载气时的消耗量[19]。

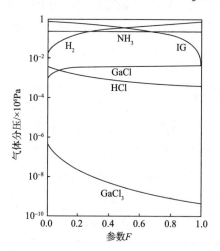

图 2.3　1000℃时 GaN 表面上的各组分的平衡
分压与载气中氢分压 F 之间的函数关系

注：总压强为 1.0×10^5 Pa，输入 GaCl 的分压为 50Pa，V/Ⅲ
比为 50，α 为 0.03，惰性气体包括由 NH_3 分解产生的 N_2。

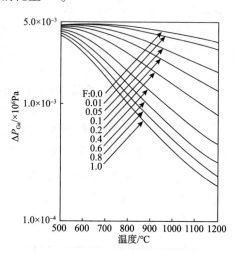

图 2.4　GaN 沉积驱动力随生长温度及
参数 F 的函数关系

注：总压强为 1.0×10^5 Pa，输入 GaCl 的分压
为 5×10^2 atm，输入的 V/Ⅲ 为 50，α 为 0.03。

在恒压下，第二类质量输运或极限扩散的情况下，生长速率 r 的表达式为：

$$r = Kg\Delta P_{Ga} \tag{2.11}$$

式中，Kg 为质量输运系数[22]。图 2.5 比较了式（2.11）计算的生长速率与文献[6]中的实验结果。在计算生长速率时，Kg 的值被确定为 $1.18 \times 10^5 \mu m/(h \cdot atm)$。从图 2.5 中可以看出，计算的生长速率与实验结果拟合得很好。结果表明，采用 HVPE 法生长 GaN 是一个受热力学控制的反应过程。

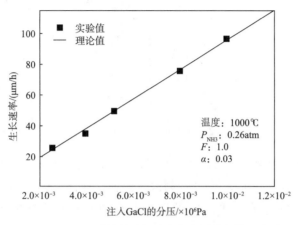

图 2.5　计算的生长速率与实验数据的比较

2.3　GaAs(100)衬底上的立方 GaN 生长

从 20 世纪 90 年代起，研究人员对不同衬底上（如 GaAs、Si、SiC、MgO 等）外延生长立方 GaN 进行了研究[23~28]。例如，采用气相分子束外延（Gas Source MBE，简称 GSMBE）和 MOVPE 技术在 GaAs(100)衬底上生长立方 GaN[27,28]，采用 GSMBE 和 HVPE 融合技术在立方体 GaN/GaAs(100)衬底实现了立方体 GaN 的同质外延生长[29]。在这两篇报道中，立方体 GaN 薄膜的生长速率高达 $1.6 \mu m/h$。当时人们普遍认为，GaN 缓冲层仅能在非平衡系统中实现生长，低温 GaN 缓冲层无法使用 HVPE 技术生长于其他的异质衬底之上。

然而，以现有的知识来看，之前文献中报道的立方体 GaN 应该是纤锌矿结构 GaN 和闪锌矿结构 GaN 的混合物。在本章中，我们默认采用 HVPE 技术在 GaAs(100)衬底上生长的 GaN 是立方晶系。在后面的章节中，我们可以看到，采用 HVPE 技术在 GaAs(100)衬底上生长的高质量立方体 GaN 薄膜的过程中，预先沉积的 GaN 缓冲层具有重要作用。

2.3.1　实验过程

图 2.6 显示了生长立方体 GaN 使用的示意图。石英反应器采用立式垂直放置的方式，缓冲层和外延层的生长均在大气环境下进行。衬底采用 GaAs(100)，并以 $H_2SO_4 : H_2O_2 : H_2O = 3 : 1 : 1$ 配成的混合溶液中刻蚀约 $1min$。金属有机氢氯气相外延生长系统以 TMG –

$HCl - NH_3 - H_2$ 为源气体[5,18]。

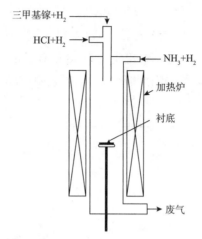

图 2.6 金属有机氢氯化物气相外延(MOHVPE)生长系统的结构示意图

将三甲基镓(TMG)与 HCl 同时注入石英热壁反应器中，生成气态 GaCl 和 CH_4，随后与 NH_3 发生反应生成 GaN 并沉积在 GaAs 衬底上。在生成立方体 GaN 之前，首先在 500℃ 时生长 GaN 缓冲层；然后在 H_2 和 NH_3 的混合气流中升高衬底温度至 850℃，同时注入 TMG 和 HCl 生成 GaN 层。衬底上输入 TMG、HCl 和 NH_3 的典型分压分别是 80Pa、80Pa 和 $1.6 \times 10^4 Pa$。

2.3.2 立方体 GaN 的生长

在以上条件下 GaN 薄膜的生长速率约为 $3.0\mu m/h$。图 2.7 展示了生长的 GaN 薄膜的 X 射线衍射(X – ray Diffraction，简称 XRD)示意图。从图中可以看出，GaN 层在 $2\theta = 40°$ 出现了强衍射峰，该衍射峰与立方体 GaN (200)晶面相对应。然而，立方体 GaN 的结晶质量不能只通过 XRD $\theta - 2\theta$ 方法来评价。

此外经进一步测试，立方体 GaN(200) 的 XRD 摇摆曲线半波宽(Full Width at Half Maximum，简称 FWHM)约为 37.7′。当高温下无 GaN 缓冲层时，GaAs 衬底因 HCl 与 NH_3 的反应而破裂。这些结果表明，GaN 缓冲层阻碍了 GaAs 衬底和 HCl 或 NH_3 之间的反应，从而获得了高结晶质量的 GaN 薄膜。

图 2.8 显示了立方体 GaN(200) XRD 摇

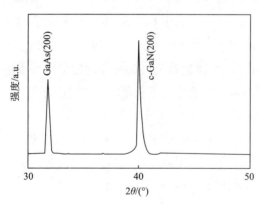

图 2.7 生长于(100) GaAs 衬底上 GaN 薄膜的 XRD 图

摆曲线的 FWHM 值随 GaN 缓冲层厚度变化的函数关系。从图中可以看到，FWHM 值随着 GaN 缓冲层厚度的增加展现出先减小后增大的趋势。当厚度增加到约 30nm 时，FWHM 逐渐开始增加。结果表明，GaN 缓冲层的最佳厚度约为 40nm。

我们采用高分辨透射电子显微镜(Transmission Electron Microscope，简称 TEM)和电子衍射模式对缓冲层厚度为 30nm 的 GaN 外延层薄膜进行检测以评价 GaN 外延层的结晶质量。测试的样品有三种(样品 A、样品 B 和样品 C)，样品 A 在仅生长了 30nm GaN 缓冲层时被移出反应室，样品 B 在 850℃退火 10min 后被移出反应室，样品 C 则在生长了 GaN 外延层被移出反应室。图 2.9(a)显示了从[110]方向观察样品 A 的高分辨率 TEM 照片。沿图中 GaN 缓冲层中箭头 1 所示方向可以看到，晶粒结构是由许多晶向不同的小 GaN 多晶组成，GaN 缓冲层与 GaAs 衬底之间的界面几乎是平整的，但 GaN 缓冲层[图 2.9(a)中的箭头 2]附近的 GaAs 衬底的部分区域中存在应力引起的暗区——应力可能是由于 GaAs 与 GaN 之间的晶格常数失配引起的。图 2.9(b)展示了入射束沿 GaAs[110]轴线方向拍摄样品 A 表面的电子衍射模式。该衍射模式包括 GaAs 衬底的强衍射斑点[图 2.9(b)中的箭头 1]以及 GaN 缓冲层的环状衍射斑[图 2.9(b)中的箭头 2]。这些研究结果表明，GaN 缓冲层在 500℃以上温度的生长主要由多晶组成。

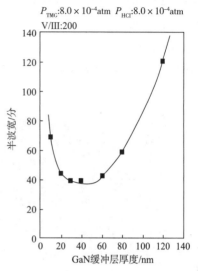

P_{TMG}:8.0×10⁻⁴atm　P_{HCl}:8.0×10⁻⁴atm

图 2.8　立方体 GaN(200)XRD 摇摆曲线的半波宽与缓冲层厚度之间的函数关系

GaN缓冲层

GaAs衬底

5nm

(a)电子显微镜照片　　　　　(b)电子衍射照片

图 2.9　样品 A 的高分辨率透射电子显微镜照片和电子衍射照片

图 2.10(a)展示了样品 B 的 TEM 照片，样品 C 的 TEM 照片和界面处的电子衍射与样品 B 非常相似(此处未显示出来)。图 2.9(a)中观察到的界面处暗区在样品 B 中由于热退火引起的应力弛豫而消失。虽然 GaAs 的界面十分平整，但没有在 GaAs 衬底的界面区域观察到(111)晶面。图 2.10(a)中箭头 1 所示的暗线间距在 GaAs 照片中的点距为 4，在 GaN 照片中的点间距为 5[30]。图 2.10(a)中箭头 1 所示的暗线为失配位错(由 GaAs 衬底与 GaN 晶格常数之间的差异引起的)。因此，GaN 的晶格中几乎没有产生应变，而立方体 GaN 单晶在<111>方向上[如图 2.10(a)中的箭头 2 所示]存在位错。此外，在 GaAs 衬底附近的 GaN 缓冲层[如图 2.10(a)中的箭头 3 所示]中观察到了暗区和明区，这意味着此区域附近

的 GaN 缓冲层是由许多具有微小方向差异的晶体组成的。图 2.10(b)展示了样品 B 沿 [110]方向观察到的电子衍射模式，我们可以看到，样品 A 中的环状衍射斑在样品 B 中变成了点状衍射斑[如图 2.10(b)中的箭头 1 所示]。结果表明，GaN 缓冲层在经过热退火后成为单晶。此外，我们还在 <111> 方向上观测到了线条状衍射花样[由堆垛缺陷引起，如图 2.10(b)中的箭头 2 所示]。所有的这些结果表明，GaN 缓冲层生长后的热退火在多晶 GaN 向单晶 GaN 的转变中扮演着重要的角色。

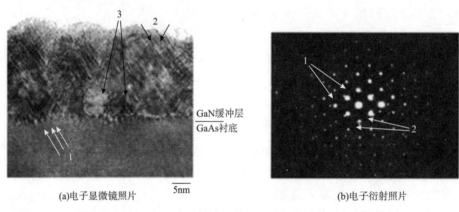

(a)电子显微镜照片　　　　　　　　　　　(b)电子衍射照片

图 2.10　样品 B 的高分辨率透射电子显微镜照片和电子衍射照片

2.4　生长在 GaAs(111)A 和 GaAs(111)B 衬底上 GaN 性质的比较

为了避免缺陷的产生，研究人员曾多次尝试制备 GaN 晶体。Porowski 等人报道了高压和高温下 GaN 晶体的合成研究[32]。Kurai 等人采用了升华法研究了 GaN 晶体的合成[33]。然而，这些方法获得的 GaN 晶体太小，在现阶段仍然无法作为衬底使用。另一个潜在的制备 GaN 衬底的方法是使用高生长速率的 HVPE 法[6,34,35]——将 HVPE 法生长的厚 GaN 层从蓝宝石衬底上剥离并作为自支撑 GaN 衬底[35]。然而，由于蓝宝石非常坚硬和稳定，通常难以将 GaN 层与蓝宝石衬底剥离。

在 GaAs(111)衬底上生长 GaN 具有很大的吸引力，这是由于 GaAs 作为起始衬底可以很容易地在完成 GaN 生长后被王水去除。而且，在 GaAs(111)上生长的纤锌矿结构 GaN (0001)的极性有望被 GaAs 的极性控制，即 GaN(0001)(Ga 极性)生长于 GaAs(111)A 上，而 GaN(000$\overline{1}$)(N 极性)生长于 GaAs(111)B 上。然而，由于 GaAs 在 1000℃ 左右的高温下具有不稳定性，如何防止 GaAs 变质是一个重要的问题(1000℃是研究人员广泛采用的 GaN 外延生长温度)。大川(Hasegawa)等在 850℃时 50nm 厚的 GaN 缓冲层上引入一个厚度为 3μm 的 GaN 中间层，以防止 GaAs 衬底在高温下变质，并在 1000℃时 GaAs(111)B 衬底上获得了一个表面相当光滑的六方体 GaN 层[4]。然而，目前还没有在 GaAs(111)A 表面当温度高达 1000℃ 时生长 GaN 层的相关报道。本章接下来将对生长在 GaAs(111)A 和 GaAs (111)B 表面的 GaN 缓冲层与 GaN 外延层的性质进行比较。

2.4.1　实验过程

本章使用的 MOHVPE 系统以立式石英为反应器, 如图 2.6 所示。一个两面抛光的 GaAs(111)衬底与气流平行放置, 这样在 GaAs(111)A 和 GaAs(111)B 的表面可同时生长 GaN。首先在 $HCl:H_2O=1:19$ 的混合溶液中清洗 GaAs 衬底约 1min, 然后将其放入反应器中。三甲基镓和 NH_3 分别作为 Ga 源和 N 源, 在整个生长过程中, 三甲基镓和 HCl 的混合气体保持 750℃, 这样三甲基镓和 HCl 之间发生反应生成气态的 GaCl、GaN 沉积在 GaCl 和 NH_3 混合气体下游区域 GaAs 的两面。

生长过程是在大气环境的压强下进行的, 三甲基镓、HCl 和 NH_3 的输入分压分别为 80Pa、80Pa 和 1.6×10^4 Pa。生长开始时, 首先在 550℃时 GaAs(111)的两侧分别生长厚度约为 50nm 的薄 GaN 缓冲层; 然后将衬底温度在 NH_3 流中升高到 1000℃; 随后, 再次注入三甲基镓和 HCl, 使生成的 GaN 沉积 1h。此时, 三甲基镓、HCl 和 NH_3 的输入分压分别为 5.8×10^2 Pa、5.8×10^2 Pa 和 2.9×10^4 Pa, GaN 的生长速率约为 25μm/h。

2.4.2　GaAs(111)A 和(111)B 面上生长 GaN 的比较

图 2.11 展示了 GaAs(111)A 和 GaAs(111)B 表面生长的低温 GaN 缓冲层厚度与生长时间之间的函数关系。虽然 GaAs(111)A 和 GaAs(111)B 表面缓冲层的生长速率在大约 3min 后几乎是相同的, 但 GaN(111)A 表面的厚度是 GaAs(111)B 表面的 GaN 缓冲层的 1.3 倍。这是由于早期生长速率的差异引起的, 出现这一结果的原因可能与 GaN 缓冲层的成核方式有关。因此, 在下一章里, 我们将介绍 GaAs(111)A 和 GaAs(111)B 表面上 GaN 的初始生长过程。

图 2.12(a)与图 2.12(b)分别展示了生长 15min 后 GaAs(111)A 和 GaAs(111)B 表面 GaN 缓冲层的 AFM 照片。图中表面形貌的差异是显而易见的: 在 GaAs(111)A 表面生长的 GaN 缓冲层均匀地覆盖在 GaAs 表面, 具有平整的表面(峰谷差为整个生长层高度的 5% 以内); GaAs(111)B 表面上生长的 GaN 缓冲层表面却非常粗糙(峰谷差约为整个生长层高度的 30%), 并出现了许多小坑。此外, 还有一些针状的小坑贯穿到了 GaAs 衬底的表面。

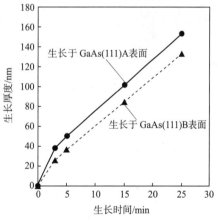

图 2.11　MOHVPE – GaN 缓冲层的厚度与生长时间之间的函数关系

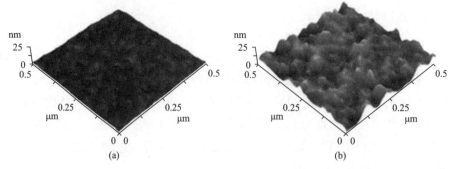

图2.12 生长 15min 后 GaAs(111) A(a) 和 GaAs(111) B(b) 表面 GaN 缓冲层的原子力显微镜照片

接下来，我们研究了 NH₃ 环境中高温（1000℃）生长在 GaAs(111) A 和 GaAs(111) B 表面的 GaN 缓冲层（厚度为 50nm）的表面特征。图 2.13 展示了加热后 GaAs(111) 衬底的照片。在照片中，我们将"GaN"投影到缓冲层的表面，以便清楚地揭示衬底的表面特征。从图中可以看到，两者的表面形貌差异是非常明显的。GaAs(111) A 的表面在经过 1000℃ 加热后似乎仍然具有镜面状的特征[见图 2.13(a)]。而且，GaN 缓冲层下的 GaAs 衬底几乎没有变化。相反，GaAs(111) B 表面生长的 GaN 缓冲层中出现了许多针孔[见图 2.13

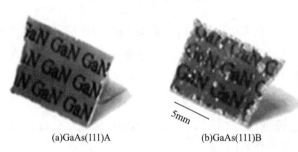

(a)GaAs(111)A   (b)GaAs(111)B

图 2.13 550℃ 时 GaAs 衬底上覆盖的厚度为 50nm 的 GaN 缓冲层照片（在 NH₃ 气氛中加热至 1000℃）

(b)]。此外，图中还观察到 GaN 缓冲层下的 GaAs 衬底受到了严重破坏。这可能是由 As 原子通过针状小坑从 GaAs 衬底中离解而引起的。从以上的分析中我们可以得出两点结论：其一，GaAs(111) A 和 GaAs(111) B 表面生长的两种 GaN 缓冲层的表面极性存在差异；其二，在 GaAs(111) A 表面生长高品质的

GaN 层成为可能。

基于以上的结论，我们可以清晰地得出结论，具有镜面般表面均匀的 GaN 层可以在 GaAs(111) A 表面的 GaN 缓冲层（厚度为 50nm）上实现高温生长（1000℃）。

图 2.14 展示了在 GaAs(111) A 衬底上高温（1000℃时）生长 1h（厚度为 50nm）GaN 缓冲层上生长的 GaN 样品的扫描电子显微镜（Scanning Electron Microscopy，简称 SEM）照片（顶视剖面图）。从照片中可以清楚地看到，GaN 生长层的表面虽然有一些六棱锥的小坑，但整体呈现镜面状。文中没有给出 GaAs(111) B 衬底表面遭到严重破坏时的照片（由 1000℃时 50nm 厚 GaN 缓冲层受损所致）。从图 2.14 中我们得到的另一个有趣的观点是，GaAs 衬底的孔隙状缺陷是高温（1000℃时）GaN 生长过程中从衬底背面即 GaAs(111) B 表面形成的。

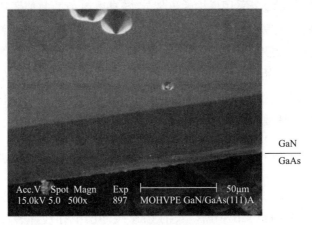

图2.14　在GaAs(111)A衬底上GaN缓冲层(厚度为50nm)生长的GaN薄膜层(生长温度为1000℃，生长时长为1h)表面解理的扫描电子显微镜照片的顶视图

2.5　GaAs(111)A和GaAs(111)B面上生长GaN 初始生长过程的 Ab Initio 计算

如上节所述，GaAs(111)A衬底上覆盖厚度为50nm的GaN缓冲层时，衬底在随后的高温下(1000℃)仍然没有遭到破坏，而GaAs(111)B衬底的表面在上述生长条件下，GaN缓冲层中形成了许多小孔。然而，很少有人知道为什么GaAs(111)A上的GaN缓冲层在1000℃时没有恶化。因此，我们将对GaN缓冲层和GaAs(111)表面之间的生长机制进行研究，以更好地理解GaAs衬底上GaN的生长机理。

在本章中，我们用密度泛函理论(Density - function Theory，简称DFT)说明了GaN缓冲层的生长与GaAs晶格取向之间的依赖关系。在生长的初始阶段，我们假定GaAs表面的As原子与载气中的氢原子发生反应，然后As原子从GaAs表面通过AsH_n分子进行脱附。在随后的反应阶段，Ga原子与$NH_n(NH_3$、NH_2或NH)发生反应，在GaAs衬底表面沉积形成GaN。

2.5.1　计算过程

在广义梯度接近(Generalized - gradient Approximation，简称GGA)[40~42]和第一性原理赝势法[43]中，我们使用DFT[37~39]进行总能量计算和几何优化，根据能量截止值选取波函数的平面波数。对GaAs来说，能量截止值为15Ry(Ry是物理学中的一种能量单位，全称Rydberg，1Ry = 13.6056923eV)。整个计算过程用FHI98md包完成(FHI98md是一种对绝缘体到过渡金属等材料进行密度泛函总能量计算的方法，它使用赝势和平面波作为基函数。对硬件和内存要求低，可以有效地在低配置的计算机和高性能计算机上运行)。

用Ab initio进行计算的模型是As原子终止的GaAs(111)A和(111)B。我们首先建立具有四个原子层的GaAs超几何晶胞，每个原子层上有8个Ga原子和8个As原子，真空区域为20Å；底层的 Ga 原子采用虚构的、带1.25基本电荷的氢原子进行终止，其目的是在 GaAs 的底部表面形成完美共价键[45]。模型的初始结构由第一原理赝势法计算获得，在该结构中我们设想只有虚拟的氢原子终止在变化的表面。我们保持 Ga 原子和 As 原子的位置不变，以保持 GaAs 的晶体结构。随后，为了执行能量最小化，允许前三层 Ga 和 As 原子的位置发生变化，并且将 As 原子位置作为 GaAs 表面沿 a 和 b 轴变化的前驱体，第四层 Ga 原子和优化的虚拟 H 原子固定在 GaAs 结构中相应的位置上。

2.5.2　GaAs(111) A 和(111) B 面上生长 GaN 初始生长过程

如前文所述，GaAs(111) A 表面加热到1000℃后依然保持镜面般的表面性质，如图2.13(a)所示；而 GaAs(111) B 表面生长的 GaN 缓冲层中存在许多针孔状的缺陷，如图2.13(b)所示。因此我们假设，那些仍然保留在 GaAs 表面的 As 原子阻碍了 N 前驱原子(如 NH_3、NH_2 和 NH)与 Ga 原子的反应。基于以上分析，我们采用第一原理赝势法分别计算了 As 原子从 GaAs(111) A 和(111) B 表面上的脱附能。

首先，我们分别对 As 原子脱附前 GaAs(111) A 和 GaAs(111) B 表面进行了优化。在气相外延(VPE)中，GaAs 最上层的原子被氢原子吸附(这是由于氢通常被用作载气的缘故)。因此，我们选择四种模型作为初始表面，分别为：裸 GaAs(111) As 面(模型1)、以单个氢原子终止的 GaAs(111)表面(模型2)、以双原子氢终止的 GaAs(111)表面(模型3)，和以三原子氢终止的 GaAs(111)表面(模型4)。在接下来的工作中，我们模拟计算了 As 原子在这些初始表面的脱吸过程，假设四种表面 As 原子以 As 原子和 AsH_n 的形态被移除 ($n = 1 \sim 3$)。在计算中，As 原子或 AsH_n 从初始表面垂直地移动到表面的步长约为1.0Å。最后，从每个分子到表面的高度来确定总能量和优化后的晶体结构。

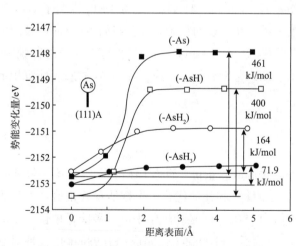

图2.15 展示了四种 GaAs(111) A 初始表面脱附 As 原子和 AsH_n($n = 0$、1、2、3)分子随距离变化的势能关系。从图中可以看出，初始单氢原子表面的总能量(—AsH)是最低的，然后依次是三氢原子表面的总能量(—AsH_3)、无氢原子表面的总能量(—As)以及双氢原子表面的总能量(—AsH_2)。然而，初始表面势能的差异很小。从图中还可以看出，在 GaAs(111)表面，AsH_3 从—AsH_3 表面脱附的活化能为71.9kJ/mol，AsH_2 从—AsH_2 表面脱附的活化能为164kJ/mol，AsH 从—AsH 表面脱附的活化

图2.15　AsH_n 分子分别从 GaAs(111) A 表面非氢化物、一氢化物、二氢化物和三氢化物中解附的势能变化曲线($n = 0$、1、2、3)

能为400kJ/mol，As从—As表面脱附的活化能为461kJ/mol。这些结果直接表明，在GaN缓冲层生长之前(约550℃)，GaAs(111)A表面的As原子完全从AsH_3分子中脱附(反应活化能非常小)。

图2.16展示了As原子从GaAs(111)B衬底表面脱附过程的势能变化。从图中可以看出，—AsH_2、—AsH、—As和—AsH_3的表面总能量依次增加，从GaAs(111)B表面脱附的AsH_3活化能以负值表示。然而，AsH_3直接从—AsH_3表面发生脱附的过程通常不会发生，这是由于—AsH_3的表面形成能太大而难以形成的缘故(如图中所示)。从这些计算中，我们可以推测计算As原子从GaAs(111)B表面的脱附过程，必须考虑AsH_3分子的稳定性。首先，载气中的氢分子附着在表面，每个氢分子与表面的As原子发生反应形成一个—AsH_2分子表面。接下来，AsH_2分子从—AsH_2表面脱附，需要的活化能为235kJ/mol，然后AsH_2分子与氢气在气相中发生反应形成AsH_3。

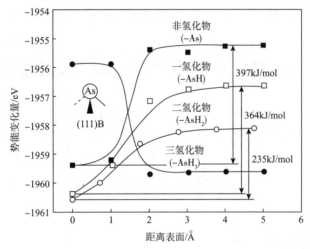

图2.16　AsH_n分子分别从GaAs(111)B表面非氢化物、一氢化物、二氢化物和三氢化物中解附的势能变化曲线($n=0$、1、2、3)

图2.17展示了GaN缓冲层的表面平均偏差与As原子从表面脱附过程中活化能的函数关系。图中GaAs(001)的表面活化能(144kJ/mol)由原位重量监测法(Gravimetric Monitoring Method，简称GMM)获得[46,47]。从图中可以看到，GaAs(111)A的表面活化能较小，这表明所有的As原子都从AsH_3表面脱附，从而在随后生长的GaN缓冲层上沉积为Ga面。另外，GaAs(111)B的表面活化能较大，在缓冲层生长之前阻碍了所有As原子的完全脱附。因此，在GaN缓冲层生长过程中，保留在衬底表面上的As原子可能阻碍了前驱N原子与Ga原子之间的反应。上述模拟结果还解释了GaAs(111)B表面GaN缓冲层上小孔隙的形成机理。因此，在高结晶质量GaN缓冲层的生长过程中，需要将衬底表面的As原子完全清除。

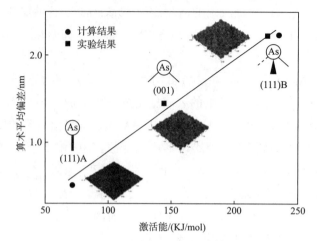

图 2.17　表面算术平均偏差与 As 原子从 GaAs(111) A、
GaAs(001) 和 GaAs(111) B 表面解附激活能之间的函数关系

2.6　GaAs(111) A 衬底上厚 GaN 层的生长

如前文所述，高温下（1000℃）的 GaAs(111) A 表面可以生长出具有镜面般均匀的 GaN 缓冲层。由于 GaAs 衬底很容易通过研磨或蚀刻的方法去除掉，因此 GaAs 衬底上生长厚的 GaN 层是值得研究的。本节研究了 GaN 外延层的性质（表面形貌、光学性质和结晶质量）与生长温度之间的相关性。此外还进一步表明，高温下（1000℃）在 GaAs(111) A 表面生长的厚 GaN 层有望成为自支撑 GaN 衬底。

2.6.1　实验过程

本节使用的生长体系与前文所述的相同。MOHVPE 采用立式石英反应器，在常压下以 H_2 作为载气进行 GaN 生长，三甲基镓和 NH_3 分别作为 Ga 源和 N 源。在整个生长过程中，三甲基镓和 HCl 的混合气体始终保持750℃，三甲基镓与 HCl 反应生成气态 GaCl 沉积在 GaAs(111) A 衬底上。我们首先在 GaAs(111) A 的表面生长厚度约为 50nm 的 GaN 缓冲层（550℃时），注入的三甲基镓、HCl 和 NH_3 的分压分别为80Pa、80Pa 和 1.6×10^{-4} Pa。然后在 NH_3 气氛中将衬底温度提高到生长温度。随后继续通入三甲基镓和 HCl，在不同温度范围内（920℃~1000℃）生长 GaN。在 GaN 生长阶段，三甲基镓、HCl 和 NH_3 的注入分压分别为 5.8×10^2 Pa、5.8×10^2 Pa 和 2.9×10^4 Pa。

2.6.2　GaAs(111) A 表面厚 GaN 的生长

首先，我们研究了 GaAs(111) A 表面 GaN 的生长速率（温度范围为 920~1000℃）。结果表明，在该温度范围内，GaN 的生长速率几乎是恒定的（25μm/h）；当增加三甲基镓和 HCl 的注入分压时，GaN 的生长速率呈线性增加的趋势。因此，当温度在 920~1000℃时，

GaN的生长过程受质量输运控制。

　　其次，GaN生长层的表面形貌强烈地依赖生长温度。图2.18展示了不同温度时(温度范围为920～1000℃)生长GaN层(厚度为25μm)的表面形貌。从图中可以看出，随着生长温度逐渐升高，表面形貌的改善十分明显。920℃生长的GaN层表面出现凹凸不平的特征，没有看到镜面状的区域。然而，随着生长温度的升高，镜面状区域的面积明显增大。当GaN层的生长温度为1000℃时，整个表面具有镜面状、无六棱锥的凹坑形貌。这些结果表明，1000℃或以上的生长温度是获得具有镜面状GaN层的必需条件。

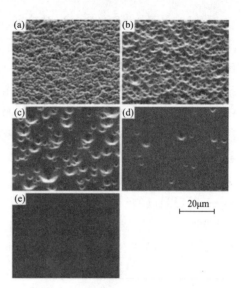

图2.18　在GaAs(111)A表面生长厚度为25μm的GaN外延层的表面形貌

注：(a)920℃；(b)940℃；(c)960℃；(d)980℃；(e)1000℃。

　　在室温下，我们用He－Cd激光器激发的光致发光(Photoluminescence，简称PL)谱如图2.19所示。图中所示的一个重要特性是，随着生长温度的增加，近带边发射边的峰位在363.1nm处。虽然在920℃时生长的GaN层看不到带边发射峰，但在1000℃时生长的GaN带边发射峰具有更窄的半波宽(96meV)。另一个重要的特性是，随着生长温度的升高，峰位在568.3nm处的宽发射峰值的强度逐渐减小。这个宽的发射峰，即所谓的黄带(Yellow Band)，出现的原因与晶格中缺陷引起的深能级陷阱有关。光致发光的分析结果同样表明，在GaAs(111)A衬底上生长GaN时，1000℃或以上的温度是获得高结晶质量GaN层的必需条件。

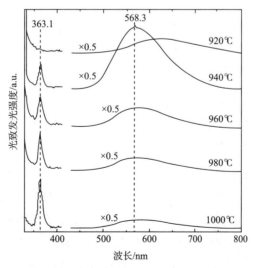

图2.19　室温下GaAs(111)A表面上不同生长温度(如图2.18所示)GaN层的光致发光谱

氮化镓晶体生长技术

我们采用双晶 XRD(Double Crystalline XRD，DCXRD)法对生长在 GaAs(111) A 表面的 GaN 层的晶体结构和结晶质量进行了研究。首先采用 XRD $\theta - 2\theta$ 模式分析了(图 2.18 中不同温度下生长的厚度为 25μm)GaN 层。在 XRD 图中，无论生长温度如何变化，只有六方结构 GaN(0002) 和 GaN(0004) 的衍射峰是可见的。这表明六方体 GaN 外延生长在 GaAs(111) A 表面，当温度在 920~1000℃ 时，满足 GaN(0001)∥GaAs(111)的取向关系。接下来我们采用 DCXRD ω 扫描模式研究了 GaN(0002)面的半波宽。GaN(0002)面的半波宽与生长温度之间的函数关系如图 2.20 所示。从图中可以看出，当温度增加到 960℃时，半波宽随生长温度的升高而下降，这与图 2.18 和图 2.19 所得到的结论是一致的——随着温度的升高，GaN 的表面形貌和光学质量均得到了改善。另外，当生长温度高于 960℃时，半波宽随着生长温度的升高而变宽。这种相反的变化趋势被认为是由于结晶质量的提高诱发了 GaN 膜(厚度为 25μm)的弯曲造成的。然而，幸运的是，研究者找到了解决这种相反变化趋势的方法。图 2.21 展示了 GaN(0002)面的半波宽与生长层厚度之间的函数关系(在这种情况下，生长温度为 1000℃)。从图中可以看到，当半波宽约为 13μm(生长时间约为 41.8min)时，半波宽随生长层厚度的增加而减小。从图中还可以看出，当厚度达到 100μm 时镜面状表面 GaN 层的半波宽为 4.6′。从这些结果来看，我们相信在 1000℃ 或以上时，GaAs(111) A 面上生长的厚 GaN 层是有希望成为自支撑 GaN 衬底的。

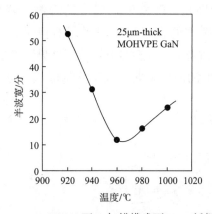

图 2.20　GaN(0002)面 ω 扫描模式下 XRD 摇摆曲线半波宽与生长温度之间的函数关系

注：每个温度下 GaN 层的厚度均为 25μm。

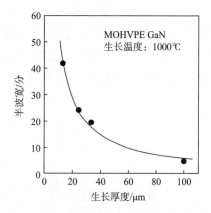

图 2.21　GaN(0002)面 ω 扫描模式下 XRD 摇摆曲线半波宽与生长厚度之间的函数关系

事实上，根据上述研究成果，研究人员已经采用 HVPE 技术成功地生长了直径超过 2in 的自支撑 GaN 衬底[48]。在生长过程中，首先需要在(111) A GaAs 衬底上直接形成一个直径为 2μm 的圆形 SiO₂ 掩膜层(厚度为 0.1μm)，然后在 500℃ 时有选择性地在开口处生长 GaN 缓冲层；最后在 1030℃ 生长厚的 GaN 层。当 GaN 层的生长厚度约 500μm 时，用王水将(111) A GaAs 衬底溶解。1030℃ 生长的 GaN 表面的扫描电子显微镜照片如图 2.22 所示。从图中可以清楚地看到，GaN 层开始在 SiO₂ 掩膜的开口处有选择地生长[见图 2.22(a)]，六棱锥形的 GaN 围绕{1101}开始生长[如图 2.22(b)所示]。随着生长的继续进行，

GaN 在 SiO_2 掩膜上发生横向过生长——此时即开始了聚结生长 [如图 2.22 (c) 所示] 。

图 2.22　GaAs(111) A 衬底在 1030℃ 时 GaN 生长过程中的
扫描电子显微镜照片：(a)0.5min；(b)4min；(c)10min

去除 (111) A GaAs 衬底后经过研磨和抛光，约 $500\mu m$ 厚的自支撑 GaN 衬底就制备成功了。在上述过程中，背面的 SiO_2 掩膜也被移除。图 2.23 展示了制备的自支撑 GaN 衬底的照片。采用双晶 XRD 测试结果表明，GaN(0002) 具有窄的半波宽（约 106arcsec）；透射电子显微镜(TEM)观察到自支撑 GaN 衬底表面的位错密度低至 $2.0\times10^5/cm^2$。霍尔测试结果表明，自支撑 GaN 衬底具有 n 型导电特性，其载流子浓度和电子迁移率分别为 $5\times10^{18}/cm^3$ 和 $170cm^2/(V\cdot s)$，表明制备的自支撑 GaN 衬底适合于制作紫光激光二极管。

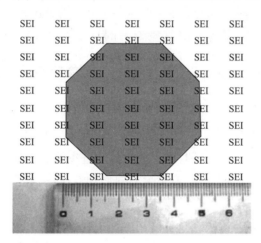

图 2.23　以 GaAs(111) 作为初始衬底，采用 HVPE 法生长的自支撑 GaN 照片

2.7　Fe 掺杂半绝缘 GaN 衬底的制备

近期，研究人员在制备直径为 2in 的自支撑 GaN 衬底方面取得了重大的进展，推动了大功率器件和长寿命紫光激光二极管的大规模生产。表面上，我们认为未掺杂 GaN 层可以采用任何生长技术实现生长(包括 HVPE)，然而真实的情况却是，GaN 表现出 n 型导电性能是由于非有意掺杂溶入了背景施主杂质的缘故(如 Si 和 O 等)[52]。自支撑 GaN 衬底的下一步目标是制备能应用于高频领域的高品质半绝缘(Semiinsulating，简称 SI) GaN 衬底，半绝缘 GaN 生长的一种方法是在能带中引入深受主能态以补偿背景施主。据报道，半绝缘 GaAs 和 GaP 衬底的生长有可能通过 Fe 掺杂实现[53,54]。由于 Fe 在 GaN 中是公认的深受主

杂质[55]，因此有效提供 Fe 源并对其进行输运，对于 HVPE 生长半绝缘 GaN 衬底是一项非常重要的工作。在本节中，我们介绍了在(0001)蓝宝石衬底和(111) A GaAs 衬底上进行 Fe 掺杂的 GaN 层生长。随后我们以(111) A GaAs 为衬底制备半绝缘 GaN 衬底，并对其性能进行研究。

2.7.1 实验过程

MOHVPE 生长体系采用立式热壁石英反应器，以(0001)蓝宝石和(111) A GaAs 作为衬底。Ga 源来自三甲基镓与 HCl 反应生成的气态 GaCl，铁源是由二茂铁 [Cp_2Fe：$(C_5H_5)_2Fe$] 与 HCl 反应生成的气态 $FeCl_2$。在温度为 750℃的反应区上游，上述两个化学反应能独立地生成 GaCl 和 $FeCl_2$。首先注入三甲基镓、HCl(以生成 GaCl)和 NH_3 来生长厚度为 50nm 的 Fe 掺杂 GaN 缓冲层，通入气体的分压分别为 80Pa、80Pa 和 1.6×10^4Pa，蓝宝石衬底和 GaAs 衬底的生长温度分别设置为 500℃和 550℃。然后，将温度升高到 1000℃以生长 Fe 掺杂 GaN 层，通入三甲基镓、HCl(以生成 GaCl)和 NH_3，通入的分压分别为 3.0×10^2Pa、3.0×10^2Pa 和 1.5×10^4Pa，生长时间为 1h。在生长过程中，Cp_2Fe：$(C_5H_5)_2Fe$ 与 HCl 生成的 $FeCl_2$ 被过量通入反应器。HCl 的分压是 Cp_2Fe：$(C_5H_5)_2Fe$ 分压的两倍，将通入 Cp_2Fe/TMG 的比值作为参数以控制和监测 $FeCl_2$ 的注入量。

2.7.2 蓝宝石和 GaAs 衬底上生长 Fe 掺杂 GaN 层

在生长 GaN 层的过程中，我们首先将输入分压比 Cp_2Fe/TMG 设定为两个值，分别为 0(表示未掺杂)和 0.34(铁掺杂)。其次，我们发现，GaN 的生长速率为 11～12μm/h，与衬底类型、$FeCl_2$ 的供给量无关。在生长结束后，通过在给定偏压下测量通过的电流来确定 GaN 层的电阻率。研究结果发现，在蓝宝石衬底和 GaAs 衬底上生长的未掺杂 GaN 层的电阻率低至 $2.5 \times 10^{-3}\Omega \cdot cm$，生长在蓝宝石衬底上的 Fe 掺杂 GaN 层的电阻率为 $2.5 \times 10^{-4}\Omega \cdot cm$，而生长在 GaAs 衬底上的 Fe 掺杂 GaN 层的电阻率为 $3.3 \times 10^{-2}\Omega \cdot cm$。通过比较这些结果表明，在 GaAs 衬底上生长的 Fe 掺杂 GaN 层具有较低的电阻率。

为了阐明 Fe 掺杂的机理，我们对 GaN 层进行了二次离子质谱分析(Secondary Ion Mass Spectrometry，简称 SIMS)。研究结果发现，在蓝宝石衬底和 GaAs 衬底上生长的未掺杂 GaN 层中含有大量的($>10^{15}$/cm^3)O(施主)、C(受主)和 Si(施主)杂质，其中杂质 O 的最高浓度可达 5×10^{19}/cm^3，这就是未掺杂 GaN 层具有 n 型导电类型的原因。图 2.24 显示了 Cp_2Fe/TMG = 0.34 时蓝宝石衬底(左)和 GaAs(右)衬底上生长的 GaN 层的二次离子质谱分析(SIMS)分析。我们发现，在蓝宝石衬底上生长的 Fe 掺杂 GaN 层具有与未掺杂 Fe GaN 层相媲美的杂质浓度，当 Fe 的浓度高于 O 的浓度时，将会被吸收。因此，我们可以清楚地得出结论，掺杂浓度超过 10^{19}/cm^3 的 Fe 掺杂可以提高生长在蓝宝石衬底上 Fe 掺杂 GaN 的电阻率(高浓度 Fe 补偿 O 施主的缘故)。

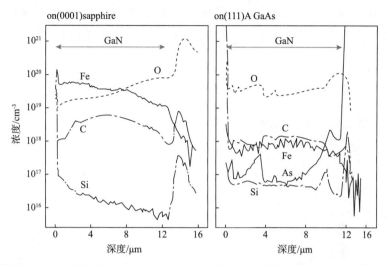

图 2.24　分别在(0001)蓝宝石衬底和(111) A GaAs 衬底上生长的铁掺杂 GaN 层的二次离子质谱

注：生长温度为1000℃，注入比 $FeCl_2$/TMG 为 0.34。

我们进一步发现，在 GaAs 衬底上生长 Fe 掺杂 GaN 层中的杂质(O、C 和 Si)浓度与蓝宝石衬底上生长 Fe 掺杂 GaN 层中的杂质浓度大致相同。然而，Fe 的浓度相对于蓝宝石衬底下降了两个数量级。此外，As 的浓度(中性)高于 10^{17}/cm^3 时会被吸收。因此生长在 GaAs 衬底上的 Fe 掺杂 GaN 层具有低的电阻率(低浓度的 Fe 没有完全补偿 O 施主的缘故)，即使采用与蓝宝石衬底相同的生长条件也是如此。当 As 原子被认为在 GaN 晶格中占据了 N 原子的位置时，Fe 原子占据了 Ga 原子的位置[56]，因而折中后的 Fe 原子浓度和 As 原子浓度令人难以置信。如下文所示，采用 GaAs 衬底背面覆盖 NiTi 层的方法，可提高 Fe 的掺杂浓度。据此可推测，GaAs 背面覆盖层的退化阻碍了 $FeCl_2$ 与 NH_3 之间的反应，增大了 As 原子在反应器中的气相分压。因此，为了在 GaAs 衬底上生长半绝缘 GaN 层，保护 GaAs 衬底的背面是必不可少的。

利用上述研究结果，我们在(111) A GaAs 衬底上成功地制备了半绝缘自支撑 GaN 衬底。在这种情况下，GaCl 由金属 Ga 和 HCl 气体经过长时间的反应生成。在将(111) A GaAs 衬底放入反应器之前，我们在 GaAs 衬底的背面预先覆盖一层厚度为 $0.1\mu m$ 的 Ni - Ti 保护层。开始生长时，先在(111) A GaAs 衬底上生长一层厚度为 60nm 的 GaN 缓冲层(温度为550℃)。然后继续生长一层厚度为 $400\mu m$ 的 Fe 掺杂 GaN 层。在这个生长阶段，GaCl、$FeCl_2$ 和 NH_3 的输入分压分别为 8.0×10^2Pa、80Pa 和 2.4×10^{-4}Pa，此时 GaN 的生长速率约为 $75\mu m$/h。

去除了 GaAs 衬底的 Fe 掺杂自支撑 GaN 衬底的扫描电子显微镜照片如图 2.25 所示。从图中可以看出，GaN 衬底的形状与 GaAs 衬底相同，没有进行抛光。虽然 GaN 衬底呈浅灰色，但仍然是透明的，并具有光滑的表面。

图 2.26 展示了未掺杂和 Fe 掺杂 GaN 衬底的二次离子质谱图。结果发现，Fe 掺杂的 GaN 衬底中 Fe 的浓度为 1.5×10^{19}/cm^3，而未掺杂 GaN 衬底中 Fe 的浓度几乎等于二次离子质谱检测的极限浓度 5×10^{15}/cm^3。因此，即使在 GaAs 衬底上也能获得高浓度的 Fe 掺

氮化镓晶体生长技术

杂(高于 $10^{19}/cm^3$ 水平)。在室温下,我们还使用三电极保护法测试了 Fe 掺杂的自支撑 GaN 衬底的电阻率为 $8.8 \times 10^{12}\Omega \cdot cm$。至此,我们通过这种方法成功地制备出半绝缘自支撑 GaN 衬底。

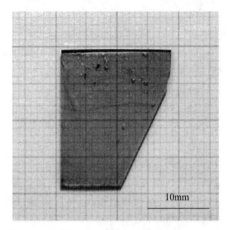

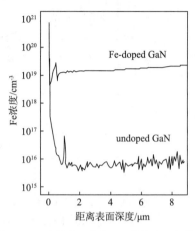

图 2.25　去除 GaAs 衬底、厚度为 $400\mu m$ 的　　图 2.26　未掺杂(虚线)和铁掺杂(实线)
Fe 掺杂半绝缘型 GaN 衬底照片　　自支撑 GaN 衬底的二次离子质谱分析

最后,我们采用 XRD 法研究了 Fe 掺杂半绝缘 GaN 衬底的结晶质量,图 2.27 展示了未掺杂和 Fe 掺杂自支撑 GaN 衬底(0002)面(虚线)和($10\bar{1}0$)面(实线)的摇摆曲线。从图中可以发现,(0002)和($10\bar{1}0$)面 Fe 掺杂半绝缘自支撑 GaN 衬底的半波宽相对较小,分别为 410arcsec 和 360arcsec。研究还进一步发现,Fe 掺杂时 GaN 衬底的半波宽几乎没有变化,这说明 Fe 掺杂 GaN 衬底的结晶质量与未掺杂 GaN 衬底的结晶质量是相媲美的。

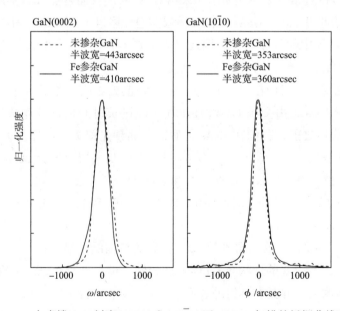

图 2.27　自支撑 GaN 衬底(0002)和($10\bar{1}0$)面 XRD ω 扫描的摇摆曲线和 φ 扫描

参考文献

[1] H. P. Maruska, J. J. Tietjen, Appl. Phys. Lett. 15, 327(1969).

[2] T. Detchprohm, K. Hiramatsu, H. Amano, I. Akasaki, Appl. Phys. Lett. 61, 2688(1992).

[3] A. Wakahara, T. Yamamoto, K. Ishio, A. Yoshida, Y. Seki, K. Kainosho, O. Oda, Jpn. J. Appl. Phys. 39, 2399(2000).

[4] F. Hasegawa, M. Minami, K. Sunaba, T. Suemasu, Jpn. J. Appl. Phys. 38, L700(1999).

[5] Y. Miura, N. Takahashi, A. Koukitu, H. Seki, Jpn. J. Appl. Phys. 34, L401(1995).

[6] A. Usui, H. Sunakawa, A. Sakai, A. A. Yamaguchi, Jpn. J. Appl. Phys. 36, L899(1997).

[7] Y. Kumagai, A. Koukitu, H. Seki, Jpn. J. Appl. Phys. 39, L149(2000).

[8] H. Seki, A. Koukitu, J. Cryst. Growth 98, 118(1989).

[9] A. Koukitu, N. Takahashi, T. Taki, H. Seki, Jpn. J. Appl. Phys. 35, L673(1996).

[10] A. Koukitu, H. Seki, Jpn. J. Appl. Phys. 36, L750(1997).

[11] A. Koukitu, N. Takahashi, T. Taki, H. Seki, J. Cryst. Growth 170, 306(1997).

[12] A. Koukitu, N. Takahashi, H. Seki, Jpn. J. Appl. Phys. 36, L1136(1997).

[13] A. Koukitu, S. Hama, T. Taki, H. Seki, Jpn. J. Appl. Phys. 37, 762(1998).

[14] A. Koukitu, Y. Kumagai, N. Kubota, H. Seki, Phys. Stat. Sol. B 216, 707(1999).

[15] A. Koukitu, Y. Kumagai, H. Seki, Phys. Stat. Sol. A 180, 115(2000).

[16] A. Koukitu, Y. Kumagai, H. Seki, J. Cryst. Growth 221, 743(2000).

[17] Y. Kumagai, K. Takemoto, T. Hasegawa, A. Koukitu, H. Seki, J. Cryst. Growth 231, 57(2001).

[18] Y. Miura, N. Takahashi, A. Koukitu, H. Seki, Jpn. J. Appl. Phys. 35, 546(1996).

[19] V. S. Ban, J. Electrochem. Soc. 119, 761(1972).

[20] H. Seki, S. Minagawa, Jpn. J. Appl. Phys. 11, 850(1972).

[21] A. Koukitu, H. Seki, Jpn. J. Appl. Phys. 16, 1967(1977).

[22] D. W. Shaw, in Crystal Growth, vol. 1, ed. by C. H. L. Goodman(Plenum, New York, 1978), p. 1.

[23] M. Mizuta, S. Fujieda, Y. Matsumoto, T. Kawamura, Jpn. J. Appl. Phys. 25, L945(1986).

[24] T. Lei, M. Fanciulli, R. J. Molnar, T. D. Moustakas, R. J. Graham, J. Scanlon, Appl. Phys. Lett. 59, 944 (1991).

[25] M. J. Paisley, Z. Sitar, J. B. Posthill, R. F. Davis, J. Vac. Sci. Technol. A 7, 701(1989).

[26] R. C. Powell, G. A. Tomasoch, Y. W. Kim, J. A. Thornton, J. E. Greene, Mater. Res. Soc. Symp. Proc. 162, 525(1990).

[27] H. Okumura, S. Yoshida, S. Misawa, E. Sakuma, J. Cryst. Growth 120, 114(1992).

[28] S. Miyoshi, K. Onabe, N. Ohkouchi, H. Yaguchi, R. Ito, S. Fukatsu, Y. Shiraki, J. Cryst. Growth124, 439(1992).

[29] H. Tsuchiya, T. Okahisa, F. Hasegawa, H. Okumura, S. Yoshida, Jpn. J. Appl. Phys. 33, 1747(1994).

[30] N. Kuwano, Y. Nagatomo, K. Kobayashi, K. Oki, S. Miyoshi, H. Yaguchi, K. Onabe, Y. Shiraki, Jpn. J. Appl. Phys. 33, 18(1994).

[31] Y. Kumagai, H. Murakami, H. Seki, A. Koukitu, Phys. Stat. Sol. A 188, 549(2001).

［32］S. Porowski, J. M. Baranowski, M. Leszczynski, J. Jun, M. Bockowski, I. Grzegory, S. Krukowski, M. Wroblewski, B. Lucznik, G. Nowak, K. Pakula, A. Wysmolek, K. P. Korona, R. Stepniewski, Proc. Int. Symp. Blue Laser and Light Emitting Diodes, Chiba, 1996(Ohmsha, Tokyo, 1996) p. 38.

［33］S. Kurai, Y. Naoi, T. Abe. S. Ohmi, S. Sakai, Jpn. J. Appl. Phys. 35, L77(1996).

［34］S. T. Kim, Y. J. Lee, D. C. Moon, C. H. Hong, T. K. Yoo, J. Cryst. Growth 194, 37(1998).

［35］M. K. Kelly, R. P. Vaudo, V. M. Phanse, L. Görgens, O. Ambacher, M. Stutzmann, Jpn. J. Appl. Phys. 38, L217(1999).

［36］Y. Matsuo, Y. Kumagai, T. Irisawa, A. Koukitu, Phys. Stat. Sol. A 188, 553(2001).

［37］P. Hohenberg, W. Kohn, Phys. Rev. B 136, 864(1964).

［38］R. M. Dreuzler, E. K. U. Gross, Density Functional Theory(Springer, Berlin 1990).

［39］W. Kohn, A. D. Bedcke, R. G. Parr, J. Phys. 100, 12974(1996).

［40］A. D. Becke, Phys. Rev. A 38, 3098(1988).

［41］J. P. Perdew, Phys. Rev. B 33, 8822(1986).

［42］J. P. Perdew, J. A. Chevary, S. H. Vosko, K. A. Jackson, M. R. Pederson, D. J. Singh, C. Fiolhais, Phys. Rev. B 46, 6671(1992).

［43］D. R. Hamann, Phys. Rev. B 40, 2980(1982).

［44］M. Bockstedte, A. Kley, J. Neugebauer, M. Scheffler, Comput. Phys. Commun. 107, 187(1997).

［45］K. Shiraishi, J. Phys. Soc. Jpn. 59, 3455(1990).

［46］A. Koukitu, N. Takahashi, Y. Miura, H. Seki, J. Cryst. Growth 146, 239(1995).

［47］A. Koukitu, T. Taki, K. Narita, H. Seki, J. Cryst. Growth 198/199, 1111(1999).

［48］Y. Kumagai, H. Murakami, A. Koukitu, K. Takemoto, H. Seki, Jpn. J. Appl. Phys. 39, L703(2000).

［49］K. Motoki, T. Okahisa, N. Matsumoto, M. Matsushima, H. Kimura, H. Kasai, K. Takemoto, K. Uematsu, T. Hirano, M. Nakayama, S. Nakahata, M. Ueno, D. Hara, Y. Kumagai, A. Koukitu, H. Seki, Jpn. J. Appl. Phys. 40, L140(2001).

［50］Y. Kumagai, K. Takemoto, H. Murakami, A. Koukitu, Jpn. J. Appl. Phys. 44, L1072(2005).

［51］Y. Kumagai, F. Satoh, R. Togashi, H. Murakami, K. Takemoto, J. Iihara, K. Yamaguchi, A. Koukitu, J. Cryst. Growth 296, 11(2006).

［52］W. J. Moore, J. A. Freitas, Jr. , G. C. B. Braga, R. J. Molnar, S. K. Lee, K. Y. Lee, I. J. Song, Appl. Phys. Lett. 79, 2570(2001).

［53］P. L. Hoyt, R. W. Haisty, J. Electrochem. Soc. 113, 296(1966).

［54］K. Tanaka, K. Nakai, O. Aoki, M. Sugawara, K. Wakao, S. Yamakoshi, J. Appl. Phys. 61, 4698(1987).

［55］B. Monemar, O. Lagerstedt, J. Appl. Phys. 50, 6480(1979).

［56］R. Togashi, F. Satoh, H. Murakami, J. Iihara, K. Yamaguchi, Y. Kumagai, A. Koukitu, Phys. Stat. Sol. B 244, 1862(2007).

第3章　HVPE 法在 GaN 籽晶上生长体 GaN

B. Łucznik，B. Pastuszka，G. Kamler，I. Grzegory，S. Porowski

摘要

在本章中，我们讨论了采用 HVPE 技术生长 GaN 晶体的相关问题。高压条件下的高结晶质量、小尺寸的 GaN 籽单晶和大尺寸、表面形貌平整的自支撑 GaN 衬底均可经过长时间的 HVPE 生长制备。生长的 GaN 晶体的表征结果表明，材料的物理特性(主要是氧原子的浓度)强烈地依赖晶体化前期的晶向，这也是外延层薄膜中产生应变和结构缺陷的主要原因。

3.1　引言

HVPE 是目前可以用来大批量生长高结晶质量自支撑 GaN 衬底的唯一方法，可以广泛地制作激光二极管。然而，由 HVPE 法制备 GaN 衬底是非常独特的技术(而 GaN 基的器件技术通常是"不一般的")，这是由于 GaN 属于异质外延层(异质外延生长在 GaAs[1]或蓝宝石衬底上[2])，通常还需要进一步采用衬底剥离法来获得，这与典型的半导体衬底材料(例如 Si 或 GaAs)技术形成了明显的对比[Si 和 GaAs 衬底通常据化学反应，从液相中通过直拉法(Czochralski or Bridgman 生长法)或者对高结晶质量的单晶体进行切片和抛光获得。而对于 GaN 而言，液相提拉法的困难在于需要极端的熔化条件($T_M = 2200$℃、$P_M = 6.6$GPa)[3]]。

在不同的晶向上，HVPE 技术以 100μm/h 的高生长速率生长 GaN 是可能的，这意味着生长 GaN 晶体的方法在原则上是可以实现的。例如，大尺寸的蓝宝石衬底或 GaN 籽晶(衬底)上，经过长时间(> 10h)的生长，成功制备了直径为 2in、厚度为 10mm 的 GaN[4,5]。然而，HVPE 在生长大块晶体(晶体尺寸和结晶质量)的进展方面并不十分顺利，其原因主要与生长方法的技术局限性有关，例如籽晶的寄生沉积、固相沉积反应的副产物(主要是 NH_4Cl)或者液态镓源的耗尽等。从目前的研究结果来看，GaN 晶体物理性质对生长表面取向的敏感性也可能是 HVPE 生长大尺寸晶体过程中的严重问题。目前，采用横向过生长法(Epitaxial Lateral Overgrowth，简称 ELOG)[6]实现 GaN 生长取向的改变为人们所公认，而且研究人员已经在晶体的不同区域中观察到了 GaN 光学性质和电学性质方面的显著差异。进一步的研究发现，生长起始阶段的籽晶可能对 GaN 的生长至关重要，这是由于籽晶尺寸的大小将影响到 GaN 晶体在三维空间中不同晶向的继续生长。在本章中，我们分别对两种类型的籽晶(小尺寸籽晶和大而平整的籽晶)的 HVPE 生长进行了讨论。讨论的主要内容和结论来自波兰华沙高压物理研究所(Institute of High Pressure Physics PAS in Warsaw，Poland)的研究成果。

3.2　实验过程

3.2.1　籽晶

本节使用的 GaN 晶体采用 HVPE 法制备，由液态 Ga 在压强为 1.0GPa 的条件下与 N_2 反应生成[7]。采用这种方法制备的 GaN 晶体主要有两种形态(如图 3.1 所示)：薄六方片状结构和沿 c 方向拉长的六方针状纤锌矿结构。

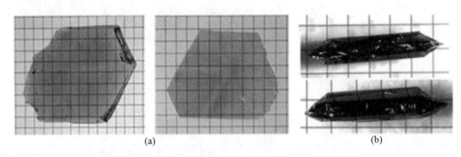

图 3.1　高压氮气条件下生长的两种 GaN 晶体形态

注：(a)六方晶系薄片；(b)六方针状，网格单位为 1mm。

六方针状纤锌矿结构的 GaN 籽晶通常是在过饱和条件下生长的，形态上具有不稳定性，原因在于晶体中存在部分空心的结构，但它们通常在 $\{10\bar{1}0\}$ 生长得很好，这使得研究人员可以采用 HVPE 法获得结晶质量良好的籽晶。由于对大体积高压反应器中镓的过饱和溶剂仍然难以精确控制，因而制备的这两种 GaN 籽晶的尺寸大约为 1cm。

高压熔体法的重要优点是，生长的 GaN 晶体几乎没有结构方面的缺陷。我们在熔融碱中进行缺陷选择性蚀刻(Defect Selective Etching，简称 DSE)[8,9]，发现 GaN 晶体的极(0001)极性面和非极性面中的位错密度是微不足道的，通常不超过 $100/cm^2$。

另外，在高压生长系统中，由于高活性的氧作为非有意掺杂的杂质存在，因而晶体中含有大量的点缺陷。正是由于大量高活性氧的存在，非有意掺杂的 GaN 晶体均属于高浓度的 n 型半导体材料(其中自由电子的浓度超过 $10^{19}/cm^3$)，这引起了 GaN 晶格常数的微小膨胀(纯 GaN 晶格间的失配度约为 0.01%)。研究人员通过向生长液中添加 Mg 来补偿氧施主，这样不仅能部分降低自由电子，而且还使晶格常数变得和未掺杂的 GaN 相同。

n 型 GaN、高电阻率 Mg 掺杂的 GaN 薄片都可以作为 HVPE 生长 GaN 的籽晶。(0001)极性表面的籽晶可以通过物理和化学抛光的方法实现生长，针状 n 型 GaN 通常用于自身状态生长的籽晶。大尺寸(0001)面的自支撑 GaN 衬底生长在 GaN – 蓝宝石模板上，这种厚度为 1～2mm 的 GaN 晶体，来自蓝宝石衬底上剥离下来的大片厚度均匀 GaN[10]。

图 3.2 展示了 HVPE 生长的一些与蓝宝石自发分离并具有典型六边形的厚 GaN 晶体。这些晶体经过机械打磨和离子反应蚀刻，用于晶体的进一步生长。在通常情况下，这些晶体中的缺陷密度取决于它们生长的厚度，数量级通常为 $1.0 \times 10^5 \sim 1.0 \times 10^6 / cm^2$。

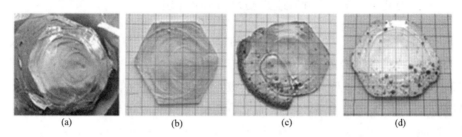

图 3.2　厚度为 1～2mm、从 HVPE – GaN/蓝宝石(经 10～12h 生长)自发分离的自支撑 GaN 衬底
注：(a)HVPE 处理后的大尺寸六方体 GaN 晶体；(b)相同的晶体；(c)、(d)相似的晶体，网格单位为 1mm。

3.2.2　HVPE 反应器和生长条件

本章中使用的 HVPE 生长系统是国产的水平石英反应器，并特别为 2in 衬底配备了旋转的石英基座。GaCl 采用垂直供应，在基座表面使用石英线型的淋浴头。生长温度约为 1050℃，GaCl 的合成温度为 870℃，HCl 的流速范围为 5～30mL/min，并以流速为 500mL/min 的 N_2 进行稀释；NH_3 的流速为 1200mL/min，并以流速为 3000mL/min 的 N_2 或 H_2 作为载气，这个生长过程运行时间为 4～15h。在上述 HVPE 生长体系的条件下，我们观察到 GaN 的生长速率为 20～200μm/h，主要依赖于注入 HC 的流速。GaN 微晶在 GaCl 出口处不断沉积并改变了端口的有效尺寸，是限制实验持续进行的主要因素。在本章中，我们讨论的所有晶体均是在非有意掺杂的情况下生长的，因此它们的电学性质受到了生长过程中非有意掺杂和本征点缺陷的影响。

3.2.3　体 GaN 晶体的性能表征

HVPE 生长的体 GaN 晶体具有多种表征方法，以确定样品中的结构质量以及点缺陷分布情况。我们首先在共熔融态 KOH – NaOH 中对晶体进行选择性刻蚀实验，结合 X 射线衍射[8,9]和扫描透射电子显微镜[11]，对晶体的不同表面进行结构与性能方面的表征。在通常情况下，还可以采用高浓度电子面扫描(Mapping)以及紫光照射下碱性溶液的光电子化学刻蚀等方法(Photo Electro – chemical Etching，简称 PEC)[12,13]。PEC 的刻蚀率取决于晶体中自由载流子的浓度，因而可对晶体中不同区域的电学性质进行可视化表征。我们还采用微 Raman 散射技术对 PEC 法进行标定[12]，使局域电子浓度(在一定范围内)的面扫描分辨率约为 1μm。

3.3 实验结果

3.3.1 近位错薄片状籽晶上生长 GaN 晶体

在高压条件下生长的(0001) Ga 极性面的 GaN 薄片上，采用 HVPE 法生长的 GaN 通常是稳定的，在生长前期，GaN 晶体表面保持连续且平整。图 3.3(a) ~ 图 3.3(d) 展示了一些典型的晶体照片，采用 HVPE 法生长的非极性晶体的剖面图如图 3.3(e)、图 3.3(f)所示。从图中可以看出，生长的晶体在宏观上是连续的(无夹杂物或空洞)，并在垂直方向和横向方向均能实现生长[包括{0001}极性面、非极性{$10\bar{1}0$}和半极性(主要是{$10\bar{1}1$})等低指数晶面]。

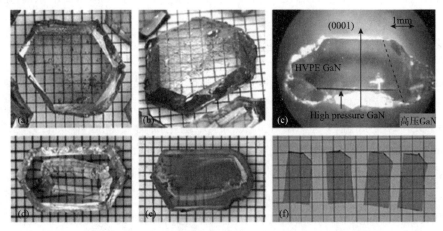

图 3.3 HVPE 在高压薄片上生长的 GaN 晶体形态

注：(a-d)晶体的常规形态；(e)($10\bar{1}0$)非极性横截面，包括高压衬底(暗条纹)和 HVPE - GaN；(f)不包括高压衬底的非极性横截面，上部对应于半极性面{$10\bar{1}1$}和非极性{$10\bar{1}0$}的侧面，底部边缘均被切割。以上所有图片中的网格单位均为 1mm。

在晶体的极性(0001)表面，我们观察到有一些倒多面体的坑形宏观缺陷，这些缺陷可能是由于生长过程中的不完美表面或 GaN 微晶中存在方向不一致的夹杂物(特别是过饱和条件下较快的生长速率)形成的，后者形成的缺陷非常适用 HVPE 反应器中 GaCl 出口的淋浴式几何设计。

对(0001)极性面和($10\bar{1}0$)非极性面进行选择性缺陷刻蚀的结果表明，尽管衬底的结晶质量非常高(从位错密度角度)，但在 HVPE 生长的厚 GaN 层中，我们仍然观察到存在许多晶格缺陷(如位错密度为 $10^4 \sim 10^6 / cm^2$)和低角度晶界[14,15]。典型的缺陷选择性蚀刻结果如图 3.4 所示。就生长 n 型高压衬底而言，N_2 气氛中(0001)方向上的生长速率为 $100 \mu m/h$ 甚至更高，缺陷通常在厚度超过 $30 \sim 50 \mu m$ 的 HVPE 晶体中产生。这个临界厚度可以用强 n 型衬底和 GaN 之间小的晶格失配来进行解释，同时也说明 HVPE 生长的 Ga 极性(0001)方向 GaN 层中自由电子的浓度不超过 $10^{17}/cm^3$。上述问题由 Kry′sko 等人进行研究，他们还确定了高压 HVPE 生长的 GaN 衬底的曲率与厚度之间的相关性[16]。为了确定晶体变形的大小，我们对衬底进行了离子反应刻蚀（Reactive Ion Etching，简称 RIE）。结果表明，HVPE 的"亚临界"层数与斯通尼（Stoney）修订方程所计算的层数符合得很好[17]；当厚度超过 36μm 时，GaN 晶体的形状将保持不变，这表明系统属于塑性变形。

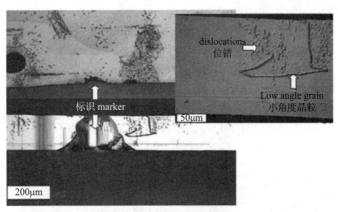

图3.4　经缺陷选择性蚀刻（DSE）后 n 型高压薄板上 HVPE 生长的 GaN 晶体

注：缺陷可视化为晶体(0001)和(10$\overline{1}$0)表面上蚀刻的小凹坑。

　　然而，对生长在小尺寸籽晶上的 HVPE – GaN 中存在应变与缺陷，似乎无法采用衬底与晶体之间简单的晶格失配进行全面的解释，这是由于在 Mg 掺杂、自由电子被受主完全补偿的情况下——不存在晶格失配的现象在高压生长的衬底中也观察到了。进一步研究发现，在 Mg 掺杂的衬底和类似的生长体系（100μm/h，N_2 环境）中，GaN 的"临界"厚度约为 100μm，且与 n 型衬底生长行为非常相似。图 3.5 中对生长行为进行了说明，图中的 X 射线摇摆曲线（XRC）分别为 Mg 掺杂的衬底、沉积在(0001)表面厚度为 100μm 的衬底以及剥离衬底后经机械抛光的 HVPE 层。

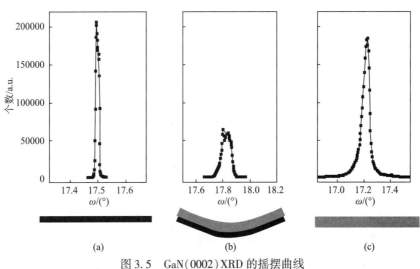

图 3.5　GaN(0002)XRD 的摇摆曲线

注：（a）Mg 掺杂的厚度为 110μm 的 GaN 衬底；（b）具有相同厚度（100μm）的 HVPE – GaN 衬底；（c）去除衬底后的 HVPE – GaN 层，图中所有的强度及角度比例均相同。

HVPE 层的沉积引起了外延层体系的强烈弯曲，在 XRD 摇摆曲线中表现为衍射峰强度降低的同时半波宽变宽。通过去除衬底，XRD 摇摆曲线的初始宽度可以得到一定程度的恢复。这样的行为表明，在实际晶格匹配和热膨胀系数匹配的体系中依然存在应变。

分析 GaN 的物理特性与结晶前期生长取向之间的依赖性，有助于我们能更好地理解低压条件下生长品质优良的 GaN 晶体是难以批量实现的。我们使用敏感的表征方法对 HVPE 体 GaN 晶体中的自由载流子浓度进行了深入研究[12,15,18,19]。结果表明，HVPE 体 GaN 衬底的物理性质在很大程度上依赖于生长表面的方向。图 3.6 展示了 HVPE 生长的 GaN 晶体经光电子化学刻蚀的典型照片，其中（c）图对（a）图和（b）图中的电子浓度进行了大致的总结。从图中可以看出，(0001) 面 Ga 极性生长表面的自由电子浓度通常低于 $10^{17}/cm^3$，而 $(000\bar{1})$ 面以及半极性 $(10\bar{1}1)$ 表面的自由电子浓度高达 $10^{19}/cm^3$；非极性面 $(10\bar{1}0)$ 表面的自由载流子浓度也高达 $5\sim8\times10^{18}/cm^3$（参见下一节）。

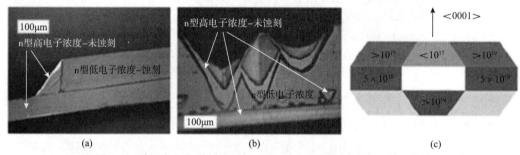

图 3.6　采用光电化学刻蚀法揭示的 GaN 晶体物理性质的各向异性
注：（a）HVPE 生长在 n 型高压衬底上、非有意掺杂 GaN $(10\bar{1}0)$ 的横截面，衬底和半极性中的部分晶体由于非常高的电子浓度而未显示出蚀刻的特征，(0001) 极性晶体部分被蚀刻；（b）具有倒金字塔凹坑的类似晶体，衬底和"半极性"坑内的 GaN 未被蚀刻；（c）HVPE 生长非有意掺杂 GaN 低晶面指数面的电子浓度分布示意图。

即使在精心设计的实验系统中，氧施主依然是 GaN 中自由电子的主要来源。我们的二次离子质谱（SIMS）测试结果表明，与晶体中平整的 (0001) 面相比，HVPE - GaN 中氧含量高的区域在结晶前期比占主导的半极性方向粗糙。图 3.7 展示了在样品横截面中测量的氧浓度。结果表明，HVPE - GaN 在生长前期具有两种类型的生长形态，沿半极性方向的生长大部分是粗糙的，而 (0001) 方向则是光滑的。光电子化学刻蚀法测试结果再次表明，生长前期的形态是可以恢复的。

基于以上对生长取向性重要性的分析，我们在设计 HVPE 实验（或者反应室时）应当充分考虑 GaN 的这种生长取向性，这一点对高生长速率尤其重要（生长表面的方向容易发生局部变化）。此外，生长取向性通常发生在三维小岛的边缘，在台阶或坑壁上实现宏观生长。研究人员在 n 型衬底甚至 Mg 掺杂衬底中观察到——衬底与 HVPE 层之间的弯曲效应以及体晶体的结构性质（结晶质量没有衬底高好），有力地支持了生长机制在 GaN 晶体生长过程中扮演关键的角色是应变和缺陷产生的根源。我们很容易想象，生在 (0001) 籽晶上的晶体中横向生长的区域（电子浓度高的部分）围绕着晶体内部低浓度的区域，并导致衬底夹层发生变形（弯曲）。最近正面支持这种解释的发现是，研究体系中的变形行为受到了载气的强烈影响。在 HVPE 实验中，通常以 H_2 作为载气，在高压板状籽晶上生长低缺陷密

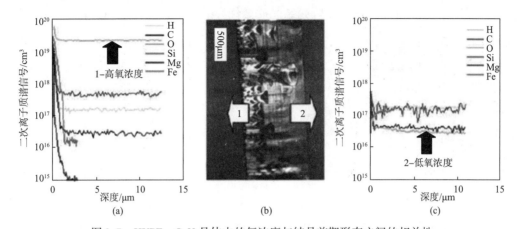

图 3.7　HVPE - GaN 晶体中的氧浓度与结晶前期形态之间的相关性

注：(a)晶体第 1 部分中高浓度氧的二次离子质谱；(b)光电子化学刻蚀后 HVPE - GaN 晶体的横截面；(c)晶体第 2 部分中低浓度氧的二次离子质谱(平坦部分为晶体生长的前端)。

度的晶体似乎变得更容易。结果表明，在 H_2 的气氛中，n 型 GaN(0001)表面可生长厚度超过 1mm 的近乎无位错的晶体，生长速率约为 $100\mu m/h$。研究人员利用缺陷选择性蚀刻方法，揭示了厚晶体(0001)表面唯一的结构缺陷，发现了与衬底相关联的缺陷(如图 3.8 所示)。这种影响可能是横向生长率相对较低的缘故(文献[20]中也观察到了)。

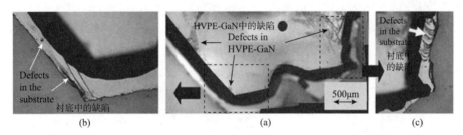

图 3.8　H_2 气氛中 HVPE 在 n 型高压 GaN 衬底上厚度为 1mm GaN 晶体的 Ga 极面

注：(a)HVPE - GaN 经缺陷选择性蚀刻后(0001)表面的 Nomarski 对比照片：深蚀刻坑表示位错，大部分表面几乎没有位错。(b)、(c)衬底表面(0001)面的 Nomarski 照片上显示的蚀刻坑对应于 HVPE 生长晶体中的缺陷部分。

　　高压下 HVPE 生长的 GaN 晶体经切片制作的非极性 GaN 准晶片如图 3.9(a)所示。到目前为止，这种方法已经尝试用于高压薄片上(N_2 气氛中)生长 GaN 晶体(生长速率相对较高)。因此，非极性晶圆中通常含有一些位错和晶界(如图 3.4 所示)。研究人员采用机械研磨和化学抛光外延片的方法，成功制备了 $300\mu m$ 厚的 $(11\overline{2}0)$ 晶体切片。随后，我们采用等离子体辅助分子束外延生长(PAMBE)法，进行 10 周期的多量子阱结构生长[GaN/AlGaN 排列(势阱宽度分别为 2nm、3nm 和 4nm)被宽度为 7nm 的 $Al_{0.11}Ga_{0.89}N$ 势垒层隔开]，并将其分别生长在非极性衬底和普通极性的 GaN 衬底上(用于比较光学性质)[15,21]。等离子体辅助分子束外延生长法的一个优点是，无论是极性生长还是和非极性生长，多量子阱结构中的厚度和组分均是相同的。

　　我们用 XRD 和 TEM 对"非极性"多量子阱结构结晶质量进行了测试。非极性量子阱结构的 TEM 照片如图 3.9(b)所示，图 3.9(c)展示了不同厚度的非极性多量子阱结构的激子光致发光谱，光致发光谱中的激子峰是结晶质量优异的"非极性"量子阱的确凿证据。

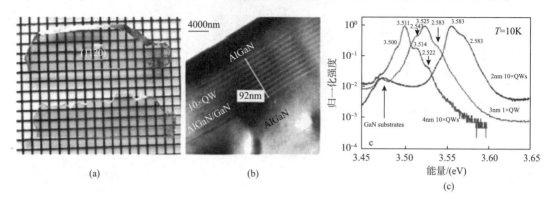

图 3.9　采用等离子体辅助 MBE 在体 GaN 衬底上沉积的 GaN/AlGaN MQW 结构

注：（a）衬底；（b）非极性 $<11\bar{2}0>$ 方向上生长结构的透射电子显微镜照片[朱莉塔·斯马尔茨（Julita Smalc）提供]；（c）不同厚度非极性 GaN – AlGaN MQW 的激子谱。

3.3.2　无缺陷针状 GaN 籽晶上的晶体生长

在针状高压籽晶长大的情况下，HVPE 生长主要发生在非极性的 $<10\bar{1}0>$ 方向，这是由于籽晶的形态是沿着 $<0001>$ 拉长的，这些因素促使 GaN 晶体在 N_2 气氛中具有较高的生长速率，针状籽晶的长大形成异常稳定的棱柱状 GaN 晶体[如图 3.10（b）所示]。由于籽晶中的宏观缺陷诱发了应变，使得生长前期的稳定性受到了寄生形核的干扰（见本章进一步的解释）。

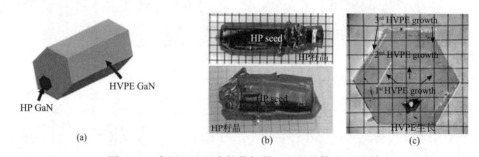

图 3.10　高压 HVPE 在针状籽晶上生长的体 GaN 晶体

注：（a）生长过程示意图；（b）示例的晶体；（c）HVPE 生长 30h 晶体的极性横截面切片，界面在光学显微镜下是可见的，网格单位为 1mm。

这些晶体可重复用于晶体尺寸逐渐增大的生长过程[如图 3.10（c）和图 3.11（a）所示]。众所周知，在针状籽晶上 HVPE 的晶体具有 n 型导电特性，自由电子的浓度约为 $5\times10^{18}/cm^3$。然而，微拉曼（Micro – Raman）散射测试结果表明[22]，当 HVPE 生长开始后，界面处的电子浓度比体 GaN 中的电子浓度高一个数量级。点缺陷浓度在界面处的差异，在光学显微镜下是可观察的，如图 3.10（c）和图 3.11（a）所示。通过缺陷选择性蚀刻法，我们对新生长晶体的结构缺陷（熔融状态 KOH/NaOH 中）进行研究，并对极性面与非极性面的截面切片进行 TEM 分析[11]。缺陷选择性蚀刻法的研究成果总结如下（如图 3.11 所示）：

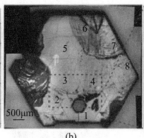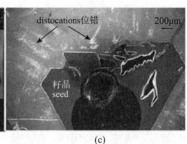

图 3.11 在高压 GaN 籽晶上 HVPE 生长四次的 GaN(0001)面缺陷选择性蚀刻实验后的横截面照片

注：(a)切割的薄片照片，高压 HP 籽晶(暗区对比)照片以及 HVPE 持续生长的界面照片。(b)与图(a)相同的薄片经熔融碱蚀刻后的光学显微镜照片；特征 1 为籽晶，特征 2 和特征 4 的蚀刻坑来自籽晶形貌不完整性的扩散，特征 3 和特征 5 展示了 HVPE 体 GaN 的低缺陷密度区域，特征 6 和特征 7 为是寄生区域，来自晶界缺陷；(c)照片(b)中盒状区域的扫描电子显微镜照片。

(1)(0001)面缺陷选择性蚀刻结果表明，大部分区域(约50%)的缺陷密度非常低($<10^4/cm^2$)，籽晶中几乎没有错位，如图 3.11(b)、图 3.11(c)所示。

(2)在 HVPE 运行后期生长的材料，其结晶质量(位错密度方面)没有变差。

(3)(0001)表面上的一些区域存在均匀分布的六棱锥凹坑，是从形貌上有缺陷的籽晶中扩散而来的，如图 3.11 所示。在某些情况下，大量的位错转换成紊乱的寄生晶界。

(4)非极性($1\bar{1}20$)表面的缺陷选择性蚀刻结果表明[如图 3.12(c)中所示]，特别是在靠近寄生晶界的区域，c 轴垂直于晶体的堆垛层错，这是最近通过 TEM 测量证实的结果[11]。

我们用透射电子显微镜和缺陷选择性蚀刻法(对双 HVPE 过程生长针状籽晶的非极性截面)进行了测试，并推断出结构缺陷的规格和分布，如图 3.12 所示。TEM 分析结果表明，尽管籽晶的结构质量很高，但在 HVPE 生长的部分样品中，仍然存在一些晶格缺陷。样品中有基面堆垛层错和棱状堆垛层错，以及与浓度相关的位错环。接下来，我们将区分形变导致的应变弛豫及体系中结构位错产生的可能原因。

如前文所述，一方面，在高压条件下生长的针状 GaN 籽晶均为强 n 型晶体，自由电子的浓度接近 $10^{20}/cm^3$，这是由于高压生长过程中溶入了高浓度的氧原子所致。另一方面，HVPE 法制备的 GaN 晶体中的电子浓度在很大程度上取决于晶体生长前期的结晶取向。如第二章所述，在[0001] Ga - 极性方向上生长的 GaN，电子浓度的典型值大约为 $10^{17}/cm^3$ 甚至或更低，而生长在反向的[000$\bar{1}$]N 极性方向的 GaN，电子浓度的典型值则比 Ga 极性的高两个数量级，甚至达到了 $10^{19}/cm^{3[7]}$。在半极性面(倾斜)$\{10\bar{1}1\}$ 面上生长的 GaN 中也观察到了如此高的电子浓度。因此，当生长体系进行体材料生长时我们可以预测，在籽晶和 HVPE - GaN 界面之间有应变产生。同样，同一生长体上的不同区域以及不同电子浓度的区域，同样会导致应变产生。后一种情况可能发生针状籽晶的顶端——那里的生长发生在各个方向，并存在大量的结构缺陷。

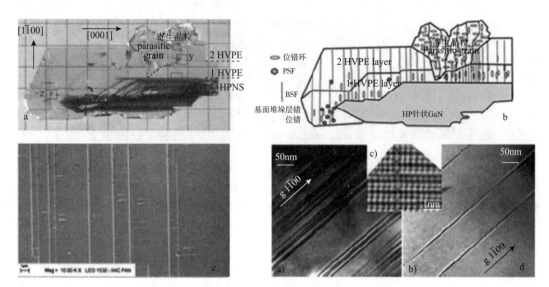

图 3.12　高压针状籽晶上双 HVPE 工艺生长体 GaN 晶体的结构特性

注：（a）（11$\bar{2}$0）非极性面横截面的光学照片，x、y、z 区域采用透射电子显微镜确定。（b）基于透射电子显微镜研究的晶体缺陷示意图[11]。（c）缺陷选择性蚀刻后非极性面的扫描电子显微镜照片，通过刻蚀揭示了基面堆垛层错和位错环。（d）图 3.12（a）中"y"区域的透射电子显微镜照片——基底堆垛层错更接近（a）图和（b）图。

另一个可能的原因是，晶体质量的恶化与籽晶缺陷的形态有关。如果籽晶的某个面不平坦，但含有不同于{10$\bar{1}$0}方向的表面，则在生长开始阶段，自由电子浓度变化较大的不同区域之间将导致晶体中产生应变。图 3.11 展示了这种情况的扫描电子显微照片，其中一个极性（0001）面的晶体切片与透射电子显微镜测试的结果是高度相似的。我们对切片的（0001）Ga 极性面在熔融 KOH – NaOH 中进行缺陷选择性蚀刻[9]，以揭示晶体中的结构缺陷。在四个独立的 HVPE 生长周期中进行晶体过生长，缺陷选择性蚀刻结果表明，籽晶中几乎没有缺陷（无蚀刻坑），如图 3.11（b）中的 1 区所示。蚀刻坑主要从偏离籽晶（10$\bar{1}$0）面较大的位置开始扩散，如图 3.11（b）中的 2 区和 4 区所示以及图 3.11（c）所示。籽晶中诱发的应变是如此之高，以至于应变弛豫形成了寄生变形和大量的缺陷晶界，如图 3.11（b）中 6 区和 7 区所示。

在最高结晶质量的材料中，面堆垛层错的密度通常低于 $10^5/cm$，而且在 HVPE 生长初期（10$\bar{1}$0）面上的籽晶中没有位错。因此，通过 HVPE 籽晶法生长的 GaN 单晶，可以看作是薄片状籽晶在 <0001> 方向上的长大，避免了生长过程中自由电子浓度的剧烈变化。在通常情况下，对小尺寸的籽晶，我们很难期望它在三维方向上均实现生长。对于针状的棱柱籽晶，如果在非极性方向 <10$\bar{1}$0> 生长，将导致针状直径增加，这是目前最适合获得均匀物理性能和优质晶体的方法。在生长过程中，无论在极性和半极性方向上，针状籽晶的生长均受到抑制，从而避免了相邻区中不同浓度的自由电子引起的应变。显然，多步生长法被单一的长时间生长法取代避免了 HVPE 生长初期结晶不一致的现象。

为了获得低缺陷密度、大尺寸的体晶材料，采用 HVPE 高压针状籽晶法时必须仔细选择并制备籽晶，避免籽晶缺陷中寄生的 3D 成核是非常有必要的。很多研究成果表明，针状籽晶的 HVPE 生长是一个非常稳定的过程。因此，采用这种方法生长大尺寸的晶体似乎没有物理障碍。

3.3.3 （0001）晶向大尺寸 GaN 衬底上的晶体生长

基于之前的考虑，避免 HVPE 法生长非均匀 GaN 晶体的最佳方法——在大面积、表面平整的衬底上进行低晶面指数的生长，最佳的、最明显的解决方案是采用大面积、低缺陷密度的自支撑 GaN 衬底。由于此类衬底仍未广泛使用，因此（0001）方向 GaN – 蓝宝石模板通常用于晶体的初始生长阶段。在本章中，自支撑 GaN 衬底（见 3.2.1 节）来自蓝宝石衬底与 HVPE 生长的厚 GaN 晶体的剥离。由于水平反应器允许的持续生长时间为 10 ~ 12h，当厚度超过 2 ~ 2.5mm 时，晶体在随后沉积生长类似于晶体在针状籽晶上的生长（如前一节所述）。厚晶体的（0001）表面在使用之前需要进行机械打磨和离子蚀刻，以用于进一步的生长，而侧面则不需要做任何特殊的处理。

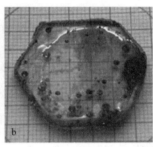

图 3.13　HVPE 生长的 GaN 晶体

注：（a）HVPE 生长的自支撑 GaN 晶体作为进一步生长的衬底；（b）HVPE 在衬底"a"上生长的 GaN 晶体，生长时间为 12h、生长总厚度为 2.5mm；（c）随后继续进行 12h 的晶体生长，总厚度为 5mm，网格单位为 1mm。

采用图 3.2 中的两种方式生长制备的 5mm 厚 GaN 晶体如图 3.13（c）所示，平整的（0001）Ga 极性面通常为深的倒金字塔状小坑所干扰。我们沿（0001）面用金刚石锯切割厚晶体，采用切片、缺陷选择性蚀刻（0001）面等方法对这些凹坑的起源进行了研究。

极性面的切片如图 3.14（a）所示。尽管六边形表面具有良好的几何平直度，但表面上仍然具有清晰可见的黑斑，并且边界区域比晶体的大部分区域更暗一些。不同区域颜色的差异是由点缺陷浓度对生长方向的依赖性所致，这在前面章节中已经讨论过了。熔融碱液中的缺陷选择性蚀刻结果表明，位错［蚀刻凹坑如图 3.14（c）和图 3.16（c）所示］及黑点中心的极性反相畴，均对应于宏观倒金字塔状小坑——这种观察解释了宏观蚀刻坑一经出现就很难实现过生长的现象。腐蚀坑的形成（至少是其中的一部分）是由不同极性方向上 GaN 的不同生长速率的差异所致。

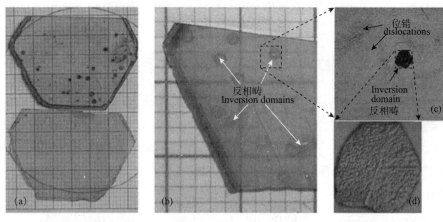

图 3.14　HVPE 生长体 GaN 晶体的(0001)极性面切片的缺陷

注：(a)光学照片：切片上部的黑点和暗边部分为重氧掺杂的 GaN。(b)部分切片的缺陷选择性蚀刻。(c)Nomarski 对比图像显示的小蚀坑和大面积的暗色特征。(d)凹坑的中心区域：N 极性面(0001̄)的典型刻蚀结果，缺陷选择性蚀刻照片由 J. Weyher 提供。

由于半极性面的腐蚀坑比 Ga 极性面的腐蚀坑能够吸收更多的氧原子，因此我们采用光学显微镜和对点缺陷浓度涨落敏感的光化学蚀刻法，有望恢复缺陷的形成和生长过程。例如，图 3.14 中切片上的深色斑点是凹坑沿着生长方向移动的过程中，在痕迹下方留下高浓度的氧掺杂。问题在于，如果反相畴已经在生长 GaN/蓝宝石模板中存在，那么它们是如何在 HVPE 生长过程中产生的？答案是，在随后的 HVPE 生长过程中，凹坑的行为将通过观察非极性的厚 GaN 晶体切片来追踪。

四个 HVPE 生长非极性(101̄0)的厚 GaN 晶体切片如图 3.15 所示。切片采用金刚石刀片切割厚 GaN 晶体获得，将切片固定在支架上进行成像，切割照片如图 3.15(a)所示。图 3.15(b)展示的是锯切后的非极性切片。两个"c"和"d"中均包含了典型的缺陷特征，分别为是图 3.15(c)和图 3.15(d)中被放大的部分。这些形状的晶体在拍照前进行了两面抛光。

倒置的金字塔缺陷坑是很容易观察到的，这些非极性横截面上暗色三角形对应于腐蚀坑内半极性方向生长的重掺杂材料。从表面上看，缺陷坑通常是部分过生长形成的[如图 3.15(d)中的3]。大多数的凹坑从晶体的底部开始形成，然而其中的一些[如图 3.15(d)中的2]开始于界面——该过程对应于 HVPE 生长的下一个阶段。这清楚地表明，厚晶体表面制备 GaN 的 HVPE 过程必须得以改进。解决该问题的一个很明然的方法是，采用长时间的单一生长法实现厚晶体的生长。

从图 3.15(c)、图 3.15(d)中可以清楚地看到，缺陷坑一旦形成，便会在随后的 HVPE 生长过程中得到恢复，尽管生长初始阶段衬底的表面是平整的。因此，三角形的链条反映了"缺陷坑形成—抛光—新的缺陷坑被前一个覆盖"这样的周期性循环。对这一现象的合理解释是缺陷坑中心的反相畴，即使生长中断、生长表面受到抛光和蚀刻过程的干扰，缺陷仍然沿着生长方向扩展。

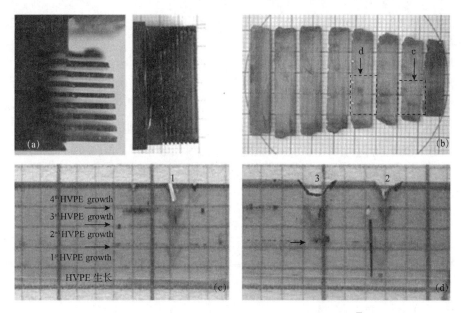

图 3.15　HVPE 运行四次生长的厚 GaN 晶体的非极性($10\overline{1}0$)切片

注：(a)切片后的晶体在金刚石锯架上(左为侧视图，右为顶视图)。(b)刚刚切割的非极性切片，标记为"c"和"d"的区域分别来自放大的图 3.14(c)和图 3.14(d)。(c)双面抛光后的非极性切片：倒金字塔 1 号凹坑开始于底部，并在随后的每次生长中恢复。(d)另一个非极性切片：倒金字塔 2 号凹坑和 1 号凹坑不同，3 号凹坑生长于第一次 HVPE 和第二次 HVPE 之间的界面。

　　采用 HVPE 法生长厚 GaN 晶体时，除了以上描述的宏观缺陷，还必须消除质量良好的极性与非极性 GaN 晶体中的线位错密度。图 3.16 展示了一个缺陷选择性蚀刻结果的例子。晶体生长在图 3.15(a)上的厚度为 3.5mm 的 GaN(0001)表面[如图 3.16(b)所示]，缺陷选择性蚀刻的结果如图 3.16(c)所示。经测试，蚀刻坑的密度为 $4 \times 10^5 / cm^2$。

　　本章的研究结果表明，采用长时间 HVPE 生长技术，可在大而平的(0001)取向的籽晶上生长出高质量的体 GaN 晶体。晶体表面大凹坑的形成机理很可能是，表面生长的不完善导致了局部反相畴的出现，诱发了凹坑的形成。此外，HVPE 法获得大尺寸体 GaN 晶体的局限性似乎是技术上的，而不是物理性质的。

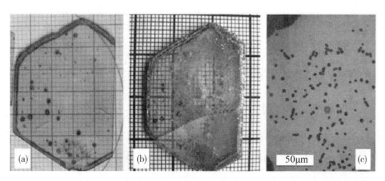

图 3.16　HVPE 生长的厚度为 3.5mm GaN 晶体(0001)面的缺陷选择性蚀刻

注：(a)HVPE 生长的 GaN 衬底；(b)生长的厚度为 3.5mm 的 GaN 晶体；(c)(0001)表面的蚀刻坑密度为 $4 \times 10^5 / cm^2$。

3.4 结论

本章介绍了 HVPE 法生长体 GaN 晶体的实验结果。内容不仅包含低压下生长不同形状的低位错密度 GaN 晶体，还包含在(0001)方向上采用自支撑 GaN 作为籽晶的体 GaN 晶体生长。在我们的研究中，HVPE 法获得大尺寸均匀 GaN 晶体面临的最重要的问题是，不同晶向上生长的 GaN 晶体，它们的物理性质之间存在很大的差异。即使在籽晶中几乎没有结构缺陷的情况下，不同晶面上氧吸收效率的差异导致的自由电子浓度的差异可以超过两个数量级，并导致体晶体中产生了应变和缺陷。当晶体在三维方向上均开始生长时，这种效应对小籽晶的生长尤其有害。

采用大而平整的籽晶，是获得 HVPE 在三维方向上生长结晶质量高、物理性质均匀的 GaN 晶体的一个好方法，这是由于生长是被固定在一个特定晶向上的缘故。在 HVPE 生长的初始阶段，晶向上的局部改变(宏观倒金字塔缺陷坑)，对于 HVPE 籽晶的制备和结构很可能造成了技术上的缺陷。

致谢

这项工作获得了波兰科学部和高等教育部框架发展项目 Nr R02 036 01 的支持。感谢波兰华沙高压物理研究所(波兰华沙)的 Rafaé Jakieía 博士对二次离子质谱(SIMS)的测量。

参考文献

[1] K. Motoki, T. Okahisa, R. Sirota, S. Nakahata, K. Uemats, N. Matsumoto, J. Cryst. Growth305 (2), 377 – 383 (2007).

[2] Y. Oshima, T. Eri, M. Shibata, H. Sunakawa, K. Kobayashi, T. Ichihashi, A. Usui, Jpn. J. Appl. Phys. 42, L1 – L3 (2003).

[3] W. Utsumi, H. Saitoh, H. Kaneko, T. Watanuki, K. Aoki, O. Shimomura, Nat. Mater. 2, 735 – 738 (2003).

[4] T. Paskova, R. Kroeger, S. Figge, D. Hommel, V. Darakchieva, B. Monemar, E. Preble, A. Hanser, N. W. Williams, M. Tutor, Appl. Phys. Lett. 89, 051914 (2006).

[5] A. Tyagi, H. Zhong, R. B. Chung, D. F. Feezel, M. Saito, K. Fujito, J. S. Speck, S. P. DenBaars, S. Nakamura, Jpn. J. Appl. Phys. 46, L444 – L445 (2007).

[6] V. Wagner, O. Parillaud, H. J. Buhlmann, M. Ilegems, S. Gradecak, P. Stadelman, T. Riemann, J. Christen, J. Appl. Phys. 92 (3), 1307 – 1316 (2002).

[7] I. Grzegory, M. Bo′ckowski, S. Porowski, in Bulk Crystal Growth of Electronic, Optical andOptoelectronic Materials, Chap. 6, ed. by P. Capper (UK, 2005), pp. 173 – 207.

［8］J. L. Weyher, P. D. Brown, J. L. Rouviere, T. Wosinski, A. R. A. Zauner, I. Grzegory, J. Cryst. Growth 210, 151(2000).

［9］G. Kamler, J. L. Weyher, I. Grzegory, E. Jezierska, T. Wosi′nski, J. Cryst. Growth 246, 21(2002).

［10］B. Łucznik, B. Pastuszka, I. Grzegory, M. Bo′ckowski, G. Kamler, J. Domagała, G. Nowak, P. Prystawko, S. Krukowski, S. Porowski, Phys. Stat. Sol. 3(6), 1453 – 1456(2006).

［11］J. Smalc – Koziorowska, G. Kamler, B. Łucznik, I. Grzegory submitted to J. Cryst. Growth.

［12］J. L. Wejher, R. Lewandowska, L. Macht, B. Łucznik, I. Grzegory, Mater. Sci. Semicond. Process. 9, 175 (2006).

［13］G. Kamler, B. Łucznik, B. Pastuszka, I. Grzegory, S. Porowski, J. Cryst. Growth 310(15), 3478 – 3481 (2008).

［14］B. Łucznik, B. Pastuszka, I. Grzegory, M. Bo′ckowski, G. Kamler, E. Litwin – Staszewska, S. Porowski, J. Cryst. Growth 281, 38 – 46(2005).

［15］I. Grzegory, H. Teisseyre, B. Łucznik, B. Pastuszka, M. Bo′ckowski, S. Porowski, in NitridesWith Nonpolar Surfaces, Chap. 3, ed. by T. Paskova(Wiley, New York, 2007), pp 53 – 71.

［16］M. Kry′sko, M. Sarzy′nski, J. Domagała, I. Grzegory, B. Łucznik, G. Kamler, S. Porowski, M. Leszczy′nski, J. Alloys Compounds 401, 261 – 264(2005).

［17］L. B. Freund, J. A. Floro, E. Chason, Appl. Phys. Lett. 74, 1987(1999).

［18］R. Lewandowska, J. L. Weyher, J. J. Kelly, L. Ko′nczewicz, B. Łucznik, J. Cyst. Growth 307, 298 – 301 (2007).

［19］F. Tuomisto, K. Saarinen, B. Łucznik, I. Grzegory, H. Teisseyre, T. Suski, S. Porowski, J. Likonen, Apel. Phys. Lett. 86, 031915(2005).

［20］H. Miyake, S. Bohyama, M. Fukus, K. Hiramatsu, Y. Iyechika, T. Maeda, J. Cryst. Growth237 – 239, 1055 – 1059(2002).

［21］H. Teisseyre, C. Skierbiszewski, B. Łucznik, G. Kamler, A. Feduniewicz, M. Siekacz, T. Suski, P. Perlin, I. Grzegory, S. Porowski, Appl. Phys. Lett. 86, 162112(2005).

［22］R. Lewandowska, Unpublished result.

第4章 自支撑GaN晶圆的空洞 辅助分离HVPE生长法

Y. Oshima, T. Yoshida, T. Eri, K. Watanabe, M. Shibata, T. Mishima

摘要　在本章中，我们对空洞辅助分离HVPE技术生长自支撑GaN晶片的制备工艺进行了介绍，并对所得晶体的性质进行了研究。应用热应力分离技术，我们将大面积、具有优异物理性质重现性的厚GaN层剥离出来——这个过程是由在厚GaN和衬底之间形成的许多空洞辅助完成的。采用该方法，研究人员可以制备出直径超过3in、大面积高品质的GaN晶片。

4.1 引言

目前，氢化物气相外延法(HVPE)提供了GaN单晶的最高生长速率——达到1mm/h。此外，由于HVPE生长通常是在大气环境下进行的，因而大尺寸的HVPE生长设备具有广泛的应用性。由于以上优点，HVPE在生长大尺寸GaN晶圆方面具有相当大的优势。我们可以通过在衬底(如蓝宝石、SiC、GaAs等)上生长一层厚的GaN层，然后，当GaN层生长完成时除去衬底(如图4.1所示)，即可获得自支撑GaN晶体。然而，由于GaN与衬底之间热膨胀系数之间存在较大的失配，厚GaN晶体发生严重的开裂问题。尽管研究人员努力地克服了这个问题[1~3]，但实际使用中的困难仍然存在——大面积GaN晶体的可制造性。降低位错密度则是另一个重要的问题是，由于HVPE方法仍然属于异质外延生长技术，GaN与衬底之间存在着较大的晶格失配。

图4.1　HVPE生长自支撑GaN晶片的示意图

为解决以上这些问题，我们成功地首创开发了一种空洞辅助分离（Void - assisted Separation，简称 VAS）技术生长大面积、具有优异质量重现性的高质量 GaN 晶圆[4~6]。在本章中，我们将介绍这种 HVPE 技术的特点和该方法生长的 GaN 晶圆的性质。

4.2　HVPE - VAS 技术概要

在本节中，我们将讨论 HVPE - VAS 技术的基本概念，并简要介绍晶体生长的过程。

4.2.1　HVPE - VAS 技术的概念

在我们的方法中，首先在厚 GaN 层和基衬底之间的界面形成一个易脆层，该易脆层中包含大量的小空洞。在 HVPE 生长结束后，由于冷却过程中产生的热应力，厚 GaN 层可以通过易脆层的破坏与衬底实现分离。我们通过改变易脆层内空隙的密度，可以有效地控制易脆层的机械强度，因而使用非常小的热应力就可以引起衬底与厚 GaN 层的分离。这种方法可使厚 GaN 层发生大面积的分离，而不会产生任何裂纹。

降低位错密度是另一个重要的问题。横向过生长（Epitaxial Lateral Overgrowth，简称 ELOG）技术是降低异质外延 GaN 晶体中位错密度的最成功方法之一[7~9]，ELOG - GaN 层在提高激光二极管等器件的性能和可靠性方面做出了相当大的贡献[10]。然而，这一过程涉及光刻工艺，是一种相当复杂的大规模生产 GaN 晶片的方法。此外，ELOG - GaN 层中的位错分布不均匀。在 HVPE - VAS 技术中，我们开发了一种采用薄纳米多孔夹层的首创方法——这是一种通过多晶硅薄膜的热汇聚自组装而成的方法。这项技术在不使用任何复杂工艺的情况下能制造出高质量性质均匀的 GaN 晶体。

4.2.2　生长过程概要

空洞辅助分离法的生长过程包括两个基本步骤：基衬底的制备和基衬底上的 HVPE 生长。所述的基衬底包括 GaN 模板层，以及带有许多小空洞的蓝宝石衬底，其中蓝宝石衬底上覆盖有多孔金属氮化物的薄膜层，HVPE 生长在基衬底上进行。在 HVPE - GaN 过程中，仍然有一部分空隙没有被完全填满。此外，新的空隙在金属氮化薄膜层的上方形成。热应力有助于使这些空洞发生自我分离。在室温下，相当高比例的空隙会释放出热应力，从而使含有空隙的薄层变得非常脆——厚 GaN 层可以轻易地从衬底上分离，例如，用小镊子即可实现分离。下文将详细介绍每个生长过程的信息和相关的生长机理。

4.3　多孔 TiN 薄膜的 GaN 模板制备

在本节中，我们将介绍基衬底的制备细节，并讨论与制备相关的机理。

4.3.1 实验过程

在(0001)蓝宝石衬底上首先生长一层厚度约为300nm的GaN模板,然后用真空蒸镀法在GaN模板上沉积一层金属Ti(厚度为20nm),并在1060℃时H_2和NH_3混合气体中退火30min。最后,我们采用扫描电子显微镜(SEM)和X射线衍射法(XRD)对退火后的GaN模板的结构性能进行研究。

4.3.2 实验结果

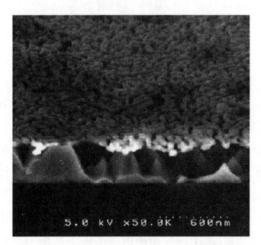

图4.2 退火后GaN模板的SEM照片

图4.2展示了退火后的GaN模板横截面的扫描电镜照片(俯视图),该模板的表面覆盖了一层纳米孔网状结构的薄膜,这些纳米孔的典型尺寸范围为20~30nm。因此,研究人员把这种结构命名为"纳米网格"。XRD测试结果表明,该纳米网格由立方晶系中(111)方向的TiN组成。我们还发现,GaN模板在退火过程中受到了严重的破坏,导致TiN纳米网格下方生成了金字塔状的孔隙结构。增加H_2的分压、升高退火过程中的温度、增加Ti层厚度等方法,有利于促进这些孔隙的形成。

4.3.3 多孔结构的形成机理

1. 热聚集法形成纳米网状结构

纳米网格状结构是由多晶薄膜的热聚集而自发形成的。在热处理过程中,薄膜具有热力学亚稳定结构,因而可以聚集成网状结构[11]。图4.3展示了多晶薄膜的热聚集示意图。在加热过程中,纳米网状结构首先从晶界开始形成——导致薄膜与生长层之间的界面、晶界以及晶粒表面具有最低能量。因此,如果薄膜的初始厚度足够小,就会形成许多纳米孔。由于Ti薄膜与基层GaN之间存在晶格失配,采用我们的工艺获得的Ti薄膜具有许多晶界——导致了纳米网状结构的形成。退火过程中的Ti原子数是否保持守恒(例如,当Ti原子不发生

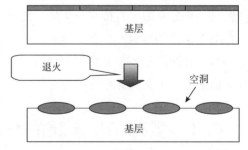

图4.3 多晶GaN薄膜的热聚集示意图

明显蚀刻时),可以通过对比退火前后薄膜的体积来确定,同时还需要考虑氮化引起的体积增加。理论计算表明,体积增加的幅度约为8.1%,纳米网格的体积可以从表面和横截

面的 SEM 照片来进行估算。测量计算发现，纳米网格的体积几乎与理论值是相同的，从而证实热聚集机理是正确的。

2. GaN 模板层中空洞的形成

GaN 模板层中的空洞由 H_2 气体刻蚀 GaN 而成。图 4.4 展示了三组不同 H_2 气体分压下，GaN 模板退火后覆盖 Ti 层横截面的 SEM 照片。增加 H_2 分压，促进了 GaN 层中空洞的生长。在 H_2 分压为 100kPa 的情况下，GaN 层实际上消失了，我们在退火过程也中观察到了类似的温度依赖关系。在任何条件下，模板表面或表面的空洞中均未发现 Ga 液滴或与 GaN 的残留物，这表明 GaN 分解产生的 Ga 形成气态的氢化物被清除了[12,13]。

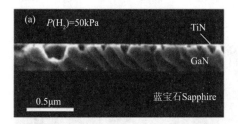
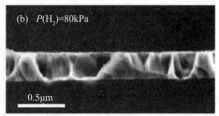
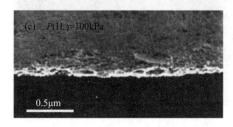

图 4.4 退火后不同 H_2 偏压下 Ti/GaN 模板横截面的 SEM 照片

4.4 GaN 模板上多孔 TiN 薄膜的 HVPE 生长

在这一节中，我们采用 HVPE 生长法，介绍了在 GaN 模板上生长 TiN 多孔纳米网格的方法。我们首先描述了模板上 HVPE 的生长过程，然后讨论了剥离过程的机理。

4.4.1 HVPE 生长和衬底分离

1. HVPE 反应器和原材料

在研究中，我们使用传统的热壁式水平石英管反应器作为 HVPE 生长设备，GaCl 和 NH_3 分别作为 Ga 源和 N 源，GaCl 由液态 Ga 与 HCl 气体在反应器中的上游(850℃)原位生成，生长区域的温度保持恒定(1060℃)。在生长期间，以 N_2 和 H_2 的混合气体作为载气。

2. GaN 模板上纳米网格的 HVPE 生长工艺和衬底剥离

生长过程中每个生长阶段的 SEM 照片如图 4.5(a)~图 4.5(e)所示。其中，图 4.5(a)所示为生长前($t=0$min)的照片，图 4.5(b)所示为 $t=0.5$min 的照片。从图中可以看出，照片表面上没有发生明显的变化，然而照片的剖面图显示，基层 GaN 中的一些空洞被重新填满，这表明 GaN 层扮演着作为籽晶层的角色。图 4.5(c)所示为 $t=1\text{min}$ 时，直径为微米级的 GaN 小岛在表面上随机形成，每个小岛均被倾斜的$(10\overline{1}1)$侧面包围。需要注意的是，这些岛屿之间的间距是微米级的，比纳米网格的间距大了很多（通常只有数十纳米）。这意味着，纳米网格中只有有限数量空洞有助于小岛的形成。图 4.5(d)所示 $t=5\text{min}$ 时，GaN 小岛进行纵向和横向生长，彼此间相互融合，开始在(0001)面上生长。此外，我们还在纳米网格附近发现了空洞。需要注意的是，空洞不仅存在于纳米网格（更低的空洞）之下，而且存在于纳米网格（或更高的空洞）之上。在生长过程中，上方的空洞是新形成的。图 4.5(e)所示为 $t=15\text{min}$ 时平整的(0001)表面发生显著生长，小岛之间的不完全融合形成凹坑，并进一步生长成完整的、无凹坑的表面。

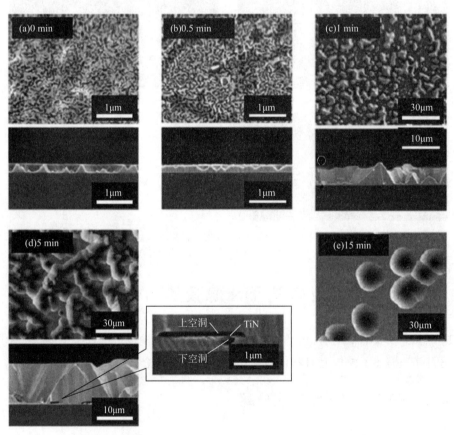

图 4.5　不同生长时间 GaN 样品的表面和横截面 SEM 照片

4.4.2　生长机理和分离

1. 基衬底的剥离

HVPE 生长完成后，无裂纹的厚 GaN 层从基衬底上剥离下来。实际上，在室温下，我们通过将锋利的刀口插入厚 GaN 层和基衬底之间的界面，就可以轻易地完成剥离。图 4.6

展示了一枚刚刚与基衬底分离的自支撑 GaN 晶片照片。GaN 晶片的直径为 3.2in，这是有史以来尺寸最大的 GaN 单晶[14,15]，它具有镜面般光洁的表面。由于晶体非常透明，我们可以看到黏附在 GaN 晶片背面的 Ga 和 TiN。图 4.7(a)、图 4.7(b)分别展示了 GaN 晶片的背面及基衬底表面的 SEM 照片。从图中可以看到，几乎所有的纳米网格都在衬底上。这表明：(1)分离发生在厚 GaN 层和纳米掩膜的界面上；(2)纳米网格上形成的空洞(上部空洞)对分离过程有重要贡献。

图 4.6 已分离的自支撑 GaN 和基面衬底的照片

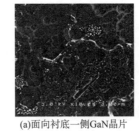 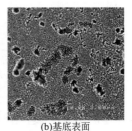

(a)面向衬底一侧GaN晶片　(b)基底表面

图 4.7 扫描电子显微镜照片

2. 上部空洞的形成机理

为了研究上部空洞的形成机理，我们仔细分析了 HVPE 生长初期纳米网格附近的界面(如图 4.8 所示)。首先，我们发现，在 GaN 小岛的周围区域，上部空洞没有开启。这意味着，上部空隙不是在晶体结构内生长，而是在 GaN 小岛形成之后开始生长的。其次，我们发现上部空洞总是伴随其下方的空洞同时生长。因此，底部空洞可能对上部空洞的形成具有重要的影响。基于以上分析，我们对上部空洞的形成机制描述如下(如图 4.9 所示的模型)。

图 4.8 HVPE 生长初期纳米网格附近区域横截面的扫描电子显微镜照片

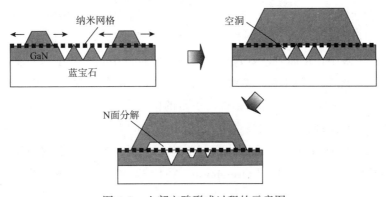

图 4.9 上部空隙形成过程的示意图

（1）不均匀的岛屿形成。由于底部空洞的尺寸和纳米网格的开口尺寸不一致，GaN 小岛在纳米网格上的形成是不均匀的。因此，在一些区域内，小岛的形成速度较快，而在其他区域的形成速度则比较缓慢，尽管这些区域彼此间是相邻的。

（2）先期横向过生长形成的 GaN 小岛限制了底部空洞的形成。

（3）GaN 小岛 N 极性面的分解促进了上部空洞的形成和生长。一旦底部空洞受到限制，生长 GaN 的原材料（如 GaCl 和 NH_3）的供应实际上就终止了。在密闭空间中，当温度超过1000℃时，GaN 开始分解。N 面小岛的分解变得非常重要，并导致了上部空洞的形成。

4.5 HVPE – VAS 技术制备 GaN 晶片的性能

4.5.1 结构性质

图 4.10 展示了空洞辅助分离法生长的 GaN 晶片（0002）和（10$\bar{1}$0）的 XRD 衍射曲线。从图中我们可以看出，分别代表 GaN 倾转角和扭转角的（0002）和（10$\bar{1}$0）的半波宽（FWHM）均十分狭窄（分别为 35arcsec 和 52arcsec），而 GaN 模板层的倾转角和扭转角分别

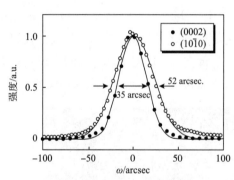

为 600arcsec 和 1400arcsec。采用阴极光致发光测量法，我们确定了空洞辅助分离法生长的 GaN 中的位错密度不超过 $10^6/cm^2$，而 GaN 模板层中的位错密度约为 $10^{10}/cm^2$。乌苏伊（Usui）等人的研究结果认为，狭窄的倾转角/扭转角是由于位错密度减少而产生的[16]。结论表明，空洞辅助分离法生长的 GaN 晶片中位错密度与倾转角/扭转角之间的关系符合上述结论的趋势。

图 4.10　VAS – GaN 晶圆 X 射线衍射的摇摆曲线

为了阐明位错密度显著降低的机理，我们采用透射电子显微镜（TEM）研究了 HVPE 初期形成的 GaN 小岛的位错行为。图 4.11 展示了 GaN 小岛横截面的 TEM 照片。从图中可以看出，解理面贯穿小岛中心区域约为 200nm。在 GaN 模板层中可以观察到相当数量的位错。需要注意的是，在小岛中心的下方区域，位错密度较低，该区域中还可以观察到位错的弯曲。而且，小岛中的位错密度远低于 GaN 层底部的位错密度。此外，我们还观察到，底部 GaN 层中的位错延伸到小岛中央的底部区域——这些位错弯曲并形成位错环。另外，少量的位错出现在小岛的上部。在小岛侧面的生长区域，我们有时能观察到位错弯曲和位错的水平扩展。图 4.12 显示了聚合前两个岛屿附近区域横截面的 TEM 照片。从图中可以看出，在聚合前没有出现明显的位错，这与传统横向过生长法（Epitaxial Lateral Overgrowth，简称 ELOG）的结果是相反的。

图4.11　GaN小岛横截面的透射电子显微镜照片

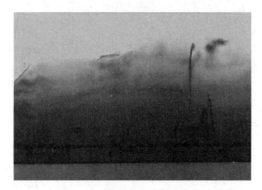

图4.12　两个小岛聚合前附近区域
横截面的透射电子显微镜照片

基于上述 TEM 的分析结果，位错密度降低的机理可做如下的描述：

(1)通过填充空洞降低了 GaN 模板层中的位错密度。正如4.4.1节所讨论，在 HVPE 生长的初期阶段，GaN 模板层中的部分空洞被填充。在该过程中，位错的弯曲通过锥形空洞的填充来实现。因此，在纳米网格之外的位错扩展受到抑制。

(2)通过多面体 GaN 小岛的生长形成位错弯曲。在 HVPE 生长的第二阶段，微米级大小的 GaN 小岛通过纳米掩膜的前端形成。GaN 模板层中的一部分位错可能延伸到小岛。然而，由于多面体小岛的生长，当这些位错沿着[0001]方向扩展时，由于位错弯曲的水平倾向而受到抑制，一些位错可能由于聚合在一起形成位错环而消失。总而言之，位错降低的过程类似于多面体形成初期的横向过生长法(ELOG 或者 FIELOG)[7]。

(3)大倾斜角度多面体的生长和聚合进一步形成位错弯曲。在继续生长的同时，GaN 小岛彼此间进行横向和纵向的聚合。因此，具有较大倾斜角的多面体岛屿的生长使位错弯曲进一步加强。该过程重复发生，直到 GaN 小岛实现完全覆盖。因此，位错的数量级的降低幅度很大。

4.5.2　电学性能[17,18]

采用范德堡法(Van Der Pauw)，我们在室温下研究了空洞辅助分离法生长的 GaN 晶片的电学特性(载流子浓度、电阻率和电子迁移率)。图4.13 展示了载流子浓度和电阻率对施主浓度的依赖关系。载流子浓度随着施主浓度(当浓度低于 $6.7 \times 10^{18}/cm^3$ 时)的增加而线性增加(尽管在 $1.5 \times 10^{19}/cm^3$ 处观察到细微的偏离)。而电阻率随着施主浓度的增加而逐渐降低，当施主浓度为 $1.24 \times 10^{19}/cm^3$ 时，电阻率达到最小值 $2.5 m\Omega \cdot cm$。电子迁移率与载流子浓度之间的依赖关系如图 4.14 所示。与文献[19]中所报道的数据做比较，我们研究成果的价值显著高于以往的报道。

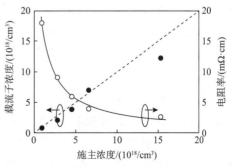

图4.13　载流子浓度和电阻率与
施主浓度之间的函数关系

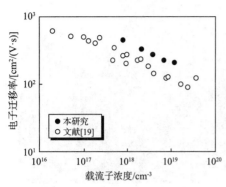

图 4.14　电子迁移率与载流子
浓度之间的函数关系

让我们进一步考虑载流子迁移率差异的起源。两组晶体之间的主要区别在于位错密度，其中我们制备的晶体中位错密度的数量级为 $10^6/\mathrm{cm}^2$，文献[19]中采用常规金属有机气相外延工艺生长的 GaN 薄膜中位错密度的数量级为 $10^9/\mathrm{cm}^2$。以上这两个位错密度的计算方法是根据文献[20]中报道的方法，即采用 X 射线摇摆曲线的半波宽（FWHM）与位错密度之间的关系估算出来。众所周知，位错中的刃位错分量，沿着位错线引入受主中心，能够从 n 型半导体的导带中俘获电子——这将导致位错线呈负电性，并在位错线附近形成空间电荷区，电子在穿过位错时发生散射，从而降低了迁移率[21]。然而，需要注意的是，$10^{10}/\mathrm{cm}^2$ 的位错密度仅仅对应于 $2\times10^{17}/\mathrm{cm}^3$ 的悬挂键的浓度。因而，位错效应对于具有高位错密度和低载流子浓度的晶体具有重要意义。对于载流子浓度超过 $1\times10^{18}/\mathrm{cm}^3$ 的晶体，位错效应对位错密度低于 $10^9/\mathrm{cm}^2$ 以下的晶体是可以忽略的。因此，迁移率的差异很可能来自点缺陷密度（空位或其化合物）的差异，这可能会受到位错应变场的影响。

4.5.3　热学性质

1. 热导率[17,18,29]

热导率是衡量大功率器件散热性能的重要材料参数之一。在本节中，我们测量了空洞辅助分离法生长的 GaN 晶片中不同载流子浓度的热导率。热导率用 κ 表示，通常采用下列的关系式进行计算：

$$\kappa = A\rho c_{\mathrm{p}} \tag{4.1}$$

式中，A 为热扩散系数；ρ 为质量密度；c_{p} 为恒压下的比热。A 由激光闪烁法测量得到[22]，这是测量室温以上体材料热扩散系数的标准方法。我们利用脉冲激光法对 GaN 小片的表面进行均匀加热，GaN 小片背面的温度逐步升高。这是一个一维热扩散现象，当温度升高时，结合背面的温度和样品的厚度，我们就可以简单地估算出热扩散系数。ρ 可在温度为 296K 时用阿基米德法测量，c_{p} 用示差扫描量热法（Differential Scanning Calorimetry，简称 DSC）测量，以上参数估算结果的精确度高于 5%。

图 4.15 显示了载流子浓度与热导率 κ 之间的依赖关系。图中文献[23]的数据来自 Florescu 等人的 HVPE - GaN/蓝宝石样品；文献[24]中的数据来自 Jezowski 等人在高温高

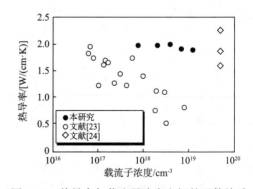

图 4.15　热导率与载流子浓度之间的函数关系

压条件下制备的样品。从图中可以看出，当载流子浓度为 $6.9 \times 10^{16}/cm^3$ 时，文献[23]中 $\kappa = 1.95W/(cm \cdot K)$，这是以前的研究成果中最有价值的报道。然而，热导率随载流子浓度的对数值呈线性降低，大约为载流子浓度每增加 10 倍，热导率降低 20%。因此，热导率降低到 $0.76 \sim 1.12W/(cm \cdot K)$ 时，载流子浓度大约为 $2.0 \times 10^{18}/cm^3$，这是通常用来构建可靠的表面欧姆接触的最佳浓度。同时，我们发现，我们的晶体的热导率对载流子浓度表现出非常弱的依赖关系，甚至在高载流子浓度时依然保持高的热导率。例如：当载流子浓度为 $1.0 \times 10^{18}/cm^3$ 时，热导率 $\kappa = 2.0W/(cm \cdot K)$；当载流子浓度 $n = 1.24 \times 10^{19}/cm^3$ 时，热导率 $\kappa = 1.87W/(cm \cdot K)$。从实用的角度来看，兼顾高的热导率与高的载流子浓度是非常重要的。

室温时 GaN 晶体热导率的主要贡献来自声学声子。在测量的载流子浓度范围内，电子对热导率的贡献比晶格的贡献小三个数量级[23]。因此，观察到的热导率的差异很可能是晶格的贡献。根据 Zhou 等人的研究，当位错密度低于 $10^{10}/cm^2$ 时，位错对热导率的贡献是可以忽略的[25]。虽然在文献中没有提及位错密度的数量级，但研究人员认为位错密度通常不超过 $10^{10}/cm^2$。因此，热导率差异的主要来源，想必不是在于位错密度的差异。Zhou 等人将文献[23]中报道的、热导率降低的原因归结于点缺陷的贡献[25]。然而，耶佐夫斯基等的报道认为，通过高温高压法制备的 GaN 晶体，当其中的位错密度低至约 $10^2/cm^2$ 时，具有较高的热导率，例如热导率 $\kappa = 1.60 \sim 2.26W/(cm \cdot K)$，尽管含有各种高浓度的杂质(例如，$[Mg] = 1 \times 10^{18}/cm^3$，$[C] = 1 \times 10^{19}/cm^3$，$[H] = 1 \times 10^{17}/cm^3$，$[Si] = 1 \times 10^{17}/cm^3$，以及 $[O] = 1 \times 10^{20}/cm^{3[24]}$)。这些研究结果表明，当基体晶体的质量很高时，随着杂质和空位等点缺陷浓度的增加，热导率的降低会受到抑制。因此，晶体的热导率与杂质浓度之间弱的相关性可能是由晶体的优异结晶质量引起的。为了进一步掌握点缺陷和位错对导热系数的综合影响，我们应当进一步进行这方面的研究工作。

2. 热膨胀系数[18,26]

热膨胀系数 α 对于异质外延结构的设计尤为重要。研究人员报道了空洞辅助分离法生长 GaN 晶体的热膨胀系数的测量结果[27~29]。例如，1969 年，Maruska 和 Tietjen 确定了 HVPE 生长的 GaN 材料，在垂直于 C 轴的($<0001>$)方向上，热膨胀系数 α 的值为 $5.59 \times 10^{-6}/K(300 \sim 900K)$[27]。1995 年，Grzegory 等获得了高温高压法合成 GaN 材料的热膨胀系数[$3.1 \times 10^{-6}/K(294K)$ 和 $6.2 \times 10^{-6}/K(700K)$[28]]，这些测量值是通过粉末 XRD 获得的。然而，从实用的角度来看，样品尺寸的实际变化也很重要。因此，通过测量高品质单晶中的尺寸变化来检验 GaN 的热膨胀系数具有十分重要的意义。然而，采用直接测量技术获得热膨胀系数 α 的报道是十分有限的[26]，而且没有报道对杂质浓度与热膨胀系数之间的相关性进行研究。

研究人员采用热机械分析仪(Thermal Mechanical Analysis，简称 TMA)对空洞辅助分离法生长的 GaN 晶片 A 轴方向($<11\bar{2}0>$)和 μ 轴方向($<10\bar{1}0>$)的热膨胀值($\Delta L/L_0$)与温度之间的相关性进行了研究。GaN 晶体中含有多种浓度的 Si 杂质，测量精度为 $\pm 0.2 \times 10^{-6}/K$，温度范围为 $98 \sim 573K$，我们将 A 轴方向和 μ 轴方向的热膨胀系数(α_A 和 α_M)从获得的曲线计算出来。

　　图 4.16 展示了热膨胀系数与杂质浓度之间的依赖关系。$\Delta L/L_0$（未显示）的值在测量温度范围内近似地与温度成正比例。在被测量的杂质浓度范围内，α_A 和 α_M 大致是相同的，它们被证实几乎是常数，即 $5.1 \times 10^{-6}/K$（温度为 298K 和 573K 之间的平均值）。

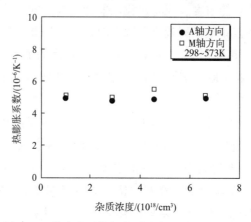

图 4.16　热膨胀系数与杂质浓度之间的函数关系

4.6　小结

　　本章对空洞辅助分离法和空洞辅助分离法生长的 GaN 晶体的性质进行了介绍。我们采用 HVPE 空洞辅助分离法，结合热应力性质，将厚 GaN 层与基衬底进行剥离。空洞辅助分离法借助于在 TiN 纳米网格附近形成空洞实现厚 GaN 的生长——具有优异的可重复性。采用 HVPE 空洞辅助分离法，研究人员成功制备了直径超过 3in 的高质量 GaN 晶片。图 4.17 中分别展示了 2in 和 3in 空洞辅助分离法生长的 GaN 晶片。表 4.1 对空洞辅助分离法生长的 GaN 晶体的主要性质进行了总结。

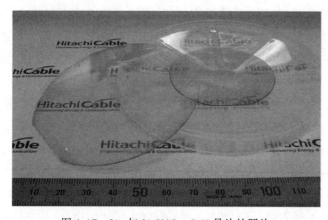

图 4.17　2in 与 3inVAS - GaN 晶片的照片

表4.1 空洞辅助分离法生长 GaN 晶体的性质

性 质	测量值	测量方法
倾转角	35arcsec	X 射线衍射
扭转角	52arcsec	X 射线衍射
位错密度	约 $10^6/cm^2$	阴极发光(CL)、蚀刻坑法(EPD)
载流子浓度	$n = 10^{18}/cm^3$	范德华力法(van der Pauw method)
迁移率	$441cm^2/V \cdot s$	霍尔效应法
热膨胀系数	$\alpha_A(298 \sim 573K) = (5.1 \pm 0.2) \times 10^{-6}/K$ $\alpha_M(298 \sim 753K) = (5.1 \pm 0.2) \times 10^{-6}/K$	热机械分析(TMA method)
质量密度	$\rho = (6.076 \pm 0.006)g/cm^3$	阿基米德法(Archimedes method)
比热容	$c_p = (4.22 \pm 0.04) \times 10^{-1}J/(g \cdot K)$	差示扫描量热法(DSC)
热扩散系数	$A_{C /\!/} = (7.72 \pm 0.39) \times 10^{-1}cm^2/K$ $A_{C \perp} = (7.77 \pm 0.39) \times 10^{-1}cm^2/K$	激光闪烁法(Laser flash method)
热导率	$\lambda_{C /\!/} = (2.0 \pm 0.1)W/(cm \cdot K)$ $\lambda_{C \perp} = (2.0 \pm 0.1)W/(cm \cdot K)$	$\lambda_i = A_i \rho c_p$
折射率	2.58(<358nm)	透射和反射测量(Transmittance and reflectance measurement)
光吸收系数	$< 1.4cm^{-1}$(<358nm)	透射和反射测量(Transmittance and reflectance measurement)

参考文献

[1] Yu. V. Melnik, K. V. Vassilevski, I. P. Nikitina, A. I. Babanin, V. Yu. Davydov, V. A. Dmitriev, MRS Internet J. Nitride Semicond. Res. 2, 39(1997).

[2] S. Nakamura, M. Senoh, S. Nagahama, N. Iwasa, T. Yamada, T. Matsushita, H. Kiyoku, Y. Sugimoto, T. Kozaki, H. Umemoto, M. Sano, K. Chocho, Appl. Phys. Lett. 72, 2014(1998).

[3] M. K. Kelly, O. Ambacher, R. Dimitrov, R. Handschuh, M. Stutzmann, Phys. Status Solidi(A) 159, R3 (1997).

[4] Y. Oshima, T. Eri, M. Shibata, H. Sunakawa, A. Usui, Phys. Stat. Sol. (A) 194(2), 554(2002).

[5] A. Usui, T. Ichihashi, K. Kobayashi, H. Sunakawa, Y. Oshima, T. Eri, M. Shibata, Phys. Stat. Sol. (A) 194(2), 572(2002).

[6] Y. Oshima, T. Eri, M. Shibata, H. Sunakawa, K. Kobayashi, T. Ichihashi, A. Usui, Jpn. J. Appl. Phys. 42, L1(2003).

[7] A. Usui, H. Sunakawa, A. Sakai, A. A. Yamaguchi, Jpn. J. Appl. Phys. 36, L899(1997).

[8] H. Hiramatsu, K. Nishiyama, A. Motogaito, H. Miyake, Y. Iyechika, T. Maeda, Phys. Stat. Sol. (A) 176,

535(1999).

[9] T. S. Zheleva, S. A. Smith, D. B. Thomson, T. Gehrke, K. J. Linthicum, P. Rajagopal, E. Carlson, W. M. Ashmawi, R. F. Davis, Mater. Res. Soc. Symp. Proc. 537, G3. 38(1999).

[10] S. Nakamura, M. Senoh, S. Nagahama, N. Iwasa, T. Yamada, T. Matsushita, H. Kiyoku, Y. Sugimoto, T. Kozaki, H. Umemoto, M. Sano, K. Chocho, Jpn. J. Appl. Phys. 36, L1568(1997).

[11] D. J. Srolovitz, M. G. Goldiner, J. Miner. Met. Mater. Soc. , Mar. 31(1995).

[12] R. Groh, G. Gerey, L. Bartha, J. I. Pankove, Phys. Stat. Sol. (A) 26, 353(1974).

[13] A. Koukitu, M. Mayumi, Y. Kumagai, J. Cryst. Growth 246, 230(2002).

[14] T. Yoshida, Y. Oshima, T. Eri, K. Ikeda, S. Yamamoto, K. Watanabe, M. Shibata, T. Mishima, J. Cryst. Growth 310, 5(2008).

[15] T. Yoshida, Y. Oshima, T. Eri, K. Watanabe, M. Shibata, T. Mishima, Phys. Stat. Sol. (A) 205 (5), 1053(2008).

[16] A. Usui, H. Sunakawa, K. Kobayashi, H. Watanabe, M. Mizuta, Mater. Res. Soc. Symp. Proc. 482, G5. 6. 1 (2001).

[17] Y. Oshima, T. Yoshida, T. Eri, M. Shibata, T. Mishima, Jpn. J. Appl. Phys. 45, 7685(2006).

[18] Y. Oshima, T. Yoshida, T. Eri, M. Shibata, T. Mishima, Phys. Stat. Sol. (C) 4(7), 2215(2007).

[19] S. Nakamura, T. Mukai, M. Senoh, Jpn. J. Appl. Phys. 31, 2883(1992).

[20] P. Gay, P. B. Hirsch, A. Kelly, Acta Metall. 1, 315(1953).

[21] N. G. Weimann, L. F. Eastman, D. Doppalapudi, H. M. Ng, T. D. Moustakas, J. Appl. Phys. 83, 3656 (1998).

[22] W. J. Parker, R. J. Jenkins, C. P. Butler, G. L. Abbott, J. Appl. Phys. 32, 1679(1961).

[23] D. I. Florescu, V. M. Asnin, F. H. Pollak, J. Appl. Phys. 88, 3295(2000).

[24] A. Jezowski, B. A. Danilchenko, M. Bockowski, I. Grzegory, S. Krukowski, T. Suski, T. Paszkiewicz, Solid State Commun. 128, 69(2003).

[25] J. Zou, D. Kotchetkov, A. A. Balandin, D. I. Florescu, F. H. Pollak, J. Appl. Phys. 92, 2354(2002).

[26] Y. Oshima, T. Suzuki, T. Eri, Y. Kawaguchi, K. Watanabe, M. Shibata, T. Mishima, J. Appl. Phys. 98, 103509(2005).

[27] H. P. Maruska, J. J. Tietjen, Appl. Phys. Lett. 15, 327(1969).

[28] I. Grzegory, J. Jun, M. Bockowski, M. Wroblewski, B. Lucznik, S. Porowski, J. Phys. Chem. Solids 56, 639(1995).

[29] E. Ejder, Phys. Stat. Sol. (A) 23, K87(1974).

第5章 非极性/半极性 GaN 的 HVPE 生长法

Paul T. Fini，Benjamin A. Haskell

摘要

　　在本章中，我们介绍了采用氢化物气相外延法(Hydride Vapor Phase Epitaxy，简称 HVPE)生长的非极性和半极性 GaN 薄膜的结构和形态特征。由于具有光滑的表面，GaN 薄膜可进一步用于器件的生长与制作，尽管这些薄膜中往往含有 $10^{10}/cm^2$ 的线位错密度和 $10^5/cm$ 的基底堆垛层错密度。横向过生长(Epitaxial Lateral Overgrowth，简称 ELOG)已经发展成为大幅度消除材料中位错和层错的主要方法，显著地改善了薄膜的表面形貌和发光特性，从而广泛应用于光电子器件。

5.1 引言

　　GaN 是一种宽禁带半导体材料，最稳定的结构为纤锌矿结构，如图 5.1 所示。该结构由六角坐标系描述，具有三个等效的基面晶格矢量 $a1$、$a2$ 和 $a3$，以及一个独特的 c 作为平移矢量。在三指标表示法 (a_1, a_2, c) 中，Ga 原子位于 (0, 0, 0) 和 (1/3, 2/3, 1/2)，而 N 原子位于 (0, 0, u) 和 (2/3, 1/3, 1/2 + u)，其中 $u = 0.377$。参照图 5.1，纤锌矿结构的低晶面指数包括：$\{11\bar{2}0\}$ α 面、$\{10\bar{1}0\}$ m 面以及 (0001) + c 面(也称为"Ga 面")和 (000$\bar{1}$) - c 面(也称为"N 面")。其他的低指数晶面，包括所谓的半极性面，如 $\{10\bar{1}1\}$、$\{11\bar{2}2\}$ 和 $\{10\bar{1}3\}$ 等。考虑到这些面不但倾斜于非极性面，而且倾斜于 c 面，因此称之为半极性面，如图 5.2 所示。下文将讨论半极性面 GaN 的潜在效用。

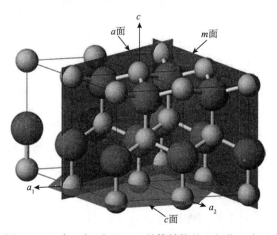

图 5.1　六角坐标系下 GaN 晶体结构的空间位置表示
(Ga 原子为浅灰色，N 原子为深灰色)

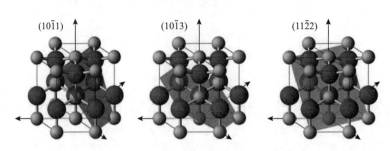

图 5.2　低晶面指数半极性 GaN 的晶体平面

遗憾的是，对 GaN 外延层 30 余年的反复研究表明，与常规生长的 c 面 GaN 相比，非极性面和半极性面的结构是"不稳定的"[1~8]。其中的一项研究表明，非极性薄膜由于表面过于粗糙而难以用于器件的进一步生长。2000 年，Waltereit 等人采用分子束外延生长技术（Molecular Beam Epitaxy，简称 MBE），首次实现了 m 面 GaN 的生长[9]。随后，2002 年，Craven 等人采用金属有机化学气相沉积法（Metalorganic Chemical Vapor Deposition，简称 MOCVD）生长了 a 面 GaN 薄膜[10]。

近年来，尽管非极性 GaN 薄膜的生长取得了长足的进展，但厚的外延层、体材料和非极性（以及后来的半极性）的生长，直到现在仍然难以实现高结晶质量的生长。因此，由于缺乏低缺陷密度薄膜及可供选择的衬底，非极性 GaN 基器件的性能和发展受到了制约。本章中，我们将介绍氢化物气相外延（HVPE）技术生长厚非极性和半极性 GaN 生长的进展，以及面向制备低缺陷密度的非极性和半极性 GaN 厚膜和衬底的最终目标迈进。GaN HVPE 作为一种成熟的气相生长技术，目前为 GaN 薄膜和衬底的商业化生产提供了低成本、高生长速率和可扩展性的最具吸引力的融合。

5.2　异质外延生长薄膜及衬底的选择

5.2.1　a 面 GaN 薄膜

异质外延生长 a 面 GaN 薄膜具有相当大的挑战，但幸运的是，衬底的选择并不存在问题。研究人员之前的努力虽然未能实现平整光滑的表面形貌，但证实了 r 面蓝宝石衬底可以为 a 面 GaN 薄膜的生长提供合适的晶格匹配条件。蓝宝石的 r 面包含一个氧离子的矩形晶格，每个矩形中包含一个 O^{2-}。晶格结构的一个边为[1120]方向，而另一个为[1101]方向，并平行于 r 面在 c 轴上的投射。r 面 Al_2O_3 与 a 面 GaN 之间的晶格失配，沿 GaN 晶体 c 方向的晶格失配度为 1%，沿 GaN 晶体 m 方向的晶格失配度为 16%[11]。

接下来，我们将描述的 a 面 GaN 薄膜由 HVPE 直接生长在 r 面蓝宝石衬底上，不使用任何低温缓冲或成核层。典型的 V/Ⅲ 比范围为 9~40，N_2 和 H_2 的混合气体作为载气。当衬底的温度范围为 1040~1070℃时，GaN 的典型生长速率范围为 15~95μm/h[12]。

图 5.3(a)展示了一枚典型的 HVPE 厚度为 50mm 的 a 面 GaN 的 Nomarski 光学相差显

微照片(1952年，诺马尔斯基在相差显微镜原理的基础上发明了微分干涉差显微镜(Differential Interference Contrast Microscope，简称DIC①。它的表面特征由远距离"流动模式"、峰谷高度超过$100 \sim 500 \text{nm}$、侧面范围为$75 \sim 500 \mu\text{m}$的示廓测量法进行表征。这些低角度表面的特点是，对光的散射最小；薄膜具有镜面的特征，在光学上是透明的，其他远距离的表面特征包括微弱的脊或类似在硅片表面上有不同方向的"鳞片"。研究人员没有发现这些表面特征与薄膜底部的晶体结构之间的依赖关系。对比之前文献中的报道，a面GaN表面上的侧面偏离表面法线$30° \sim 50°^{[13 \sim 15]}$，而这些表面特征的角度变化为$0.2° \sim 0.8°$，因此不能归因于侧面的生长。

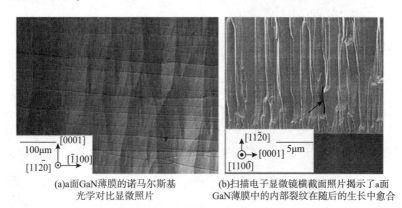

(a)a面GaN薄膜的诺马尔斯基　　　(b)扫描电子显微镜横截面照片揭示了a面
光学对比显微照片　　　　　　　GaN薄膜中的内部裂纹在随后的生长中愈合

图5.3　GaN薄膜光学相差显微照片及SEM照片

在该类GaN薄膜中观察到了几乎垂直于c轴的亚表面裂纹，其中一个亚表面裂纹横截面的SEM照片如图5.3(b)中所示。这些内部的裂缝，与c面GaN薄膜中观察到的裂纹是相似的[16]。在生长过程中，这些裂纹通常在尚未到达自由表面$5 \sim 10 \mu\text{m}$范围内自发"愈合"。我们相信，这些裂缝的起因是晶粒间聚合产生张应变释放塑性变形的结果，这种情况在MOCVD法生长的c面GaN薄膜中也有报道[17]。

图5.4展示了一枚HVPE生长的典型a面GaN薄膜的原子力显微镜(Atomic Force Microscopy，简称AFM)照片。从图中可以看出，在$5 \mu\text{m} \times 5 \mu\text{m}$的扫描区域内，局部均方根(Root Mean Square，简称RMS)粗糙度的典型值为$0.5 \sim 0.8 \text{nm}$。在$100 \mu\text{m} \times 400 \mu\text{m}$的扫描区域内，局部均方根粗糙度的典型值仍然低于$2.0 \text{nm}$。薄膜表面主要分布着细小的缺陷坑，这些缺陷坑的深度为$3 \sim 7 \text{nm}$，密度范围为$2 \times 10^9 \sim 9 \times 10^9 / \text{cm}^2$。在c面GaN的情况下[18]，该缺陷坑与透射电子显微镜的测量相关，这些小的缺陷坑汇聚在薄膜表面位错的交线上。此外，从图片中还可以清楚地看到，在高度约1nm的交线上，位错密度约为$7 \times 10^4 / \text{cm}$。与远程表面特征相反的是，这些台阶的方向大致垂直于GaN的c轴，与HVPE气流方向无关，位错线与$\{0001\}$基面中的堆积断层相关。

我们用X射线衍射(XRD)和透射电子显微镜(TEM)对a面GaN薄膜的显微组织特性

_____

① DIC显微镜又称诺马尔斯基相差显微镜(Nomarski Contrast Microscope)，其优点是能显示结构的三维立体投影像。与相差显微镜相比，其标本可略厚一点，折射率差别更大，故影像的立体感更强——译者注

进行了评估。在可接受狭缝模式操作下，采用四圆单晶 X 射线衍射仪中，以 Cu – K$_\alpha$ 射线进行 XRD 测试。a 面 GaN 薄膜的 $\omega - 2\theta$ 衍射峰仅有（11$\bar2$0）面，而（1$\bar1$02）、（2$\bar2$04）和（3$\bar3$06）衍射峰均来自 r 面蓝宝石，未观察到 GaN（0002）的衍射峰，表明在该技术的检测极限条件下，薄膜属于 a 面生长的。

为了测量 GaN 晶体中的镶嵌结构，XRD – ω 扫描的摇摆曲线如图 5.5（a）所示，测量

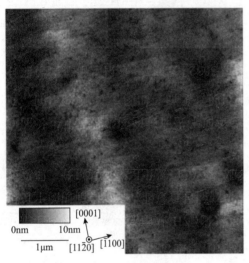

图 5.4　a 面 GaN 表面形貌的原子力显微镜照片（5μm×5μm）

是在共面配置模式下，在 GaN［1$\bar1$00］和［0001］方向上对（11$\bar2$0）反射面进行测试。在图中所示的测试条件下，GaN（11$\bar2$0）面 ω 扫描的摇摆曲线半波宽的典型值为 1040～1250 arcsec（虽然低于已经观察到的 660arcsec），轴向的峰宽可以与 MOCVD 生长的 a 面 GaN 薄膜中观察的半波宽进行比较[19]。然而，与 MOCVD 生长的 a 面 GaN 薄膜相比较[10]，轴向衍射峰的宽度用 c 轴在散射平面（$\phi = 90°$）内测量，与 c 轴垂直散射面的峰值宽度相当，而在 MOCVD 生长的 a 面薄膜中通常观察到大量的不对称现象。因此，MOCVD 生长的薄膜中的不对称镶嵌结构与生长条件的变化有关，这种相关性没有在 HVPE 生长 a 面薄膜中发现。

我们采用 XRD 测量了几个离轴反射面的摇摆曲线，如图 5.5(b) 所示。离轴[10$\bar1$0]反射面是将样品相对于 30°散射面的几何倾斜进行测试，从这些测试中获得的半波宽的范围为 2900～3700arcsec。33°离轴（20$\bar2$1）和 54°离轴（10$\bar1$2）的半波宽的典型值分别为 1150～1950arcsec 和 1330～2660arcsec。此外，我们还观测到了晶体在面内旋转时的离轴峰宽的极小变化。

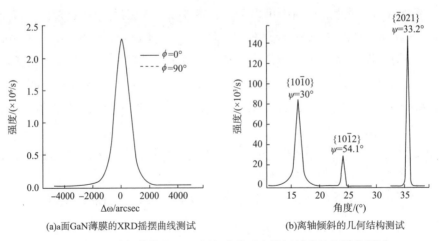

(a)a面GaN薄膜的XRD摇摆曲线测试　　　(b)离轴倾斜的几何结构测试

图 5.5　a 面 GaN 薄膜的 XRD 摇摆曲线及离轴倾斜的几何结构测试

图 5.6 显示了一枚厚 α 面 GaN 的俯视 TEM 照片。图 5.6(a) 是在 $g = <0002>$ 条件下成像的，揭示位错密度的 Burgers 矢量具有平行于 GaN[0001] 方向的分量，因此这些位错均为刃位错。在这些样品中，c 分量位错密度的范围为 $9 \times 10^9 \sim 2 \times 10^{10}/\mathrm{cm}^2$。在 $g < 1\overline{1}00$ > 条件下拍摄的 TEM 照片如图 5.6(b) 所示。图中显示样品中的堆垛层错（Stacking Fault Density，简称 SFD）密度为 $4 \times 10^5/\mathrm{cm}$。这些基面的堆垛层错可能与生长早期岛 – 岛之间聚合之前暴露的氮面有关。另外，样品在 $g = <1\overline{1}00>$ 条件下的 TEM 照片显示该方向上的部分位错密度为 $7 \times 10^9/\mathrm{cm}^2$，其 burgers 矢量为 $b = 1/3 <10\overline{1}0>$——这与薄膜中的堆垛缺陷有关。在 SiC 衬底上生长的 a 面 GaN 薄膜的 TEM 照片具有类似的结果，其中 I_1 和 I_2 的堆垛层错占主导地位[20]。

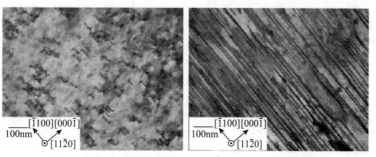

(a)g=<0002>揭示非零[0001]分量的位错　(b)g=<1\overline{1}00>观察到堆垛层错平行于(0001)面[12]

图 5.6　透射电子显微镜平面照片

5.2.2　m面GaN薄膜

m 面 GaN 薄膜的生长比 a 面 GaN 还要早几年[9]。Waltereit 等人采用分子束外延生长技术，生长的薄膜具有足够低的表面粗糙度——用于生长量子阱结构和其他精细的异质结构。虽然采用 HVPE 技术在制作 a 面 GaN 量子阱结构和器件方面取得了重大的进展，但 m 面 GaN 薄膜的生长和器件却以较慢的速度发展。这在很大程度上归因于两个关键的问题：缺乏合适的衬底，以及难以生长高质量低缺陷密度 m 面 GaN 薄膜。在本节中，我们讨论了 HVPE 在 (100) γ – LiAlO$_2$ 和 $(1\overline{1}00)$ m 面 6H – SiC 上生长 m 面 GaN 薄膜的表面形貌和结构特征。我们注意到，最近有报道称，m 面 GaN 薄膜可以采用 MOCVD 技术、生长在优化过的缓冲层的 m 面蓝宝石衬底上[21,22]。在此之前，m 面蓝宝石仅仅是作为生长半极性 GaN 薄膜的衬底。如果将类似的方法施用于 HVPE 技术来生长 m 面 GaN，那么生长 GaN 厚膜和自支撑晶圆的进度将会大为加快。

由于缺乏合适的衬底以兼顾晶格匹配度、化学稳定性及热稳定性这三方面的要求，高质量 m 面 GaN 薄膜的生长历来受到阻碍。铝酸锂（γ – LiAlO$_2$）虽然满足第一条件（与 GaN 晶格的匹配度），但在 HVPE – GaN 生长条件下却是不合适的衬底。在典型的 HVPE – GaN 生长温度下，H$_2$ 和 HCl 与 γ – LiAlO$_2$ 进行反应，在生长环境中释放出 Li$^+$ 和 O^{2-}。此外，LiAlO$_2$ 还表现出较差的机械稳定性，经常会因 GaN 生长温度的降低而破裂。尽管存在以上不足，我们和其他研究小组已经证实，在 $LiAlO_2$ 衬底上已经实现了厚的 m 面 GaN 的生长，当衬底温度为 860~890℃、V/Ⅲ 比为 10~60 时，GaN 的生长速率为 30~240μm/h，生长的自支撑 GaN 的厚度达 250μm。

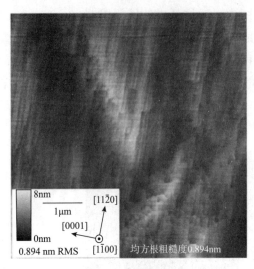

图 5.7　HVPE 生长的厚 m 面 GaN 薄膜的原子力显微镜照片

图 5.7 展示了一枚典型的 m 面 GaN 表面 5μm×5μm 的 AFM 照片。这种"石板状"条纹的形貌是以沿 GaN $<11\bar{2}0>$ 方向的山脊为主，这些山脊沿 $<0001>$ 方向的平均线密度为 $10^5/cm$。这种"石板状"条纹的形貌通常也能在 MBE 生长的 m 面 GaN 薄膜中观察到[23]。表面均方根(Root Mean Square，简称 RMS)粗糙度为 0.894nm，比采用 MBE 生长的薄膜平滑一些。

我们用 XRD 和 TEM 对 m 面 GaN 薄膜的结构特征进行了评价。采用 XRD $2\theta-\omega$ 扫描对生长在 (100) $\gamma-LiAlO_2$ 衬底上生长的 m 面 GaN 薄膜进行了测试，衍射谱中显示有三个衍射峰，分别来自 GaN $(1\bar{1}00)$、$(2\bar{2}00)$ 和

$(3\bar{3}00)$ 的衍射——表明薄膜在测量的灵敏度范围内是均匀的 m 面 GaN。我们还进一步对上述样品进行了 XRD 摇摆曲线测试，与上文描述的 a 面 GaN 薄膜相比，这些 m 面 GaN 薄膜轴向摇摆曲线的峰值宽度表现出面内非对称性。然而，这种不对称性与 MOCVD 生长的 a 面 GaN 薄膜是一致的[10]。当 c 轴与散射面垂直($\phi=0°$)时，m 面 GaN 薄膜的轴向衍射面摇摆曲线的半波宽约为 920arcsec；而当 GaN 的 c 轴在散射面内($\phi=90°$)时，m 面 GaN 薄膜的轴向衍射面摇摆曲线的半波宽约为 6300arcsec。轴向衍射面摇摆曲线的不对称性归因于薄膜中存在不对称倾斜镶嵌结构的结果。偏轴的 $(\bar{2}021)$、$(11\bar{2}0)$ 和 $(10\bar{1}2)$ 面的衍射峰在相同几何设置的测试模式下，它们的半波宽分别为 880arcsec、3250arcsec 和 1750arcsec。

图 5.8 展示了 m 面 GaN 薄膜的典型俯视图及横截面的 TEM 照片[24]。图 5.8(a) 是在 $g=<0002>$ 的衍射条件下成像的，揭示了薄膜中的线位错具有与 GaN[0001] 方向平行的伯格斯矢量。照片中观察到的线位错密度(Threading Dislocation Density，简称 TDD)为 $4\times10^9/cm^2$，比之前报道的采用 HVPE 生长的相同厚度 c 面 GaN 薄膜中的位错密度高约一个数量级[25]。图 5.8(b) 所示的 TEM 照片是在 $g=<1\bar{1}00>$ 的衍射条件下样品的横截面照片，揭示了基底堆垛层错的信息。基底堆垛层错的面密度约为 $1\times10^5/cm$，与之前报道的 m 面 GaN 和 a 面 GaN 薄膜中的面密度是一致的[12,23]。而且，该样品基底堆垛层错密度的数值与图 5.7 中的 AFM 照片中观测到的山脊密度是非常一致的。由于基底平面与 m 面的交线是沿着 $<11\bar{2}0>$ 方向，层错与山脊密度之间的密切相关性表明，"石板状"形貌上所观察到的表面山脊是由 m 面基底的堆垛层错发生位移引起的。

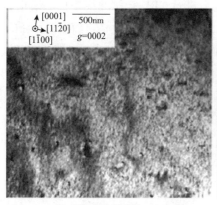
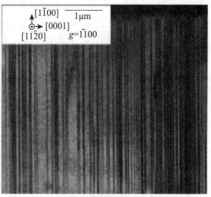

(a)m面GaN的平面图　　　　(b)厚GaN薄膜横截面的透射电子显微镜照片

图5.8　GaN薄膜的典型俯视图及横截面的TEM照片

5.2.3　半极性GaN薄膜

非极性面GaN提供了最直接的方法，以消除极化的内建电场对GaN基光电器件的量子阱中载流子辐射复合的阻碍。所谓半极性取向的GaN也非常具有吸引力，因为它们采用"晶体取向和量子阱组分与厚度精心剪裁的组合"方式减少了或部分消除了极化的内建电场。这可能是由于，净极化电场强度的变化不是沿晶向从c面到非极性面的单调变化，而是强烈依赖于组分和应变状态的变化[26]。因此，为每个半极性方向的量子阱结构进行"剪裁"以尽可能减少净极化电场是可行的(反之亦然)。此外，优化器件层的生长参数范围也可能有利于半极性器件与非极性器件性能方面的比较——这当然取决于优化后器件的性能(如发射波长等)。

半极性面GaN中经常也可以观察到c面GaN中稳定存在的"V形缺陷"(或V形坑)[27]，这是由于c面HVPE和MOCVD ELOG GaN条纹的倾斜形成的[28]，表明它们在可变的生长条件下是稳定的。HVPE外延生长大面积光滑半极性GaN薄膜的方法是在寻找可用的非极性GaN衬底的境况下发展起来的。研究发现，m面蓝宝石和$MgAl_2O_4$(尖晶石)上生长光滑的半极性面GaN薄膜具有不同的晶格取向。幸运的是，这两种衬底材料在典型的HVPE – GaN生长温度下的化学性质是稳定的，而且其合理的尺寸和价格是可以进行商业化的。

我们采用HVPE法在两种不同取向的单晶尖晶石[(100)面和(110)面]上生长GaN薄膜。最初我们对(100)尖晶石衬底上生长的薄膜使用了与a面GaN非常类似的生长条件，成功生长了$\{10\bar{1}\bar{1}\}$GaN("金字塔状")，其生长速率约为$60\mu m/h$。可能是由于尖晶石的(100)面具有四度旋转对称轴，两个90°的相对旋转域生长而成，并经过XRD所证实，如图5.9所示。研究发现，衬底沿[011]方向斜切0.5°~1°是实现单晶$\{10\bar{1}\bar{1}\}$GaN生长的必要条件[30]——与$[10\bar{1}2]_{GaN}$ // $[011]_{spinel}$和$[\bar{1}210]_{GaN}$ // $[0\bar{1}1]_{spinel}$为面内关系。需要注意的是，这里的GaN平面描述了"N极性"([0001]方向)——由会聚束TEM所证实。有趣的是，XRD测试结果表明，这些薄膜相对于$(10\bar{1}\bar{1})$法线方向倾斜约5.6°，这有可能是由应变的调节所致。对($10\bar{1}1$)同轴的两个不同方位角进行 XRD 摇摆曲线扫描的结果表明，倾向于 GaN[0002]方向的衍射峰的半波宽为 $0.7°$，而倾向于[$1\bar{2}10$]方向的衍射峰的半波宽为 $1.3°$，这种镶嵌结构的各向异性类似于某些 a 面 GaN 和 m 面 GaN 薄膜中所观察到的现象。

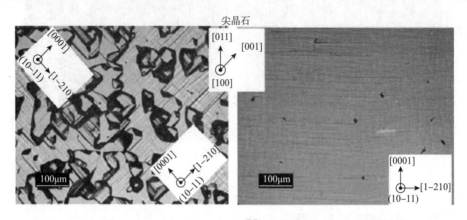

图 5.9　生长于零斜切角尖晶石(100)上$\{10\bar{1}\bar{1}\}$GaN 膜中的两个可见旋转域(左)及沿[011]尖晶石方向倾切产生光滑的单畴 GaN(右)[29]

GaN 薄膜$\{10\bar{1}\bar{1}\}$的原子力显微镜照片揭示了类似 m 面 GaN 薄膜的纹状表面，这是由于堆垛层错终止生长的缘故[31]。如图 5.10 所示，透射电子显微镜中观察到的 GaN 薄膜$\{10\bar{1}\bar{1}\}$显微组织中的位错密度约为 $2 \times 10^9/cm^2$，基底平面堆垛层错密度(约为 $2 \times 10^5/cm$)[29]——这与 HVPE 法生长非极性 GaN 薄膜中位错密度的数量级非常接近。然而，这些存在于基底平面内沿 $<10\bar{1}0>$ 方向的位错也因此倾向于晶体的生长方向。

(110)取向的尖晶石衬底也可以用来生长半极性 GaN 薄膜，在这种情况下可获得$\{101\bar{1}3\}$面的 GaN 薄膜[29]。这些衬底具有双重对称性，有望与 GaN 薄膜"紧密结合"(类似于前文描述的$\{10\bar{1}\bar{1}\}$薄膜的旋转域)。我们通过 XRD 测量，确实偶尔观察到法线方向上(±0.2°)具有约 10%(体积分数)的这种双相体系。当斜切角度大于 0.1°时，衬底表面将几乎观察不到双相 GaN 体系，因此在(100)尖晶石衬底上进行斜切可抑制孪晶域的形成。我们采用 XRD 建立了 GaN 与

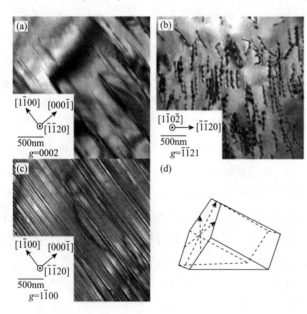

图 5.10　GaN 薄膜$\{10\bar{1}\bar{1}\}$的透射电子显微镜照片
注：其中(a)、(b)为线位错；(c)为堆垛层错；
(d)为位错的详细描述示意图。[29]

尖晶石衬底之间外延生长的平面关系：$[30\bar{3}2]_{GaN}$ // $[001]_{spinel}$ 和 $[1\bar{2}10]_{GaN}$ // $[1\bar{1}0]_{spinel}$。

这些 $\{10\bar{1}3\}$GaN 薄膜的 AFM 照片再次证实了由于堆垛层错的存在而出现的"纹状"表面形貌，但均方根粗糙度(3.5nm)比 $\{10\bar{1}1\}$GaN 薄膜的粗糙度略低。同样，$\{10\bar{1}3\}$GaN 薄膜 XRD 摇摆曲线的半波宽也较低：$\{10\bar{1}3\}$ 倾向 GaN$[1\bar{2}10]$ 方向上衍射峰的半波宽为 0.21°，GaN 沿 $[0001]$ 方向上衍射峰的半波宽为 0.25°，而离轴(0002)衍射峰的半波宽为 0.24°(采用斜对称几何配置测量)。尽管这些测量中包含了较低的镶嵌结构，透射电子显微照片(此处未给出)证实，线位错密度和堆垛层错密度是非常相似的。这种差异的起源目前还不太清楚，但可能是由于两种类型的薄膜具有不同的曲率引起了 XRD 摇摆曲线加宽的缘故。

虽然尖晶石被证明是稳定的——适合于作为生长高品质半极性 GaN 薄膜的衬底材料，但由于蓝宝石具有结晶质量优异、大尺寸和低成本等优点，因此采用蓝宝石作为生长半极性 m 面 GaN 薄膜的衬底也在研究之中。m 面蓝宝石最初是作为生长 m 面 GaN 考虑的(如前文所述，本书第六章 MOCVD 也会讲到)，但实际使用中却发现能提供两个半极性的 GaN 晶向——这取决于生长的预处理过程[29]。在 NH$_3$ 中进行"高温"氮化的步骤(生长前 10min)被用来获得 GaN$\{10\bar{1}3\}$ 氮化膜，而"连续"氮化(NH$_3$ 从室温逐渐升温到生长温度)则产生 GaN$\{11\bar{2}2\}$ 薄膜。虽然这种生长方法具有很高的可重复性，但其中确切的生长机理还没有被完全理解，这很可能是由于在衬底上形成一个(氧)氮化层，但其组分、厚度或其他性质取决于氮化的温度和持续的时间。

高温氮化后 $\{10\bar{1}3\}$GaN 薄膜的表面形貌有点类似于先前讨论的尖晶石上生长的 GaN 薄膜，由于堆垛层错的缘故，表面上的条纹清晰可见。然而，如图 5.11 所展示的，在光学显微镜下能够轻易地观察到"箭头状"形貌(指向$[30\bar{3}2]$方向)。透射电子显微镜照片表明，这些薄膜的显微结构与它们在尖晶石上生长的薄膜是非常类似的——具有 9×10^8/cm^2 的线位错密度和 2×10^5/cm 的堆垛层错密度。除了 $<10\bar{1}0>$ 之外，还有一些其他方向的线位错，但数量很少。还应该指出的是，少量的 GaN"孪晶"偶尔也会被观察到，这可能是由蓝宝石衬底潜在的对称性所致。我们虽然没有对衬底进行系统的斜切测试，

图 5.11 诺马尔斯基对比度光学显微照片(a)和生长于 m 面蓝宝石上 $\{10\bar{1}3\}$GaN 薄膜的原子力显微镜照片(b)[29]

但极有可能是沿蓝宝石$[1\bar{2}10]$方向的斜切(0.5° ~ 1°)的一致性抑制了生长的缘故。

研究发现，与前文讨论的其他半极性 GaN 薄膜晶向不同的是，$\{11\bar{2}2\}$GaN 在 m 面蓝宝石上以单一旋转域的方式持续生长而不需要衬底斜切。X 射线衍射和透射电子显微镜揭

示了外延生长的平面关系为：$[1\bar{1}23]_{GaN}//[0001]_{sapphire}$ 和 $[\bar{1}100]_{GaN}//[1\bar{2}10]_{sapphire}$。

透射电子显微镜的测量结果表明，线位错密度为 $2\times10^{10}/cm^2$（与上文带有方向的线位错相同）和堆垛层错密度为 $2\times10^5/cm$ 的其他半极性薄膜的缺陷密度基本是相同的。有趣的是，透射电子显微镜还揭示了反相畴的存在，即"Ga 极性"和"N 极"区域的存在。后来发现这些反相畴与泪滴状山丘表面形貌的形成有直接的关联（在光学显微镜中观察），如图 5.12 所示。由于对其形成机理仍然不太清楚，这些反相畴的密度在 2in 的晶片中存在显著的差异。然而，有迹象表明，气相中微小的颗粒可能至少与反相畴的密度有关，当生长室处于"比较脏"的情况时，具有形成山丘形貌的趋势。

图 5.12　m 面蓝宝石上生长的 $\{11\bar{2}2\}$ GaN 薄膜的诺马尔斯基对比度光学显微照片[31]

5.3　极性/半极性 GaN 的横向过生长技术

5.3.1　a 面 GaN 的横向过生长

对于前文描述的具有光滑表面的 a 面 GaN 薄膜，透射电子显微镜和 XRD 测试结果表明，为了广泛地应用于光电器件的再生长和制造等方面，a 面 GaN 薄膜中的显微结构质量还需要进一步改善。研究发现，c 面 GaN 中的线位错扮演着非辐射复合中心、载流子散射中心以及可能是快速扩散的通道等角色，极大地限制了器件的效率、响应速度及使用寿命。基于阴极射线的测试结果表明，非极性和半极性薄膜中的线位错也扮演着相同的角色。然而，目前研究人员对堆垛层错与器件性能之间的关系还了解得不多。

为了提高 a 面 GaN 薄膜显微结构的结晶质量，我们开发了基于 HVPE 的非极性 GaN 薄膜的横向过生长（Epitaxial Lateral Overgrowth，简称 ELOG）[32]。该技术是在 r 面 Al_2O_3 衬底上直接生长 a 面 GaN 薄膜，或者将 a 面 GaN 生长在 GaN 的模板层上（模板层首先采用 MOCVD 或者 HVPE 技术生长）。横向过生长工艺的图形化掩膜以传统的光刻加工和湿法蚀刻制备，并采用等离子体增强化学气相沉积技术将厚度约为 130nm 的 SiO_2 层进行沉积。研究人员设计了各种掩模，包括在"马车轮"模式下排列的非平行条纹、圆形孔径排列、沿 $<0001>$ 方向的平行条纹、沿 $<1\bar{1}00>$ 方向的平行条纹，以及沿高晶向指数方向的平行条纹等。横向过生长技术是在上述类似 a 面 GaN 薄膜的生长条件下进行的。研究发现，沿

$<1\bar{1}00>$方向呈现平行条纹状的掩膜重复展示垂直的条状侧壁，因而有效地降低了过生长区域("翅状")的位错密度和堆垛层错密度。

图5.13(a)展示了本节中讨论中用到的样品在$<1\bar{1}00>$方向上条纹几何的示意图。沿该方向的条纹垂直于$\{0001\}$侧壁，其中一个是Ga终止面，另一个是N终止面。间断的生长表明，(0001)Ga面翼区的生长速度大约是$(000\bar{1})$N面翼区生长速度的6倍。这一比例表明，$(000\bar{1})$翼区的相对生长速率比MOCVD生长的a面GaN的生长速率高，其中Ga面与N面的生长速率之比约为10[33]。$\{0001\}$晶面族横向生长速率相差较大带来的一个好处是，聚合前端向N面的窗口区域偏移，不受有缺陷聚合的影响并获得大面积的连续的翼区。图5.13(b)、图5.13(c)中样品的横截面SEM照片更详细地展示了这些条纹。图5.13(b)中近乎聚合的条纹的斜截面照片表明，通常$<1\bar{1}00>$方向的条纹垂直于$\{0001\}$的侧壁，通过横向过生长技术迅速地实现了聚合。图5.13(c)展示了合并条纹的剖面图。由于SEM的充电效应，只有通过对比薄膜-模板界面的变化，才能使窗口区和翼区得以区分。

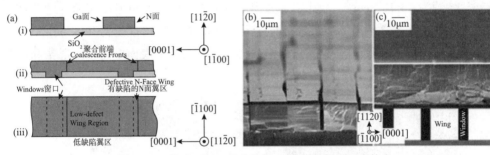

图5.13　基于HVPE的非极性GaN薄膜的ELOG技术

注：(a)使用掩模条纹/开口取向、沿GaN$<1\bar{1}00>$方向的HVPE ELOG a面GaN生长示意图；(i)未合并条纹的横截面；(ii)已合并条纹的横截面相对于"窗口"区域，与合并前期具有一定的偏移；(iii)合并条纹的平面图表明，翼区存在大量低位错密度的缺陷。(b)未合并ELOG条纹的斜横截面扫描电子显微镜照片。(c)合并的a面ELOG-GaN薄膜横截面的扫描电子显微镜照片。

我们用原子力显微镜(AFM)对a面ELOG薄膜的窗口区和翼区的表面质量进行了比较。图5.14展示了两条合并条纹的$10\mu m\times10\mu m$的AFM显微照片。窗口区域以凹坑材料的暗带形貌出现，在窗口左前方大约$1\mu m$处聚合。Ga面翼区明显地出现在图像左侧的位置，具有优异的表面质量而几乎没有特征。翼区的平均凹坑密度小于$3\times10^6/cm^2$，而窗口区的平均凹坑密度小于$1\times10^9/cm^2$。翼区的均方根粗糙度小于0.9nm(峰谷高度差为11.9nm)，而窗口区的均方根粗糙度则小于1.3nm(峰谷高度差为20.8nm)，平行于窗口区$<1\bar{1}00>$

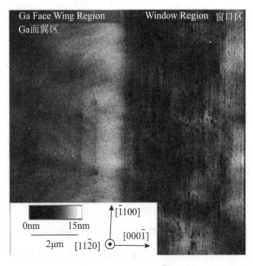

图5.14　a面ELOG条纹沿$<1\bar{1}00>$取向合并的原子力显微镜照片($10\mu m\times10\mu m$)

方向的弱线没有在 Ga 面的翼区中出现。

我们采用 X 射线衍射和透射电子显微镜对 a 面 ELOG 薄膜的结构质量进行了表征。发现在垂直于 $<1\bar{1}00>$ 方向合并的条纹，$GaN(11\bar{2}0)$ 面的摇摆曲线为单峰，这表明，在薄膜的镶嵌结构中没有发现翼区倾斜。在孤立的未合并条纹的间断生长中能观察到低于 $0.2°$ 的翼区倾斜。与在 r 面蓝宝石上直接生长的 a 面 GaN 薄膜相比，ELOG 薄膜的轴向和偏轴方向均获得了较窄的摇摆曲线[12]。$GaN(11\bar{2}0)$ 和 $(10\bar{1}0)$ 衍射面的半波宽的典型值分别为 750arcsec 和 1250arcsec。前文描述的非 ELOG a 面 GaN 薄膜在轴向上摇摆曲线的半波宽与 c 轴所有方向的半波宽是几乎一致的。与此相反，当 GaN 的 c 轴在散射面内时，GaN 薄膜的半波宽在 $\phi=90°$ 时比 c 轴垂直于散射面($\phi=0°$)时的半波宽大 5 倍。这种半波宽的变化与条纹方向无关，是由晶体中的镶嵌结构导致的。

图 5.15 分别展示了 ELOG 薄膜的俯视图以及 $g=<1\bar{1}00>$ 和 $g=<01\bar{1}0>$ 的 TEM 横截面的照片。与 AFM 的测试一致的是，窗口区具有高的线位错密度(约为 $9\times10^9/cm^2$)和堆垛层错密度(约为 $4\times10^5/cm$)。相比之下，当薄膜中的缺陷密度分别低于照片的分辨率时(分别约 $5\times10^6/cm^2$ 和 $3\times10^3/cm$)，Ga 面翼区中则基本没有出现位错和堆垛层错。在 N 面翼区中也没有出现线位错。研究人员普遍认为，这是由于基底面中的堆垛层错和部分位错被终止的缘故。

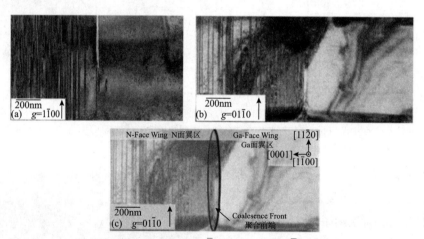

图 5.15　ELOG 薄膜的俯视图及 $g=<1\bar{1}00>$ 和 $g=<01\bar{1}0>$ 的 TEM 横截面照片

注：(a)沿 $<1\bar{1}00>$ 方向合并条纹的透射电子显微镜照片；(b)对应的横截面的透射电子显微镜照片；(c)显著特征的解释。

以上对 $<1\bar{1}00>$ 方向上带有条纹状形貌的 a 面 GaN 的研究结果表明，采用 ELOG 和 HVPE 技术很容易实现 a 面 GaN 薄膜形貌和结构上缺陷的大量减少。与非 ELOG 的 a 面 GaN 薄膜相比，在横向过生长的 GaN 薄膜中，线位错密度的减少伴随着表面形貌的显著改善。

然而，为了在晶片上实现均匀的低缺陷密度，需要采用额外的步骤，或者必须采取其他方法。图形化第二掩模偏离条纹阵列的聚合(平面)ELOG 薄膜技术，使得窗口区的缺陷受到了有效阻挡。该方法需要仔细的光刻对准，并假设具有足够光滑的平面聚合，为第二阶段的掩膜沉积和图形化做准备。另一种可供选择的方法是采用单步再生长技术，如侧壁 ELOG 技术(Sidewall ELOG)[34]——最早被 MOCVD 证实。该技术首先在非极性 GaN 薄膜中蚀刻出周期性沟槽，然后从沟槽的侧壁实现再生长，如图 5.16 所示。采用这种方法，很少会有位错或层错出现在再生长的材料中，但仍然还有翼区聚合倾斜和聚合前期凹坑的形成等潜在问题尚未解决。然而，这项技术提供了减少生长时间和降低成本的最有效的方法，可以实现厚而均匀的低微观缺陷密度的非极性 GaN 膜的生长。

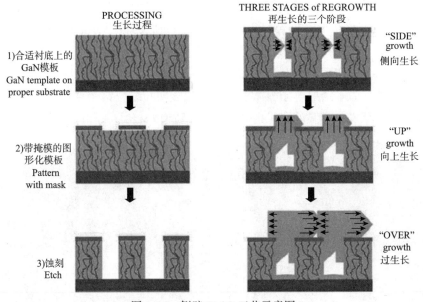

图 5.16 侧壁 ELOG 工艺示意图

注：其中，GaN 薄膜被选择性地掩蔽和蚀刻以产生周期性的沟槽，再生长几乎是将所有的缺陷以这样的方式阻挡。此图由 B. 伊默(B. Imer)提供。

5.3.2 m面GaN 的横向过生长

前文的研究结果表明，研究人员已经在衬底平面上生长高结晶质量薄膜的研究中取得了显著的进步，对于较厚的 m 面 GaN 薄膜，需要降低较高的微观结构缺陷密度，以提高电子器件的性能。为了解决这一问题，研究人员提出采用 HVPE 生长 m 面 GaN 的 ELOG 技术。将分子束外延生长(MBE)m 面 GaN 或 m 面 AlN 模板生长继续在 m 面 SiC 衬底上(包括 4H 和 6H 晶型)，该法充分融合了 ELOG 薄膜的生长，进一步实现了 a 面 GaN 形貌和结构质量等方面的巨大改进。

我们对 SiO_2 包覆的 m 面 GaN 模板进行传统的光刻工艺和湿法蚀刻，以类似 a 面 GaN ELOG 的方式构建多个掩膜图案，最终消除沿 $<11\bar{2}0>$ 方向的周期(平行)条纹产生的位错与层错，并因此成为下文讨论的焦点内容。垂直的侧壁再次成为条纹方向的重点——终止于 +c 和 -c 表面。总而言之，无论是侧向还是横向的生长速率，均显著高于已观察到 c 面和 a 面 ELOG GaN 薄膜的生长速率。当衬底的温度在 860~1070℃时，垂直方向的生长速率为 40~300μm/h。采用该生长法充分聚合的 ELOG GaN 薄膜，可实现全面积镜面般光洁的 GaN 晶圆。

如前文所述，直接生长的 m 面 GaN 薄膜通常能观察到"石板状"条纹的表面形貌。这种"石板状"条纹的形态持续到 ELOG m 面 GaN 薄膜的窗口区，如图 5.17(a)所示。这种膜的表面均方根粗糙度为 0.78nm，比前文描述的最光滑的 m 面 GaN 薄膜稍微光滑一些。

图 5.17(b)展示了 Ga 终止面翼区 m 面 ELOG GaN 沿 < $11\bar{2}0$ > 方向条纹的 AFM 照片。从图中可以看出，翼区的表面不再表现出"石板状"条纹的表面形貌，而是具有"台阶流状"的表面形貌。该台状阶梯的范围为 100 ~ 150nm，目前没有证据表明它与任何特定的 GaN 晶向一致。这些台状阶梯的宽度和方向可能是由衬底的斜切角度来控制的。台阶的高度范围为 0.8 ~ 1.4nm，相当于沿 < $1\bar{1}00$ > 方向 4 ~ 7 个原子层的厚度。在超过 $0.25\mu m^2$ 的面积上，m 面 ELOG GaN 的表面均方根粗糙度降低至 0.53nm，这种优越的表面形貌源自过生长材料缺乏扩展的动力所致。透射电子显微镜成像结果表明，线位错密度和堆垛层错密度与 Ga 终止面的 ELOG a 面 GaN 薄膜的翼区是一致的，分别为 $5 \times 10^6/cm^2$ 和 $3 \times 10^3/cm$。

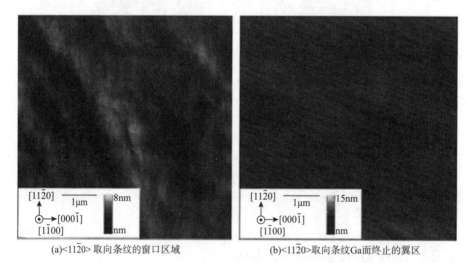

(a)<$11\bar{2}0$>取向条纹的窗口区域   (b)<$11\bar{2}0$>取向条纹Ga面终止的翼区

图 5.17　m 面 ELOG – GaN 薄膜的原子力显微镜照片

m 面 ELOG – GaN 薄膜的结构质量通常采用 X 射线衍射法进行表征。生长于 < 11 – 20 > 方向条纹状的 m 面 ELOG – GaN 薄膜具有比非 ELOG 生长的薄膜更窄的轴向衍射面。当 $\phi = 0°$ 时，半波宽约为 1200arcsec；当 $\phi = 90°$ 时，半波宽约为 3600arcsec。不对称性轴向上摇摆曲线的半波宽与 ELOG 的条纹方向无关，这不是晶体中镶嵌结构面内各向异性的结果。让我们比较一下分子束外延生长的 GaN 模板轴向上的半波宽，当 $\phi = 0°$ 时，半波宽约为 1100arcsec，当 $\phi = 90°$ 时，半波宽约为 7000arcsec。当散射面的法线与 ELOG 条纹方向平行时，在任何一个条纹方向均没有观察到($1\bar{1}00$)衍射面的分裂。因此，没有证据观察到翼区倾斜对 X 射线衍射测试的敏感性，这是由于 X 射线测量受到底层薄膜镶嵌结构和样品曲率的影响所致。对于偏轴($10\bar{1}2$)衍射面，测量的 $\phi = 0°$ 和 $\phi = 90°$ 均为倾斜的几何设置，其半波宽的范围为 1800 ~ 2400arcsec，与 ϕ 和 ELOG 条纹的方向无关。

5.3.3 半极性面 GaN 的横向过生长

类似 a 面和 m 面 GaN 薄膜，前文所讨论的所有半极性 GaN 薄膜，均由于薄膜中过高的线位错密度和堆垛层错密度而影响了光电子器件的生长和制作。例如，需要证明非极性与半极性器件比高结晶质量 c 面器件具有更大潜力的应用领域。通过直接降低缺陷密度的 ELOG 技术，因此成为生长这些半极性薄膜的必需技术。如上所述，半极性 GaN 薄膜中的线位错密度和堆垛层错密度明显与生长方向有关。由于线位错线的方向通常是沿 $<1\bar{1}00>$ 方向，而堆垛层错则在 $\{0001\}$ 面上——这种复杂的生长关系需要用生长 a 面和 m 面薄膜所需的有效策略，即 ELOG 缺陷降低技术来破解。下文以 $\{11\bar{2}2\}$ 薄膜的生长方法来加以说明。

对于 $\{11\bar{2}2\}$ 晶面族，有两种主要的 ELOG 条纹方向需要考虑，分别是 $<0001>$ 和 $<\bar{1}100>$ 投影面，如图 5.18 所示。 $<\bar{1}100>$ 方向的主要优势是，缺陷主要以一种独特的倾斜方式及类似 a 面或 m 面 ELOG 薄膜的方式被周期性地阻挡。此外，翼区具有"Ga 极性"和"N 极性"的特征(因此生长速率不同于横向生长的速率)。在这种情况下，a 面 ELOG 薄膜和 $<\bar{1}100>$ 条纹是类似的。

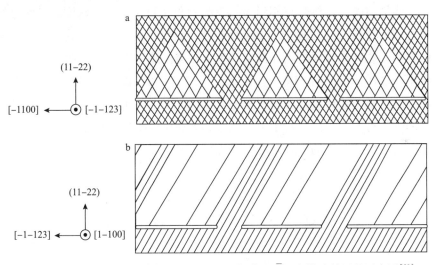

图 5.18 ELOG 生长的两种不同取向 GaN 薄膜 $\{11\bar{2}2\}$ 中缺陷扩展的示意图[29]

对于平面薄膜而言，在相同的生长条件下，可以观察到 ELOG–GaN $\{11\bar{2}2\}$ 薄膜中 $<\bar{1}100>$ 条纹的 Ga 极性翼区实际上比 N 极性具有更高的生长速率，如图 5.19 所示，条纹之间聚合形成的空位在 $(\bar{1}\bar{1}22)$ 面和 $(000\bar{1})$ 面被终止了。

X 射线衍射和透射电子显微镜的测量数据表明，这种 ELOG 条纹的取向可以有效地降低缺陷。轴向 $\{11\bar{2}2\}$ 和偏轴 (0002) 摇摆曲线的半波宽分别从 0.39°和 0.61°降低至 0.24°和 0.18°。平视 TEM 显微照片(此处未给出)表明，翼区上分布均匀的位错密度降低到 $5\times10^6/cm^2$，但仅仅在上述聚合过程的三角空隙区中观察到了堆垛层错密度的降低——这与预期在"Ga 极性"的翼区上不会形成堆垛层错的期望是相反的，在 a 面 ELOG 薄膜中也具有相同的结论。

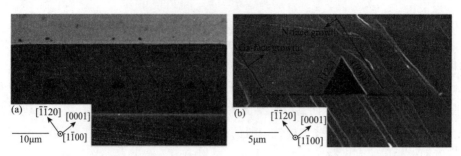

图 5.19 ｛11$\bar{2}$2｝ELOG – GaN 薄膜 <$\bar{1}$100> 条纹合并的扫描电子显微镜照片
（开口宽度为 5μm，掩模宽度为 15μm）[29]

5.4 结论及展望

本章介绍了采用 HVPE 技术生长各种不同种类的非极性和半极性 GaN。采用以上所有的生长方法，均可以以异质外延的生长方式（在蓝宝石和其他衬底上）获得平滑均匀的 GaN 薄膜，尽管外延层薄膜中仍然具有相当高的线位错密度和堆垛层错密度。横向过生长技术是一种直接有效的手段，通过阻断和重新定向以显著降低缺陷的扩散。与 c 面 ELOG 类似，条纹的方向、宽度和周期性均在横向过生长中对薄膜表面形貌的改善和缺陷的降低起着重要的作用。然而，与 c 面 ELOG 不同的是，非极性和半极性面对称性的降低也带来了挑战和优势——掩模条纹通常必须朝着一个固定的方向，但生长速率的不对称性通常会导致缺陷密度降低具有不一致性。对于半极性薄膜，在位错扩展处（相对于表面法线方向）较高的倾斜角，需要一些额外的工艺来进一步优化 ELOG 条纹的方向、宽度和周期，尽管这不是不可逾越的挑战。

传统的横向过生长技术对非极性或半极性薄膜的生长通常是有效的，而且采用该生长技术降低缺陷密度的数量级直接正比于掩膜条纹的宽度和重复的周期。"双 ELOG"技术中的第二层掩膜条纹图案通常偏离第一层半个周期，这样可以阻碍大部分剩余的位错和堆垛层错，但这种技术耗时较多，而且依赖于第一次的均匀平滑聚合的第一层。替代"双ELOG"的方法，如侧壁横向过生长（SELOG）则提供了单步再生长法以降低缺陷密度的可能性，而且能更快、更一致地降低缺陷。今后的工作应侧重于这种单步的再生长技术，因为其相当有效，最终能带来更经济的用于商业化的 GaN 产品。

参考文献

[1] H. P. Maruska, L. J. Anderson, D. A. Stevenson, J. Electrochem. Soc. 121, 1202(1974).

[2] M. Sano, M. Aoki, Jpn. J. Appl. Phys. 15(10), 1943(1976).

[3] A. Shintani, S. Minagawa, J. Electrochem. Soc. 123(10), 1575(1976).

[4] R. Madar, D. Michel, et al., J. Cryst. Growth 40, 239(1977).

[5] T. Sasaki, S. Zembutsu, J. Appl. Phys. 61(7), 2533(1987).

[6] T. Lei, K. F. Ludwig Jr., T. D. Moustakas, J. Appl. Phys. 74(7), 4430(1993).

[7] W. A. Melton, J. I. Pankove, J. Cryst. Growth 178, 168(1997).

[8] R. J. Molnar, Hydride Vapor Phase Epitaxial Growth of III – V Nitrides, in Semiconductors and Semimetals, Vol. 57. (New York, Elsevier Science and Technology Books, 1999), pp. 1 – 31.

[9] P. Waltereit, O. Brandt, et al., Nature 406, 865(2000).

[10] M. D. Craven, S. H. Lim, et al., Appl. Phys. Lett. 81(3), 469(2002).

[11] P. Kung, C. J. Sun, et al., J. Appl. Phys. 75(9), 4515(1994).

[12] B. A. Haskell, F. Wu, et al., Appl. Phys. Lett. 83(8), 1554(2003).

[13] T. Paskova, P. P. Paskov, et al., Phys. Stat. Sol. (A) 183(1), 197(2001).

[14] A. Shintani, S. Minagawa, J. Electrochem. Soc. 123(10), 1575(1976).

[15] R. Molnar, Hydride Vapor Phase Epitaxial Growth of III – IV Nitrides, in Semiconductors and Semimetals, vol. 57(Gallium Nitride II, ed. by T. D. Moustakas and J. I. Pankove, San Diego: Academic Press, 1999). pp. 1 – 31.

[16] E. V. Etzkorn, D. R. Clarke, J. Appl. Phys. 82(2), 1025(2001).

[17] T. Böttcher, S. Einfeldt, et al., Appl. Phys. Lett. 78(14), 1976(2001).

[18] H. Marchand, J. Ibbetson et al., MRS Internet J. Nitride Semicond. Res. 3, 3(1998).

[19] M. D. Craven, S. H. Lim, et al., Appl. Phys. Lett. 81(3), 469(2002).

[20] D. N. Zakharov, Z. Lilienthal – Weber, et al., Mat. Res. Soc. Symp. Proc. 798, Y5. 28. 1 – 6(2004).

[21] R. Armitage, H. Hirayama, Appl. Phys. Lett. 92, 092121(2008).

[22] T. Wei, R. Duan, et al., Jpn. J. Appl. Phys. 47(5), 3346(2008).

[23] O. Brandt, Y. J. Sun, et al., Phys. Rev. B 69, 165326(2004).

[24] B. Haskell, A. Chakraborty, et al., J. Electr. Mater. 34(4) 357 – 360(2005).

[25] X. Xu, R. P. Vaudo, et al., J. Cryst. Growth 246, 223 – 229(2002).

[26] A. E. Romanov, T. J. Baker, et al., J. Appl. Phys. 100, 023522(2006).

[27] X. H. Wu, C. R. Elsass, et al., Appl. Phys. Lett. 72(6), 692(1998).

[28] H. Marchand, J. P. Ibbetson, et al., J. Cryst. Growth 195, 328 – 332(1998).

[29] T. J. Baker, Ph. D. Dissertation, U. C. Santa Barbara(2006).

[30] T. J. Baker, B. A. Haskell, et al., Jpn. J. Appl. Phys. 44(29), L920 – L922(2005).

[31] B. A. Haskell, Ph. D. Dissertation, U. C. Santa Barbara(2005).

[32] B. A. Haskell, F. Wu, et al., Appl. Phys. Lett. 83(4), 644(2003).

[33] M. D. Craven, S. H. Lim, et al., Appl. Phys. Lett. 81(7), 1201(2002).

[34] B. M. Imer, F. Wu, S. P. DenBaars, J. S. Speck, Appl. Phys. Lett. 88, 061908(2006).

第6章　MOVPE 高生长速率技术

K. Matsumoto，H. Tokunaga，A. Ubukata，K. Ikenaga，Y. Fukuda，Y. Yano，

T. Tabuchi，Y. Kitamura，S. Koseki，A. Yamaguchi，K. Uematsu

摘要　在本章中，我们详细地讨论了采用金属有机气相外延（Metalorganic Vapor Phase Epitaxy，简称 MOVPE）技术生长 GaN 和 AlGaN 的生长机理，气相反应中的寄生反应最有可能是影响 GaN 和 AlGaN 最高生长速率的限制因素。本章介绍了金属有机化合物与氨气之间气相反应的实验和量子化学反应。从对气相反应的密切洞察中，我们开发了高速三层气流注入技术。通过采用三层气流注入技术，在标准大气压下，GaN 的生长速率高达 $28\mu m/h$。在保持该生长条件的情况下，二次离子质谱（Secondary Ion Mass Spectroscopy，简称 SIMS）和 X 射线衍射测试结果表明，$12\mu m/h$ 的生长速率将成为生长优质结晶质量材料（在电子和结构性能方面）的实际极限。

6.1　引言

目前，采用常规两步生长法的金属有机气相外延技术，可以在蓝宝石衬底上生长出位错密度低于 $10^8/cm^2$ 的 GaN 薄膜[1]。金属有机气相外延技术的高生长速率是一种很有前景的技术，它能够在同样的反应器中连续生长厚度较高、位错密度较低的 GaN 模板，并有望替代 GaN 晶体衬底。最近，Tanaka 等人报道了在厚度为 $100\mu m$ 的 GaN 上制作的 InGaN 发光二极管（Light - emitting Diode，简称 LED），采用金属有机气相外延技术的生长速率高达 $56\mu m/h$[2]。直到近期，大气环境中大规模采用金属有机气相外延生长 GaN 的生长速率被限制在每小时数微米。

近年来，对限制 MOVPE 高生长速率 GaN 的因素归纳如下。简单地说，阻碍 GaN 高生长速率的是气相反应中的微粒。Creighton 采用高流速条件的金属有机物，在倒置的反应器中观察纳米粒子，在热边界区域中通过原位激光散射技术来观察纳米颗粒[3]。Dauelsberg 等采用实验和模拟相结合的方法，报道了 MOVPE - GaN 生长速率作为气相反应中热梯度和流速的函数[4]。他们得出的结论是，淋浴式反应器的气相中存在的较高的温度梯度容易诱发纳米粒子的凝结，然后随前驱气体的移除而迁移到反应器中温度较低的区域。他们建

议，高流速对于消除水平反应器中的气相微粒生成至关重要。Hirako 和 Ohkawa 也报道了在水平反应器的入口区域，由于气相中存在较大的温度梯度而导致$[GaN]_4$分子的凝结[5]。综合考虑以上问题，就可以实现 GaN 的高生长速率。

在本章中，我们将描述：(1) AlGaN 和 GaN 的常规 MOVPE 生长特性；(2) 气相反应的量子化学研究；(3) 采用高速气流反应器实现高生长速率 GaN。采用高速气流技术，可以消除阻碍高生长速率的寄生反应。

6.2　传统 MOVPE 生长 AlGaN 和 GaN 的特性

在本节中，AlGaN 和 GaN 的生长是通过展示气相中的寄生反应的实验结果来描述的，这些数据是在大气压下使用水平流反应器获得的。

首先，我们将使用 2in 的单晶片反应器来描述 AlGaN 的生长，总流量约为 40L/min。图 6.1 展示了大气环境下 AlN 的生长速率作为生长温度 T_g 的函数[6]。从图中可以看出，当生长温度高于 500℃时，AlN 的生长速率急剧下降。这表明，包含三甲基铝（Trimethylaluminum，简称 TMA）和 NH_3 的寄生反应需要一些激活能来启动该过程。由于上游气相的温度远低于基座温度，三甲基铝和 NH_3 发生寄生反应的起始温度低于 500℃。图 6.2 展示了在恒定流量的三甲基镓（Trimethylgallium，简称 TMG）中，AlGaN 的生长速率作为三甲基铝注入流速的函数[6]。从图中可以看出，随着三甲基铝注入流量的增加，AlGaN 的生长速率逐渐降低，这意味着分子间的碰撞在增强寄生反应中扮演着重要作用。如果我们采用如克雷顿等人所建议的——所有的纳米粒子均是在蒸气阶段产生的[3]，那么上述实验结果将能得到很好的解释。

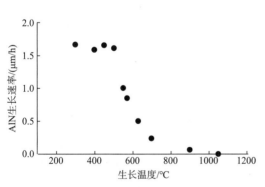

图 6.1　标准大气压下 AlN 的生长速率与生长温度(T_g)之间的函数关系[6]

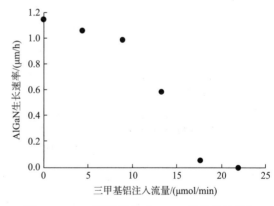

图 6.2　TMG 流量恒定时 AlGaN 的生长速率与三甲基铝注入量之间的函数关系[6]

上述实验结果可以归结为，三甲基铝与 NH_3 之间的快速反应形成了低聚物，该低聚物在水平反应器的上游区域很容易发生。与三甲基铝和 NH_3 的情况相反，三甲基镓和 NH_3 之间的反应是一个可逆的反应，即三甲基镓与 NH_3 之间的加合反应很容易通过热激发的方式来破坏分子。因此，三甲基镓与和 NH_3 之间几乎不发生加成链式反应。然而，当生长速率高于 10μm/h 时，我们可以看到寄生反应对 GaN 生长的影响。实际上，克雷顿在气相中利用 10 倍浓度的三甲基镓的生长条件观察到了纳米粒子，而通常 GaN 的生长速率为数微米/小时[3]。他们把纳米微粒的形成归因于自由基反应的方式而不是加合反应。基座上高的温度梯度也增强了 GaN 分子在热边界层顶上的聚集[4]。另一个重要的问题是反应器内的流体动力学，如果反应器中有气体的回流现象，我们将看到 GaN 以每小时数微米的生长速率而快速达到饱和。图 6.3 展示了沿气流方向 GaN 的生长速率与三甲基镓注入速率之间的函数关系[6]。生长反应器中有一个直径为 180mm 的转盘，一次可以处理 7in×2in 的硅片（TAIYO NIPPON SANSO SR‑6000）。晶片基座由电阻加热器加热，可旋转约一个轴向。三甲基镓流量注入的范围为 70～700μmol/min，反应器的压力设定为 1×10⁵Pa，载气的典型流量为 70L/min。NH₃ 的流量则保持恒定为 15L/min。将 H₂ 与 N₂（体积比为 50：50）的混合气体作为载气，生长温度为 1150℃。采用标准的低温 GaN 缓冲层技术，在这种情况下金属有机物和 NH₃ 在反应器的入口处混合。从反应室内壁上的沉积物可以判断，反应器中出现了意想不到的回流。通过流体动态仿真法，我们证实了形成回流的原因是上游气流膨胀区设计不当引起的。当三甲基镓的注入流量低于 400μmol/min 时，沿气流方向 GaN 的生长速率变化几乎是线性的。当三甲基镓保持相同的流量时，旋转的基座上 GaN 的平均生长速率约为 2μm/h。需要注意的是，当三甲基镓注入流量为 700μmol/min 时，GaN 的生长速率与晶圆位置之间具有非线性的函数关系；当三甲基镓的注入流量为 700μmol/min 时，下游 GaN 的生长速率几乎为零。这些结果充分表明，气相沉积（Chemical VaporDeposition，简称 CVD）过程可以产生纳米粒子[3]。通过改善气流，我们获得了一个完美的气流层，并成功地实现了当三甲基镓的注入流量为 700μmol/min 时，GaN 的生长速率超过 7μm/h[6]。在图 6.4 中，我们以改进流量设计的反应器展示了不同气流方向 GaN 的生长速率[6]。从图中可以看出，GaN 的生长速率呈线性下降趋势。反应器的概念将在 6.4 节，即高流速反应器中介绍。Lundin 等人还报道了在 8×10⁴Pa 条件下（生长区内固定的停留时间内）GaN 的饱和生长速率约为 4μm/h[7]。详细的反应过程将在下一节讨论。

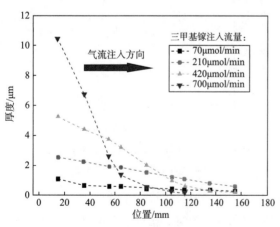

图 6.3　沿气流方向 GaN 的生长速率与
不同三甲基镓注入量之间的函数关系[6]

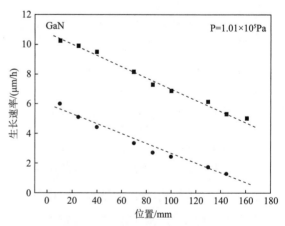

图 6.4　改进气流设计的反应器
沿气流方向 GaN 的生长速率[6]

6.3　气相反应的量子化学研究

在本节中，我们将描述一个基本过程，该过程被假设与寄生反应有关联。我们将讨论在NH_3过剩的条件下甲烷单分子从三甲基镓中的消除机理[8]。首先，我们阐明了金属有机物与NH_3的协调交互作用。对$M(CH_3)_3$分子：单独使用时(1a、1g和1i分别表示M = Al、Ga和In等)与氨形成一个非常稳定的复合物$(CH_3)_3M:NH_3$；由于M − N的配位键，发生以下反应：

$$M(CH_3)_3(1) + NH_3 \rightarrow (CH_3)_3M:NH_3(2) \tag{6.1}$$

稳定能最大的复合物在TMA：NH_3体系中。对Al为23.7kcal/mol，对Ga为18.92kcal/mol，对In为18.22kcal/mol，它们均可以形成没有能量势垒的配位键。

在NH_3过量的情况下，与三甲基镓形成稳定复合物的原因是，它的配位键带有两个NH_3分子，即$H_3N:(CH_3)_3Ga:NH_3(3g)$，同样没有能量势垒。形成过程如下式所述：

$$Ga(CH_3)_3(1g) + NH_3 \rightarrow (CH_3)_3Ga:NH_3(2g) \tag{6.2}$$

$$(CH_3)_3Ga:NH_3(2g) + NH_3 \rightarrow H_3N:Ga(CH_3)_3:NH_3(3g) \tag{6.3}$$

甲烷分子的消除也发生在NH_3过量的情况下，通过与复合物3g之间的分子内反应或者复合物2g与NH_3之间的碰撞反应实现。

$$H_3N:Ga(CH_3)_3:NH_3(3g) 或 [(CH_3)_3Ga:NH_3(2g) + NH_3] \tag{6.4}$$
$$\rightarrow 过渡态1[TS1] \rightarrow H_3N:Ga(CH_3)_2:NH_2(4g) + CH_4$$

图6.5中展示了TS1的几何构型[8]。值得注意的是，Bergmann等人通过四极质谱仪观察到了3g分子的片段[9]。

图6.6中显示了式(6.4)中所描述的能量图[8]。从图中可以看出，在每个$M(CH_3)_3$ + $2NH_3$体系中，当NH_3过量时，势垒高度因TS1的存在而降低。特别是三甲基铝的势能高度降低至4.67kcal/mol(如表6.1所示)[8]。因此，我们认为三甲基铝的气相反应在氨气过量存在下可快速进行。由于式(6.3)中第二个氨气分子稳定能量的协调性能相对较小，式(6.4)的主流将是配合物2与氨气分子之间的分子间反应以及由碰撞引起的有效能量的转移。在表6.1中，我们总结了体系能量的焓值。

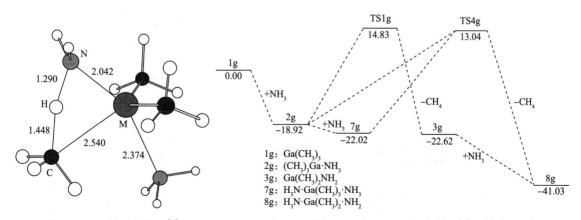

图6.5　TS1的几何构型[8]　　　　图6.6　式(6.4)中的能量图[8]

表 6.1 不同 NH_3 缔合态及 $M(CH_3)_3$ 与 NH_3 激发态的势能[8]

$M(CH_3)_3$	基态(a) $(CH_3)_3M:NH_3$	基态(b) $H_3N:(CH_3)_3M:NH_3$	(a)缔合一个 NH_3 的能量	(b)缔合两个 NH_3 的能量	$H_3N:(CH_3)_2$ 的能量
$Al(CH_3)_3$	−23.17	−28.86	7.37	4.67	−49.86
$Ga(CH_3)_3$	−18.92	−22.02	14.83	13.04	−41.03
$In(CH_3)_3$	−18.22	−25.83	13.96	7.17	−35.26

注：TS 能量随过量 NH_3 的缔合而降低，所有的能量单位均为 kcal/mol。

Watwe 等采用量子化学计算的方法，研究了三甲基镓和 NH_3 之间的气相化学反应。结果表明，$TMGa:(CH_3)_2GaNH_2:NH_3$ 具有消除甲烷最低标准自由能活化能势垒的能力[10]。如果我们假设 $(CH_3)_2GaNH_2$ 是从下游向回扩散的，那么这种催化反应将容易发生并生成低聚物。一旦低聚物开始生长，那么纳米粒子将通过迭代的方式产生。在下游区域，大多数前驱气体将在纳米颗粒的生长中被消耗[3]。由于 $[(CH_3)_3Ga:NH_2]_x$ 的分解速度是由气相环境的温度所决定的，而分解速率则与浓度无关。那么，$[(CH_3)_3Ga:NH_2]_x$ 的生长速率与它们和三甲基镓之间的碰撞频率成正比。因此，当三甲基镓处于临界注入流量时，$[(CH_3)_3Ga:NH_2]_x$ 将开始增长。在图 6.3 所示的特定情况下，GaN 的饱和生长速率约为 $2.5\mu m/h$。我们必须限制分子(如 $[(CH_3)_3Ga:NH_2]_x$ 等)在晶体生长近表面出现，并抑制纳米粒子的生成。我们试图在标准大气压下使用相同的反应器生长 AlGaN，由于无法消除大量的寄生反应而导致生长失败[11]。

Hirako 和 Ohkawa 通过流体动力学理论，计算了基本反应过程中反应物的空间分布。图 6.7 给出了 GaN 生长的主要步骤[12]。他们认为主要的反应途径是：(1)TMG：NH_3 加合物的形成；(2)从 TMG：NH_3 加合物中除去一个个甲烷；(3)形成 GaN 分子。作为副反应，形成了更高阶的分子。他们还计算了增加压强对反应副产物的影响(见图 6.8)[13]。在标准大气压下，生长表面附近的主要反应产物是 GaN 分子。然而，在降低压强时，主要的反应产物是 $(CH_3)_2Ga:NH_2$——这可能是在低压生长材料时，碳浓度较高的缘故[14]。在图 6.9 中，我们展示了 $[(CH_3)GaNH]_4$ 和 $[GaN]_4$ 的空间分布[12]。我们可以看到 $[GaN]_4$ 在生长区的入口温度梯度较大处凝结。

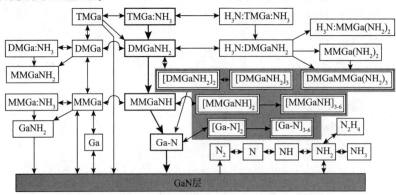

图 6.7 GaN 生长的主要步骤

注：主要的反应途径为：(1)TMG：NH_3 加合物的形成；(2)从 TMG：NH3 加合物中除掉甲烷，然后再除去其他甲烷；(3)形成 GaN 分子[12](版权归 APEX/JJAP 所有，本书已获得转载许可)。

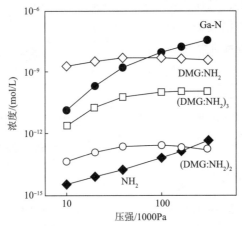

图 6.8 压强对生长反应副产物的影响

注：在标准大气压下，生长表面附近的主要反应产物为 GaN 分子，但高压生长的主要反应产物为 $(CH_3)_2$ Ga：NH_2[13][版权归威利 VCH Verlag 有限公司(Copyright Wiley – VCH Verlag GmbH&Co. KGaA)所有，本书已获得转载许可]。

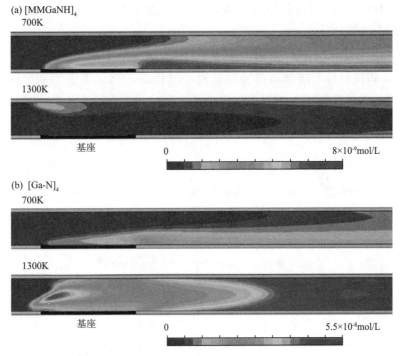

图 6.9 ［(CH_3) GaNH］$_4$ 和［GaN］$_4$ 的空间分布图

注：从图中可以看到，［GaN］$_4$ 在生长区域的入口处冷凝，这是由于存在较大温度梯度的原因[12]（版权归 APEX/JJAP 所有，本书已获得转载许可）。

6.4 GaN 的高流速反应器生长

图 6.9 展示了三层气流注入的反应器，它有一个额外的气体注入部分，位于传统双喷嘴的顶部[15]。如图 6.10 中所示，金属有机物和 NH_3 分别注入并混合在一起进行分子扩散。

在典型的流量注入条件下，气体分离器的间距以及它们之间的位置被设计为使有机金属化合物可以横向扩散到该层流动方向并且恰好在生长区域的入口处到达衬底表面。因此，加合物 $(CH_3)_3M：NH_3$ 的气体流将被来自热壁的气流进行分离并直至其到达生长区域。这种分离效应是有用的，它避免了上游不希望的寄生反应[6]。该类型的气体喷射装置对于降低高流速下的入口效应也是有用的。通过改变载

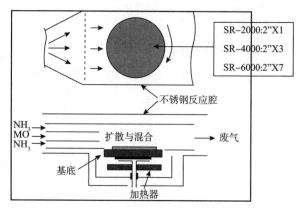

图 6.10　三层气体注入反应器（在传统的双喷嘴上部有一个额外的气体注入部分）[15]

气之间的流速比，沉积区前端附近的生长速率得到控制。当底部 NH_3 的载气流量大于金属有机气体的载气流量时，生长开始于气流的下游一侧。这是由于大流量导致了气流的加大，因此金属有机物必须经过较厚的底部流动层。相反，当底部气体的流量较小时，生长开始于流量的上游部分。

以压缩底部双通道气体流量的方式来增加顶部 NH_3 流量，也可以实现相同的效果[16]，这种方式在具有气体分离器装置的离心气体注入反应器中特别有用。对于大型高流速反应器，这种类型的反应器中的气体注入流速非常高。由于气体具有高流速，而金属有机物不能在距喷气喷嘴合理距离内到达晶圆表面，不具有三层气流注入的顶流附加抑制作用[17]。

对于高生长速率的 GaN，我们已经开发出具有一定生产规模的多晶片反应器（Taiyo Nippon Sanso Corp，SR23K）[18]。该反应器能够同时生长 10in×2in 或 8in×3in 的 GaN 晶圆，反应器的几何形状与参考文献中的行星式反应器相似[17]。我们在晶圆中心采用了特别设计的三层气流注入技术，当流速超过 1m/s 时，在标准大气压下生长 GaN 层，NH_3 和三甲基镓作为前驱气体，氢气和氮气的混合气体作为载气。

我们使用 SR23K 反应器，实现了 GaN 高达 28μm/h 的生长速率。在图 6.11 中，GaN 的生长速率作为归一化三甲基镓注入比的函数[18,19]。从图中可以看出，最大生长速率仅受三甲基镓注入量的影响。但无论生长速率如何变化，所有 GaN 样品的表面形貌都很光滑。

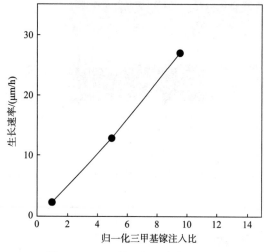

图 6.11　GaN 的生长速率与归一化三甲基镓注入量之间的函数关系[18]

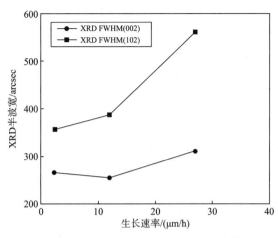

图 6.12　GaN(002)和(102)XRD 摇摆曲线的
半波宽与生长速率之间的函数关系[18]

图 6.12 展示了(002)和(102)衍射面的 XRD ω 扫描半波宽与生长速率之间的函数关系[18,19]。在实验中，NH_3 的流量固定为标况下 100L/min(Standard Litre per Minute，简称 SLM)，而三甲基镓的注入比可以变化。根据生长速率的变化 V/Ⅲ 比率为 300 ~ 3000。每个高温生长的 GaN 样品直接沉积在低温缓冲层上，样品的总厚度约为 4μm。

我们测得(002)对称衍射面的半波宽小于 300arcsec，而(102)非对称衍射面的半波宽分别为 350arcsec、390arcsec 和 560arcsec，对应的生长速率分别为 2.4μm/h、12μm/h 和 28μm/h。值得注意的是，即使高温 GaN 直接生长在低温缓冲层上，12μm/h 的生长速率也不会对 XRD 的半波宽产生很大的影响，但由此确定的最佳成核密度和发生的横向生长对于降低位错密度是非常重要的[20]。在初始生长阶段，相对较低的 V/Ⅲ 比有助于促进梯形面的形成[21]。低的 V/Ⅲ 比有助于降低高温生长的成核密度，进而使横向生长和位错弯曲数量降低[22]。当生长速率达到最高值 28μm/h 时，横向生长速率与纵向生长速率的比值减小，从而导致(102)衍射面的半波宽增大。

由于 V/Ⅲ 比影响了 GaN 的电学特性，因此我们测量了这些样品中的碳浓度和表面电阻。表 6.2 总结了 GaN 层的碳浓度和表面电阻随 V/Ⅲ 比和生长速率的变化关系[19]。从表中可以看出，当 V/Ⅲ 比为 600 时(生长速率为 12μm/h)，碳浓度为 $1.5 \times 10^{17}/cm^3$；当 V/Ⅲ 比为 300 时(生长速率为 28μm/h)，碳浓度为 $6 \times 10^{17}/cm^3$。可能是由于碳污染的缘故，当 V/Ⅲ 比为 300 时，生长速率达到最高值，此时 GaN 的表面电阻为 16000Ω/sq[利霍顿(Lehighton)测量的名义表面电阻]。然而应该注意的是，表面电阻也受到了初始聚合的影响(而不用考虑残余的碳浓度)。当有利早期聚合的生长条件时，表面电阻值趋于升高。当减缓初期聚合的生长条件时，外延层和蓝宝石衬底的界面附近经常形成泄漏电流通道。从这些结果来看，允许掺杂薄膜的可用生长速率的范围将低于 10μm/h。

表 6.2　GaN 中的碳浓度和表面电阻与生长速率之间的函数关系

生长速率/(μm/h)	2.4	12	28
V/Ⅲ	3000	600	300
碳浓度/cm^{-3}	2.5×10^{16}	1.5×10^{17}	6.0×10^{17}
表面电阻/(Ω/sq)	1200	4500	16000

注：其中 NH_3 的流量保持为 100SLM、表面电阻由利霍顿(Lehighton)测量[20]。

6.5 讨论和总结

为了与氢化物气相外延法(HVPE)进行比较,研究人员将 GaN 生长速率作为 V/Ⅲ 比的函数绘制在图 6.13 中[19]。值得注意的是,近期报道的 HVPE – GaN 的生长速率与金属有机气相外延法生长 GaN 的生长速率基本是一致的[23],文献[24~27]中 HVPE 的生长速率数据位于该线以下。文献[23]中 HVPE – GaN 的生长速率数据和我们金属有机气相外延的数据处于同一条直线上。当假设瓶颈反应过程由扩散控制,那么 NH_3 的流量注入量级则具有可比性时[23],HVPE 和目前 MOVPE 生长速率之间的差异可以采用 Ga 源注入的速率来解释。由于表面反应受限情况下的生长速率总是低于扩散受限生长条件下的生长速率,文献[24~27]中的不同生长条件,可以部分地解释图 6.13 中 HVPE 数据分散的原因。然而,由于这些参考文献中的生长温度非常相似,因此在 1000~1050℃的温度范围内,生长速率与生长设备之间的相关性将成为可能,因此 HCl 和金属 Ga 之间的不完全反应也是需要考虑的。

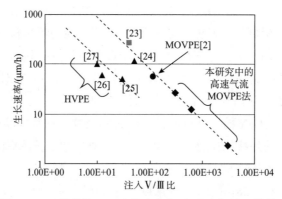

图6.13 已报道的 GaN 生长速率与 V/Ⅲ 之间的函数关系
注 该图是从文献[19]中修改而来,其中添加了文献[2]中的数据。

金属有机气相外延法生长 GaN 的最大生长速率受到限制的部分原因来自气相 GaN 分子之间的反应和产生的粒子的稳定性,因而 GaN 分子被认为是常压下金属有机气相外延技术的主要副产物[12]。加合反应也可以生成颗粒物,这是由于加合反应在上游的重要区域内会分解许多对反应不利的气相[28]。正如上一节所述,当上游区域出现气体湍流时,我们观察到,生长速率很快就达到了饱和。当在反应区内停留的时间过长时,生长速率达到饱和的情况也有报道[7]。生长速率达到饱和的状况取决于一些关键过程的停留时间,在反应区长时间停留的情况下,由任何原因而形成的 GaN 小团簇可能导致前驱气体达到过饱和状态。由于本文中的最高生长速率还没有达到真正的极限,我们可以预期,更高的生长速率可以采用增加三甲基镓的注入量来实现。实际上,如 Tanaka 等人报道的,当 InGaN LED 生长在厚度为 100μm 的 GaN 上时,金属有机气相外延法的最高生长速率可达 56μm/h[2],他们使用的 V/Ⅲ 比为 114(非常低的值)。如图 6.13 所示,我们可以看到他们的数据位于离 HVPE 和金属有机气相外延最接近的同一条线上。观察采用高流速金属有机气相外延生长 GaN 是否可以达到 HVPE 的生长速率是很有意思的。假如在上游区域通过加合过程产生的微粒能很好地受到适当的气流设计和气相温度分布的抑制，我们可能重点关注的是生长区域中 GaN 小团簇的稳定性。

作为补充讨论，考虑 HCl 在 HVPE 气相反应中的作用是很有趣的。HCl 是一种反应物，可以在 HVPE 中产生 GaCl。HCl 通常几乎完全消耗在源区，但在生长过程中与 NH$_3$ 之间的反应再次生成。当 GaN 小团簇由于某种原因在气相中形成时，聚集的 GaN 单分子团簇会因为消耗而减少，使沉积在小团簇表面及 HCl 浓度过量，这样促使 HCl 发生逆反应，将 GaN 小团簇转化为 GaCl 和 NH$_3$——这个过程提供了负面的效果并消除 GaN 团簇的形成和生长。值得注意的是，高浓度的 NH$_3$ 可以通过逆反应起到分解 GaN 小团簇并稳定 GaN 的作用。在气相中没有有效刻蚀反应的情况下，金属有机气相外延生长 GaN 可获得的最大生长速率将小于 HVPE – GaN 的生长速率。基于以上考虑，气相中 GaN 小团簇的形成应该在金属有机气相外延中受到严格抑制。为了消除加合反应发生的可能性，我们建议尽可能地降低加合反应——这是由于加合反应分解增强了 NH$_3$ 的过量[8]。目前，金属有机气相外延生长 GaN 的生长速度的局限性属于开放性的讨论。

参考文献

[1] K. Hoshino, N. Yanagita, M. Araki, K. Tadatomo, J. Cryst. Growth 298, 232(2007).

[2] Y. Tanaka, J. Ando, D. Iida, M. Iwaya, S. Kamiyama, H. Amano, I. Akasaki, Phys. Stat. Sol. (C) 5, 3073(2008).

[3] J. R. Creighton, G. T. Wang, W. G. Breiland, M. E. Coltrin, J. Cryst. Growth 261, 204(2004).

[4] M. Dauelsberg, C. Martin, H. Protzmann, A. R. Boyd, E. J. Thrush, J. Kappeler, M. Heuken, R. A. Talalaev, E. V. Yakovlev, A. V. Kondratyev, J. Cryst. Growth 298, 418(2007).

[5] A. Hirako, K. Kusakabe, K. Ohkawa, Jpn. J. Appl. Phys. 44(2), 874(2005).

[6] K. Matsumoto, A. Tachibana, J. Cryst. Growth 272, 360(2004).

[7] W. V. Lundin, E. E. Zavarin, D. S. Sizov, M. A. Sinitsin, A. F. Tsatsul'nikov, A. V. Kondratyev, E. V. Yakovlev, R. A. Talalaev, J. Cryst. Growth 287, 605(2006).

[8] K. Nakamura, O. Makino, A. Tachibana, K. Matsumoto, J. Organometallic Chem. 611, 514(2000).

[9] U. Bergmann, V. Reimer, B. Atakan, Phys. Chem. Chem. Phys. 1, 5593(1999).

[10] R. M. Watwe, J. A. Dumesic, T. F. Kuech, J. Cryst. Growth 221, 751(2000).

[11] H. Tokunaga, H. Tan, Y. Inaishi, T. Arai, A. Yamaguchi, J. Hidaka, J. Cryst. Growth 221, 616(2000).

[12] A. Hirako, K. Kusabake, K. Ohkawa, Jpn. J. Appl. Phys. 44(2), 874(2005).

[13] K. Kusakabe, A. Hirako, S. Tanaka, K. Ohkawa, Phys. Stat. Sol. (C) 1, 2569(2004).

[14] D. D. Koleske, A. E. Wickenden, R. L. Henry, M. E. Twigg, J. Cryst. Growth 242, 55(2002).

[15] K. Uchida, H. Tokunaga, Y. Inaishi, N. Akutsu, K. Matsumoto, T. Itoh, T. Egawa, T. Jimbo, M. Umeno, Mater. Res. Soc. Symp. Proc. 449, 129(1997).

[16] K. Matsumoto, T. Arai, H. Tokunaga, Vacuum 51(4), 699(1998).

[17] C. Martin, M. Dauelsberg, H. Protzmann, A. R. Boyd, E. J. Thrush, M. Heuken, R. A. Talalaev, E. V. Yakovlev, A. V. Kondratyev, J. Cryst. Growth 303, 318(2007).

[18] H. Tokunaga, Y. Fukuda, A. Ubukata, K. Ikenaga, Y. Inaishi, T. Orita, S. Hasaka, Y. Kitamura, A. Yamaguchi, S. Koseki, K. Uematsu, N. Tomita, N. Akutsu, K. Matsumoto, Phys. Stat. Sol. (C) 5(9), 3017(2008).

[19] K. Matsumoto, H. Tokunaga, A. Ubukata, K. Ikenaga, Y. Fukuda, T. Tabuchi, Y. Kitamura, S. Koseki, A. Yamaguchi, K. Uematsu, J. Cryst. Growth 310, 3950(2008).

[20] P. Fini, X. Wu, E. J. Tarsa, Y. Golan, V. Srikant, S. Keller, S. P. DenBaars, J. S. Speck, Jpn. J. Appl. Phys. 37, 4460(1998).

[21] H. Miyake, A. Motogaito, K. Hiramatsu, Jpn. J. Appl. Phys. 38, L1000 – L1002(1999).

[22] D. D. Koleske, A. J. Fisher, A. A. Allerman, C. C. Mitchell, K. C. Cross, S. R. Kurtz, J. J. Figiel, K. W. Fullmer, W. G. Breiland, Appl. Phys. Lett. 81, 1940(2002).

[23] K. Fujito, K. Kiyomi, T. Mochizuki, H. Oota, H. Namita, S. Nagao, I. Fujimura, Phys. Stat. Sol. (A) 205(5), 1056(2008).

[24] Hwa – Mok Kim et al., IPAP Conf. Series 1, 49.

[25] Sung. S. Park et al., IPAP Conf. Series 1, 60.

[26] K. Motoki, T. Okahisa, N. Matsumoto, M. Matsushima, H. Kimura, H. Kasai, K. Takemoto, K. Uematsu, T. Hirano, M. Nakayama, S. Nakahata, M. Ueno, D. Hara, Y. Kumagai, A. Koukitu, H. Seki, Jpn. J. Appl. Phys. 40, L140(2001).

[27] Y. Oshima, T. Eri, M. Shibata, H. Sunakawa, A. Usui, Phys. Stat. Sol. (A) 194(2), 554(2002).

[28] A. Thon, T. F. Kuech, Appl. Phys. Lett. 69, 55(1996).

第7章 氨碱条件下 GaN 的氨热生长技术

R. Doradzi′nski, R. Dwili′nski, J. Garczy′nski, L. P. Sierzputowski, Y. Kanbara

摘要

在本章中，我们将介绍几种碱性体系中合成 GaN 的氨热法的物理和化学基础知识，并揭示真正的 GaN 晶体优异的结构参数和广泛的电学性质。制备的 GaN 晶体的位错密度低至 $5 \times 10^3/cm^2$，GaN 晶体摇摆曲线的半波宽非常窄（数值为 16arcsec）。无论晶体尺寸大小如何，晶体的曲率半径均超过了 100m，而最优质 GaN 晶体的曲率半径超过了 1000m。氨热法制备的极性和非极性 GaN 衬底同样具有完美的晶体特性，还可以生长出优质的无应变的同质 GaN 外延层。GaN 的发光特性主要由大量完美的激子结构所决定，该结构要求在样品表面的整个范围内保持均匀。在高浓度激发条件下，我们还观察到了双光子发射，光致发光测试的均匀性表明晶体的结构和微观测量之间具有良好的一致性。

我们深信，由于氨热法具有完美的可扩展性，因而能在大规模生产中广泛使用大直径(2in 以上)的 GaN 衬底，这将有望在大功率 GaN 基器件的制造方面取得突破。

7.1 引言

目前，新一代高效率照明和大功率电子器件产品正在为实现全世界工业节能创新技术做出贡献。在这种背景下，GaN 因其材料的优异性能而备受关注，这些性能对于短波光电子器件和大功率电子器件的应用非常有用[1,2]，如白光或彩色发光二极管、蓝光激光二极管(Laser Diode，简称 LD)、紫外光检测器和大功率高频晶体管等。然而，目前可用于器件的 GaN 均采用异质外延生长的方式沉积而成，由此生长的 GaN 薄膜具有较高的缺陷浓度，主要原因是异质衬底与 GaN 之间的晶格常数和热膨胀系数存在差异。因此，由于缺乏生长同质外延结构的合适衬底，使得具有足够高的发光效率、低成本的光电子器件和高温电子器件的开发与研究受到限制。在这种情况下，使用真正的 GaN 衬底将是解决该问题的理想的方案。

熔体结晶的标准方法[切克劳斯基法(Czochralski 法)，又称直拉法，是 1918 年由切克劳斯基建立起来的一种晶体生长方法，简称 CZ 法；布里奇曼法(Bridgman)]不适合用于 GaN 生长，这是由于 GaN 在高温下容易分解成金属 Ga 和 N_2。在高压氮气法(High Nitrogen Pressure Method，简称 HNP)的高压条件下，这种分解过程由于氮气的存在而受到抑制[3,4]。使用熔融状态 Ga 进行 GaN 单晶生长时，不但需要高温(约 1500℃)，而且需要极高的氮气压强(约 1.5×10^9 Pa)。高压条件使用的小生长室还可抑制非晶生长对晶体尺寸长大施加的严重影响。除了高压氮气法技术之外，还有很多生长 GaN 晶体备选的方法被研发出来[5~7]。通过使用不同的气相外延(如氢化物蒸气、HVPE 等)技术，研究人员已经在生长厚 GaN 外延层方面取得了令人满意的进展[5]——通过这些生长方式制备的衬底材料实现了 10 年前基于蓝光激光器的光存储介质商业化的突破[8]。然而，目前制备的 GaN 晶体结构仍然遭受着起源于非本征籽晶材料诱发的大量位错密度的影响。即使在籽晶分离后，自支撑 HVPE – GaN 仍然受到较高的应力而发生翘曲。除 HVPE 生长技术之外，研究人员还开发了 GaN 生长的其他方法。例如，当与 HVPE 相比，钠流量法具有许多优点(其中当然会涉及结晶质量)[6]。但是仍然存在许多问题亟待解决，如籽晶的劣质生长、结晶的不均匀性、镶嵌结构和延展性差等。

7.2　生长方法

我们提出采用氨热法(Ammonothermal，简称 AMMONO)来克服上述提及的障碍。氨热法的主要动机是，采用"化学能"来降低氮化物结晶时需要的高能量。该法类似于水热结晶技术，其中超临界水溶液用于氧化物的重结晶(每年生产数千吨，每千克数美元的费用)[9]。氨热法被认为是一种类似于水热的方法，它使用超临界的氨(而不是水)作为溶剂来生长氮化物(而不是氧化物)。首先，氨热法能够生长大直径、具有完美结晶质量的籽晶；其次，在相对较低的温度和压强下，氨热法生长过程重复性高且易于控制；再次，氨热法具有优异的可扩展性——在许多晶体的生长过程中消耗的材料成本最低(封闭系统)；最后，已经证明，氨热法使用超临界的氨能降低生长温度及氮化物生长的压强。

很多年来，我们的研究小组一直在所谓的氨碱环境中研发氨热法。20 世纪 90 年代中期，R. Dwilinski 等人的研究表明，在氨基碱金属($LiNH_2$ 或 KNH_2)存在的情况下[10]，通过 Ga 和 NH_3 之间的化学反应有可能获得细晶状的 GaN 晶体，氨基碱金属化合物扮演着矿化剂，具有增强熔剂活性的作用，生长工艺需要在 550℃的温度和高达 5×10^8 Pa 的压强下进行——制备的 GaN 晶体为纤锌矿结构的微晶粉末，晶粒尺寸可达 $5\mu m$[10,11]。另外，对于添加了稀土元素的样品，随着黄带的降低，在近带边发射峰附近观察到数个尖锐的声子峰[12]——这表明稀土对氧原子具有很高的亲合力，并导致自由电子的浓度降低[13]。

20 世纪 90 年代末，Kolis 等人用氨作为溶剂，在温度为 400℃、压强为 2.4×10^8 Pa 的条件下实现了 GaN 晶体的生长[14]。他们获得了棱柱针状或者透明的片状 GaN 晶体，其尺寸达到 $0.5mm \times 0.2mm \times 0.10mm^3$[15]，这主要归功于矿化剂[如 Na^+、K^+ 等碱金属铵盐及其他矿物质(MX，M = Li、Na、K；X = Cl、I)]的广泛使用。在酸性体系中，氨热合成法主要由金属 Ga 和卤化铵(NH_4X，其中 X = Cl、Br、I 等)发生反应，生成闪锌矿结构 GaN(属立方晶系)粉末[16]或者六方晶系和立方晶系的 GaN 混合物——取决于生长温度。当生长的初始压强为 $7 \times 10^7 Pa$、温度梯度为 10K/cm 时，使用 GaN 重结晶技术和 NH_4Cl 作为矿化剂，在温度为 500℃、$1.2 \times 10^8 Pa$ 的较低压强下可获得针状 GaN 晶体，其晶粒直径达到数十微米，长度达到数百微米[17]。在早期阶段的研究中，由于 GaN 的生长和重结晶属于自发反应，此时获得的晶体尺寸相对较小。目前，利用温度梯度场中的化学输运，氨热法在生长大尺寸晶体方面取得了重大进展。该方法由发明人在 AMMONO sp. z. o. o 公司进行了大规模的改进，与日亚(Nichia)公司的合作始于 21 世纪初期[18~20]。

7.2.1 氨热生长法的物理化学基础

如前文所述，氨热技术的观点启发于水热技术领域——该法曾用于石英的批量生产。因此，氨热法晶体生长过程的方案如下：含 GaN 的原料溶解在高压釜(溶解区)的某个区域内，在温度梯度的作用下对流输运到第二区(结晶区)，此时 GaN 由于过饱和而在本征籽晶上结晶生成晶体(如图 7.1 所示)。另外，使用矿化剂对于提高 GaN 在氨中的溶解度是必要的，这是由于矿化剂的引入可以增强 GaN 在铵盐中的溶解度。矿化剂通过引入 NH_2^- 解决了氨热生长法中形成碱性生长环境的问题，而 NH_4^+ 则存在于酸性生长的环境中，或者存在于中性的环境中。缺乏矿化剂意味着酰胺和铵离子是氨的唯一离解方式(根据反应 $2NH_3 \rightleftharpoons NH_4^+ + NH_2^-$)。这些自发分解的酰胺和铵离子的浓度似乎可以忽略不计，这是由于我们没有观察到纯

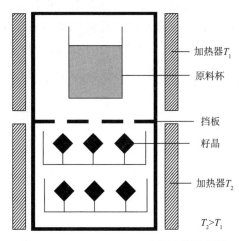

图 7.1 AMMONO – GaN 生长法的示意图

(图中标注：加热器T_1、原料杯、挡板、籽晶、加热器T_2、$T_2 > T_1$)

NH_3 在生长 GaN 的过程中具有的显著影响。矿化剂的选择决定了生长环境的类型(碱性、酸性或中性)，因此也是氨热生长法的基本条件。在碱性体系中，我们经常使用的是纯碱金属或碱金属酰胺($LiNH_2$、$NaNH_2$ 或 $LiNH_2$)；而在氨酸的环境中，我们通常使用 NH_4Cl 或 NH_4I。

在 AMMONO 公司实施的氨碱条件下，通过精确的化学反应，我们对 GaN 合成和重结晶的过程尚不清楚。这是因为生长是在一个封闭的、不可访问的高压灭菌空间中进行的。但是，由于酰胺镓形成[$Ga(NH_2)_3$ 和亚酰胺镓，但 $Ga_2(NH)_3$ 似乎是热力学特有的反应产物]，因此可以假设 AMMONO 方法中的一系列反应。这些酰胺或酰亚胺在生长温度下具有不稳定性，并易于形成氮化物，但也可以获得这些酰胺与碱金属的复合物[如 $KGa(NH_2)_4$]作为过渡化合物，但不会改变最终生成 GaN 的反应方案。在氨碱环境中，以下情

况也是可能发生的：矿化剂(通过 NH_2^- 离子)在溶解区攻击含氮化物的原料，生成可溶性的金属氨化物[如 $KGa(NH_2)_4$ 或 $Na_2Ga(NH_2)_5$]。在初始温度和初始压强下，发生以下化学反应[21]：

$$KNH_2 + GaN + 2NH_3 \rightarrow KGa(NH_2)_4 \qquad (7.1)$$

$$GaN + 2NaNH_2 + 2NH_3 \rightarrow Na_2Ga(NH_2)_5 \qquad (7.2)$$

在对流作用下输运到结晶区后，从结晶区存在的可溶性中间体到存在第二温度和第二压强的 GaN 籽晶上发生重结晶，这个过程是式(7.1)和式(7.2)的逆反应。该反应的典型温度和压强分别为 $400 \sim 600\,℃$ 和 $1 \times 10^8 \sim 3 \times 10^8\,Pa$，以及适当的温度梯度并保持溶解区对流。

一些研究团队已经采用流体输运的方法，在氨碱环境中[18~25]和氨酸环境中[26~28]合成了 GaN，并取得了一些重要的研究成果。2006 年，Wang 等人的研究结果表明，使用 GaN 作为反应物生长的 GaN 单晶尺寸不超过 $10mm \times 10mm \times 1mm$[22]。桥本(Hashimoto)等人观察到，如果金属 Ga 作为溶解区中的反应物，GaN 籽晶自发形核的沉积物最大尺寸为 $10\mu m$[24]。德伊夫林(D'Evelyn)等人通过高温氨热流体输运技术，成功地在 HVPE 籽晶上生长出毫米级尺寸的 GaN 晶体[25]，他们还描述了降低 GaN 杂质浓度、晶圆生长甚至在氨热 GaN 衬底上生长同质外延激光二极管方面的进展。最近，研究人员利用流体输运技术，在 $3cm \times 4cm$ HVPE 椭圆形衬底上[29]，使用 $1in$ 大小的籽晶生长出厚度约为 $0.5mm$ 的 GaN 单晶[30]。在这项工作中，我们描述了碱性体系中 $2in$ 的真正体 GaN 晶体的生长。

7.2.2 溶解度测量

将碱金属或其化合物引入反应区时，GaN 在超临界氨中表现出良好的溶解性。溶解度可以由摩尔百分比进行定义：$S_m = GaN^{solvent} / (MeNH_2 + NH_3) \times 100\%$(Me 为碱金属)。图 7.2 展示了在 $KNH_2 : NH_3 = 0.07$ 的 KNH_2 和 NH_3 的混合体系中，GaN 在超临界溶剂中的溶解度与温度($400 \sim 500\,℃$)和压强之间的函数关系。图中的数据清楚表明，GaN 的溶解度 S 随着压强的增加呈单调增长的趋势。但当压强保持不变时，在整个测量温度范围内，$400\,℃$ 时 GaN 的溶解度高于 $500\,℃$ 时的溶解度。从表面上看，这表明 GaN 的溶解度具有负温度系数$[(dS/dT)_p < 0]$和正压强系数$[(dS/dp)_T > 0]$。其他碱性矿化剂中也观察到了相似的规律。在这个温度区间内，这似乎成了一个重要的规则。R. T. 德维

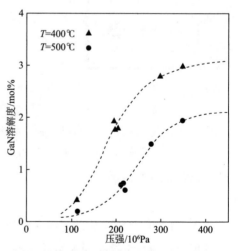

图 7.2 温度为 $400\,℃$ 和 $500\,℃$ 时，GaN 在超临界熔体中的溶解度与压强之间的函数关系(其中 $KNH_2 - NH_3$ 体系的摩尔比为 $KNH_2 : NH_3 = 0.07$)

林斯基等在 2000 年初首次观察到了 GaN 在碱性介质中的这种反常溶解性[18]——这与氨酸性条件相反（GaN 的溶解度具有正温度系数）。这种不寻常的行为对 GaN 在碱性溶剂中的输运性能具有重要的影响，在高压釜设计上的描述将在下一节展开。特别是，溶解度的负温度系数意味着，在温度梯度存在的情况下，可溶性的 GaN 将以化学输运的形式从温度较低（更高的溶解度）的溶解区到温度较高的结晶区（较低的溶解度）实现沉积。

7.2.3 相平衡

高压釜必须满足材料和设计方面的一些要求，它必须在高压高温的情况下使氨气保持许多天。适合于这种结构的材料似乎是镍基超合金材料，它们在超临界氨气环境中具有优异的机械性能、高电阻率以及耐化学侵蚀等特点。从金属高压釜的基本特征角度来看，该类材料非常适合于作为高温高压釜的候选材料。相反，酸性溶剂对 Ni 基超合金材料则具有灾难性的影响。这个问题的部分解决方案是采用密封的贵金属（如铂）作为反应釜的内衬[17]，但其成本昂贵，高压釜遭到破坏的风险仍然不可忽视。就氨碱矿化剂而言，超临界熔体对高压釜的材料不具有破坏性。该项特征实际上消除了高压釜发生破裂的风险，从安全性和成本效益的角度来考虑，这自然是非常重要的一个方面。事实上，GaN 的化学输运是从低温区引导到高压釜的高温区，自发对流成为质量输运的驱动力，因而必须将高温区（含籽晶）放置在下游的低温区（含原料）以确保有效的重结晶过程。这种装置在图 7.1 中进行了简要的说明，我们在图中已经展示了 GaN 原料和 GaN 籽晶的位置。

高压釜被设计为封闭系统，其中溶解区和重结晶区由挡板隔开，并至少保留一个开口（见图 7.1）。开口的尺寸应当足够大，以允许区域之间进行质量传输，但也应足够小以维持反应器中的温度梯度（限制热传输）。开口的合适尺寸取决于反应器的尺寸和结构的细节。采用两个独立的加热装置分别对两个不同的区域进行加热，以便在适当的温度梯度中实现溶解过程和结晶过程。

7.2.4 籽晶重结晶

氨碱法是被证明是氨热法的一种高度可控的版本，这意味着有可能设计出一种工艺可将籽晶置于其中并发生独特的重结晶，而且这种工艺还可以根据高压釜的大小进行设置。这里最主要的问题在于，当以这样的方式进行反应时，结晶区中溶液的过饱和度不是很高。当超过某个过饱和的阈值时，GaN 将出现自发形核并阻碍籽晶的生长。这些高度重要的因素包括温度－时间曲线、温度的空间分布以及釜内结构元件的布局（例如挡板、坩埚、籽晶架等）。

我们对氨热技术的长期经验表明，通过氨热法获得的晶体（A－GaN 晶体）将作为进一步生长大尺寸晶体的籽晶等用途。此外，没有观察到结晶质量随着晶体厚度的变化，我们还进一步确认了与高压釜的尺寸相一致的、生长完美籽晶的可能性。值得一提的是，AM-MONO 团队目前没有发现任何增大晶体尺寸遭遇的障碍，包括增加高压釜的直径。具有上述特征的氨碱法为生产极性衬底(超过2in直径)和具有竞争性尺寸的非极性衬底提供了极好的机遇——这将需要大规模的设备来处理涉及超临界氨的压强来制造大量优质的籽晶。

现在让我们提醒并再次强调,氨碱法作为氨热法的一种(我们使用的方法),其优点是[与酸性环境中的GaN的溶解度具有正温度系数$((dS/dT)_p>0)$和GaN从高温区输运到低温区做对比],首先,溶剂的基本特性对于高压釜不具有破坏性。其次,你必须考虑到,即使是Ni-Cr合金,它们的强度也是有限的,因而不能超过某些温度-压力曲线所规定的条件。因此,以上的这些优点对于GaN在高温区结晶是有利的,并将导致更高质量和更低位错密度的晶体生长。再次,正如文献所报道的那样,酸性体系在某些条件下容易形成立方晶系GaN,而在碱性体系中易于形成纯六方结构的GaN[26,27](如7.3.1节所阐述)。最后,我们至少还应当注意的一点是,逆行GaN输运的方向可以降低与其他不良相(例如微沉淀物)生长GaN的污染水平——因为它们被输运到生长系统中温度较低的区域。

7.2.5 掺杂

氨热法通过将合适的掺杂剂前驱物引入高压釜中,并将其添加到原料中,就可以轻易地将施主杂质和受主杂质掺杂到GaN单晶中。在通常情况下,我们可以根据衬底所希望的性质来选择不同的施主掺杂剂、受主掺杂剂和磁性掺杂剂。经过优化,施主掺杂剂来自Si和O,而受主掺杂剂来自Zn和Mg。此外,我们还可以进一步控制掺杂剂的浓度以改变晶体的光学和电学性质以及从高电导率到半绝缘性质[31](详见7.3节)。在通常状况下,这些掺杂剂的浓度范围为$10^{17} \sim 10^{21}/cm^3$,并取决于晶体的最终应用领域。

7.2.6 晶体加工

图7.3(a)展示了我们的第一个2in籽晶的单晶,它来自2in衬底上的切片;在图7.3(b)中,我们也展示了典型的1in衬底。AMMONO-GaN衬底是一种经抛光的c面晶向晶圆,从大尺寸晶体上切割成圆形。由于高压釜直径的可扩展性与氨热法的完美结合,我们能够将生长尺寸扩大到1.5in,如图7.3(b)所示。最近,AMMONO Sp. z. o. o公司开始增加用于制造2in晶圆的晶体数量[见图7.3(a)],这可能有助于更加有效地在真正的GaN衬底上生长光电子器件。

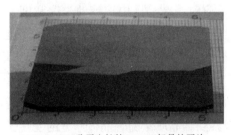

(a)AMMONO公司生长的2in GaN籽晶的照片

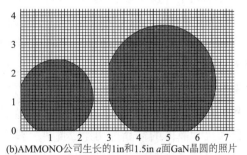

(b)AMMONO公司生长的1in和1.5in a面GaN晶圆的照片

图7.3 AMMONO公司生长的2in GaN籽晶及1in、1.5in a面GaN晶圆的照片

对于非极性的光电子器件而言，由于缺乏内建电场，m 面 GaN 衬底甚至更有前途和有趣(例如绿色激光器)。目前已经采用 HVPE 生长法[32,33]，通过沿着适当的方向切割 c 面生长的块体晶锭，就可以获得所需的非极性面衬底材料，其尺寸大小为 $1cm^2$ 的正方形。类似的方法可应用于通过氨热法生长的 GaN 晶体，在这种情况下，与 2in 相比，更大尺寸的半极性或非极性 GaN 衬底可以从更小直径的 HVPE - GaN 晶锭中获得。图 7.4(a) 展示了厚度约为 1in 的 GaN 晶体的照片，它来自尺寸大小为 10.5mm×19mm 的非极性衬底[如图 7.4(b)所示][34]。生长半极性面的晶体[如(201)晶面]也可以采用这种方法实现。

   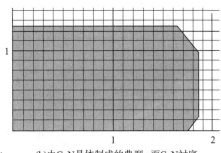

(a)厚度为1in a面GaN晶体的照片   (b)由GaN晶体制成的典型m面GaN衬底

图 7.4   厚度为 1in a 面 GaN 晶体的照片及由该晶体制成的典型的 m 面 GaN 衬底

制备的晶片必须通过机械或化学机械的方法(Chemico - mechanical Polishing，简称CMP)进行适当抛光，以获得用于外延生长的光洁表面。采用金属有机气相外延法将制备的 a 面 GaN 衬底应用于同质外延生长，并且以这种方式获得了优异性能的外延层。这些外延层的晶体结构和光学性质将在第 7.4 节中进行阐述。

7.3   晶体表征

7.3.1   结构性质

由于 AMMONO - Bulk 法能够生长出优质的籽晶，可以进一步繁殖和再生长而没有明显的质量损失，因此，AMMONO - GaN 晶体具有优异的结构特性。所有本节所描述的 AMMONO - GaN 晶体数据包括各种形状和尺寸测量的结构数据，并不影响它们的性能。氨热法生长的纯六方相 GaN 通过粉末单晶的衍射法测定(如图 7.5所示)[21]。此外，我们对氨热法获得 N 面 GaN(002)进行了 X 射线摇

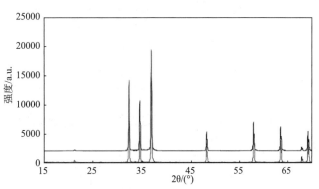

图 7.5   粉末状 a 面 GaN 晶体的 X 射线衍射图

摆曲线测试，使用的是 Panalytical X'Pert Pro MRD 高分辨率 XRD，以 Cu Kα_1 作为射线源，电压 $U = 40\text{kV}$，电流 $I = 20\text{mA}$，角度分辨率为 $0.0001°$，入射光束的狭缝宽度为 $0.1\text{mm} \times$

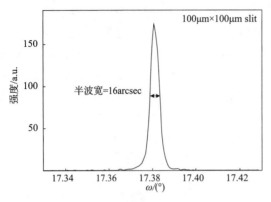

图 7.6   a 面 GaN 晶体(0002)X 射线的摇摆曲线

0.1mm，衍射光束为开放式的检测器模式。优异的结晶度表现出的半波宽仅为 16arcsec (如图 7.6 所示)。我们也强调，不对称的 GaN(014) 和 GaN(115)，其半波宽也和 (002) 的半波宽非常接近。通过采用高分辨率的单色器和完美校准的低直径光斑 [低于 1μm 的 X 射线同步辐射 Spring - 8 装置位于日本兵库(Hyogo)]，我们观察到半波宽进一步缩小到 10arcsec[21]。与氨酸性条件下直接采用 HVPE 籽晶获得的 GaN 相

比(大约 100arcsec)，这仍然是非常低的半波宽值[35]。具有如此优异结构性质的本质原因，可能是使用了氨热 GaN 作为籽晶，并产生了越来越多的新一代无质量损失的 AMMONO - GaN 晶体。

如图 7.7 所示，AMMONO - GaN 的结构特性还可以采用倒易空间图表示。左边的图像为(Q_x，Q_y)，对应于真正 A - GaN 晶体(002)倒易空间映射的对称反射的横截面，右边的图像为生长在蓝宝石衬底上具有高应力的 GaN 层(见图 7.7)。通常的结论是，AMMONO - GaN 晶体显示出优良的单晶结构，没有镶嵌结构和低角度晶界，沿着 Q_x 方向的扩展(半波宽 $Q_x = 0.0008\text{rlu}$)非常小，尤其是与生长在蓝宝石上 GaN 外延层的展宽相比。

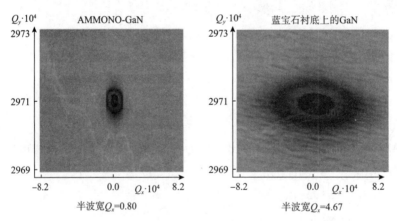

图 7.7   真正的体 a 面 GaN 晶体(左图)和生长在蓝宝石上的 GaN 外延层(右图)(0002)的倒易空间映射图

另外，可以通过求解一组方程式(7.3)来确定 AMMONO - GaN 中的两个晶格参数 a 和 c:

$$\frac{1}{d_{hkl}^2} = \frac{4}{3}\left(\frac{h^2 + hk + k^2}{a^2}\right) + \frac{l^2}{c^2} \tag{7.3}$$

hkl – Miller 指数揭示了 GaN 的两个不对称面 [(114) 和 (015)] 在倒易空间中的面间距 d_{114} 和 d_{015} 之间的关系。对相同晶体的几个测量点重复该方法，测量非有意掺杂的 n 型 GaN 晶体，我们得到了 GaN 的平均晶格参数 $a = 3.18919 \pm 0.00030$Å，$c = 5.18529 \pm 0.00015$Å；半绝缘晶体的平均晶格参数 $a = 3.18896 \pm 0.00023$Å，$c = 5.18539 \pm 0.00014$Å；p 型 GaN 晶体的平均晶格常数为 $a = 3.18871 \pm 0.00028$Å，$c = 5.18551 \pm 0.00020$Å。我们需要强调的是，测量结果具有很高的分辨率，整个晶格参数具有非常低的梯度变化，所获得的测量值可以作为无应变 GaN 的参考晶格参数。为了便于比较，高压氮气法生长的 GaN 晶体的晶格参数 $a = 3.1881 \sim 3.1890 \pm 0.0003$Å，$c = 5.1846 \sim 5.1864 \pm 0.0002$Å[36]。

我们还对 AMMONO – GaN 晶格的曲率半径进行了测量。为了便于比较分析结果，首先对自支撑 HVPE – GaN 进行类似的测量。HVPE – GaN 测量包括从 (002) 大约十几个面 X 射线的摇摆曲线，沿晶圆以 5mm 间隔的共线点进行测量，测量的典型结果如图 7.8 所示。由于晶格弯曲，衍射峰的最大值在 α 轴上进行系统移动——这种移动反映了一个事实，即当沿着测量线移动时，(002) 面的倾斜系统将发生相应的变化。对于每对极大值，我们可以计算出相应的曲率半径。如图 7.8 右侧的表格所示，HVPE – GaN 的曲率半径在 $2 \sim 12$m。

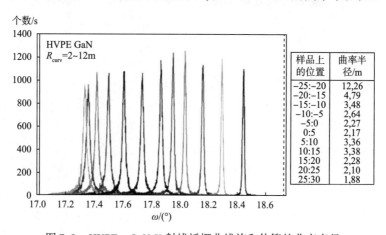

图 7.8　HVPE – GaN X 射线摇摆曲线族和估算的曲率半径

与以上测量方法相反的情况是，对 AMMONO – GaN 样品基本保持相同的位置，测得的 X 射线摇摆曲线，如图 7.9 所示，由此计算出的曲率半径大于 1000m。虽然这样一个优异的结果不能作为众多 AMMONO – GaN 生长晶体的代表，但在许多情况下还是得到了证实，而且整个生长晶体曲率半径的平均值大约为数百米。这些数据表明，AMMONO – GaN 晶体的晶格非常平整，具有非常低的残余应力水平。

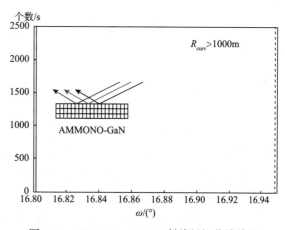

图 7.9　AMMONO – GaN X 射线摇摆曲线族和估算的曲率半径

为了对 GaN 表面的位错密度进行评估，我们对 HVPE 自支撑 GaN 和 AMMONO - GaN 样品的阴极发光测试（Cathodoluminescence，简称 CL）进行成像。代表性的测试照片如图 7.10 所示，其中测试中的激光波长为 420nm，图像区域的面积为 $64 \times 64 \mu m^2$。HVPE - GaN 样品表面的黑点密度（Dark Spot density，简称 DSD）估算为 $3 \times 10^6/cm^2$（如 7.10 左图所示）。相反，在 AMMONO - GaN 样品表面（如图 7.10 右图所示），我们很难注意到有任何暗点，因此无法评估黑点密度。

HVPE-GaN

AMMONO–GaN

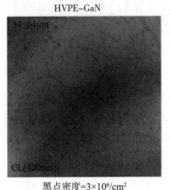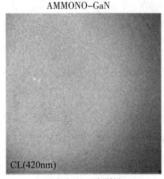

黑点密度=$3\times10^6/cm^2$
阴极发光(波长420nm)

黑点密度无法测量
阴级发光(波长420nm)

图 7.10　阴极发光谱测试：HVPE - GaN（左图）；AMMONO - GaN（右图）

最后，为了确定 AMMONO - GaN 中的位错密度，我们在熔融 KOH（400℃，5min）中进行蚀刻实验，对 $1mm^2$ 的蚀刻结果使用微分干涉显微镜（Differential Interference Contrast，简称 DIC）进行测试，测试结果如图 7.11 所示。一般来说，缺陷选择性蚀刻揭示了六角形凹坑来自位错的蚀刻速率。由于在 520℃ 的较高温度下，不会出现新的缺陷，所以所有的缺陷均在 400℃ 进行刻蚀。蚀坑密度（Etch Pit Density，简称 EPD）估算为 $5 \times 10^3/cm^2$，与 HVPE - GaN 材料的典型位错密度（大约为 $10^6/cm^2$）相比，这是一个非常低的蚀坑密度结果。

蚀坑密度=$5\times10^3/cm^2$

图 7.11　AMMONO - GaN 中的蚀刻坑

7.3.2　光学性质

光致发光（Photoluminescence，简称 PL）是鉴别特定缺陷的存在及其参与不同辐射复合过程的最佳工具之一。在本节中，我们采用微光致发光（Microphotoluminescence，μ - PL）实验来进行光学性质的研究。测试温度为 4.2K，激发光源采用能量为 3.813eV 的 He - Cd 激光器，使用 25 倍的放大器将激光光斑聚焦在样品表面，所得的光斑直径约为 $10\mu m$。在温度为 4.2K 时将 μ - PL 光谱汇聚在 AMMONO - GaN 晶体的 N 面上，获得了能量范围为 2.0 ~ 3.5eV 的光致发光谱。

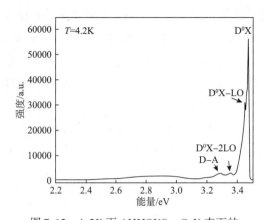

图 7.12　4.2K 下 AMMONO – GaN 表面的光致发光谱

注：图中波峰的标记方式为：
D^0X 为激子束缚中性施主；
$D^0X – LO$ 为激子光学声子峰束缚中性施主；
$D^0X – 2LO$ 为双激子光学声子峰束缚中性施主；
$D – A$ 为施主 – 受主跃迁。

μ – PL 的测试结果如图 7.12 所示。从图中可以看出，发光主要由强的带边发射组成，包括由中性施主束缚激子（D^0X）复合（3.4716eV）[37]并伴随着单光子与双光学声子的伴线（$D^0X – LO$，$D^0X – 2LO$）以及施主受主对之间的跃迁组成（$D – A$，3.283eV）。强烈的激子发射峰伴随着 GaN 中典型的寄生黄色发光带（2.0eV）的降低。众所周知，黄带的来源主要归因于 Ga 空位受主[38]。这一观察的结果证明，我们研究的材料具有很高的光学质量和独特的纯度，从而实现了激子的有效复合。

7.3.3　电学性质

晶圆中载流子的浓度可以通过适当的掺杂来进行控制[39]，如本章 7.2.5 节所述。无论是 n 型（n 约为 $10^{18} \sim 10^{19/}cm^3$，$\rho$ 为 $10^{-3} \sim 10^{-2}\Omega \cdot cm$）、p 型（$p$ 为 $10^{18}/cm^3$，ρ 为 $10^1 \sim 10^2\Omega \cdot cm$），以及半绝缘 n 型（$\rho$ 为 $10^6 \sim 10^{12}\Omega \cdot cm$），均可以通过氨热法生长获得[39]，然后通过霍尔效应实验和非接触的方法来进行测量。对电学性质的调制表明，真正的体 AMMONO – GaN 晶体可能在光电子（高电导性的衬底）和大功率电子器件（用于高电子迁移率晶体管生产的半绝缘衬底）中均有广泛的应用。

7.4　氨热法同质外延生长 GaN

外延层采用 MOCVD 技术在 AIXTRON AIX – 200 低压卧式反应器中，我们使用射频加热的方式对 c 面（Ga 面）和 m 面取向的衬底进行加热，三甲基镓（TMGa）和氨（NH_3）分别作为 Ga 源和 N 源的前驱气体。生长开始时，首先在 1100℃的高温下将衬底退火 5min，在 $H_2 + NH_3$ 气氛中，反应器总压强保持为 3.5×10^4Pa。对于在 A – GaN 衬底上生长的所有样品，NH_3 从反应器中的温度达到 500℃时开始注入直至生长结束（样品冷却到 500℃）。通入 NH_3 的流量保持恒定为 2slm（标准状况下每分钟通入的体积数，以升为单位，Standard Liters per Minute，简称 slm），直到生长过程结束——用于防止第一阶段 GaN 衬底和外延层的分解[40]。退火后，设定生长时间以获得厚度为 $1 \sim 2\mu m$ 的 GaN 层。整个过程的生长温度为 1170℃，反应器总压力保持在 5×10^3Pa。外延层的表征方法包括 X 射线衍射、缺陷选择性蚀刻（Defect Selective Etching，简称 DSE）、光致发光及反射光谱等。

为了确定在 A – GaN 极性衬底上生长的 GaN 外延层的整体结构质量，我们进行了 X 射线摇摆曲线测试。图 7.13 分别展示了在 n 型和 SI 衬底上生长 GaN 外延层（002）的摇摆曲

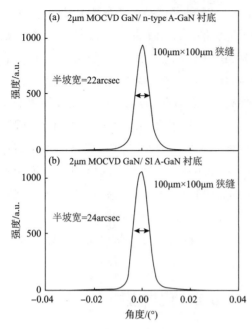

图 7.13   n型(a)和半绝缘(b)a 面 GaN 衬底上生长的 GaN 外延层(002)的 X 射线摇摆曲线

线。据我们所知,所得到的半波宽值(22 ~ 24arcsec)是非常出色的结果,这强烈地表明,所研究的 GaN 材料具有优异的结晶性质。这一结果是采用 MOCVD 生长 A – GaN 衬底的高结晶质量的直接结果,如 7.3.1 节所述。

迄今为止,所有的光学测量数据均为带边发射区域。图 7.14 给出的是在半绝缘极性衬底上生长 GaN 外延层的微区光致发光谱。从图中可以看出,外延层光致发光峰的强度很高,由完全可分解的激子发射峰组成。这个结构是由与自由激子发射有关的两条线(FX_A,FX_B),以及非常尖而窄的线(半波宽约为 0.3meV)组成。该峰线与中性受体激子(A^0X)以及激子 A 和 B 的不同中性施主($D_1^0X_A$, $D_2^0X_A$, $D_3^0X_A$, D_0X_B)有关。确切地识别后四种激子峰的转变需要做进一步的支持研究(例如高磁场中的磁光测量)。两种类型的自由激子(FX_A,FX_B)来自空穴参与的晶体场和价带的自旋轨道分裂。所有观察到的能 量 跃 迁 分 别 为:对 于 FX_A 激 子,3.4779eV、3.4831eV、3.4717eV、3.4730eV、3.4707eV、3.4754eV 和 3.4663eV;对于 FX_B 激子分别为 $D_1^0X_A$、$D_2^0X_A$、$D_3^0X_A$、D_0X_B 以及 A^0X。对于自由激子 A 和 B 复合[41]及 3.4719eV 和 3.4668eV 的激子束缚施主和受主发射[37]来说,这些值非常接近于文献中所报道的那些无应变效应的同质外延 GaN(3.4776eV,3.4827eV)。除了激子结构,我们还观察到双电子跃迁(Two – electron Transition,TES)和复合态的施主束缚激子的受主发射[42]。我们再次强调,微区光致发光谱在整个样品表面范围内具有良好的可重现性质。换句话说,光学性质是高度均匀的,与激子的位置无关(如图 7.14 所示)。光致发光谱的高度均匀性与这些外延层结构和微观结构的良好性能相对应。此外,束缚激子峰的宽度(半波宽为 0.3meV)是曾经报道过的同质外延 GaN 最小的一个值——表明氨热法生长 GaN 衬底具有完美的结晶特性,能够生长具有优良品质且无应变的同质 GaN 外延层。

此外,我们还使用了多通道 Si 检测器,具有 0.55m 长的单色器以及波长为 266nm、平均输出功率约为 2mW(在一个 10ns 的脉冲内,其能量为 0.1μJ)的 YAG 激光器。在标准装置下对样品进行了各种脉冲激励条件下的光致发光测试,激光束聚焦为直径为 2mm 的光斑,强度变化范围为 0.01 ~ 2mW。此外,我们还使用相同的实验装置测量样品的反射光谱,样品在近乎垂直入射的条件下,采用卤素灯(100W)的白光进行照射。对于进行低温测量,样品被安放在低温冷凝器中(以持续流动的液氦为介质)。

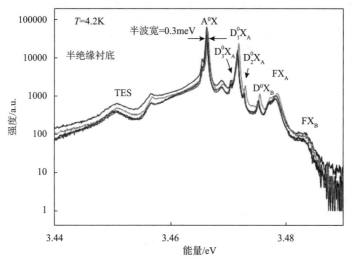

图 7.14　4.2K 下半绝缘 a 面 GaN 衬底上生长的 GaN 外延层的 μ－PL 光谱

注：图中波峰的标记方式为：FX_A 为自由激子 A；FX_B 为自由激子 B；$D_1^0X_A$、$D_2^0X_A$ 和 $D_3^0X_A$ 分别为激子 A 束缚的不同中性施主；D^0X_B 为激子 B 束缚中性施主；A^0X 为激子束缚中性受主；TES 为双电子卫星峰。

　　在脉冲激光激发下进行的光致发光测试结果（如图 7.15 所示）似乎证实了上述结论。在这种情况下，由于施主和受主的数量有限，导致束缚态激子的复合达到饱和并且在光谱测量范围内被抑制。相反，在高能量激发条件下，双光子发射（标记为 XX1 和 XX2）与自由激子（FX_A 和 FX_B）一起出现并在 PL 光谱中占主要成分（见图 7.15）。精确地研究双激子发射的内容超出了本节的范围，并将发表在其他文献中。在反射光谱［见图 7.16（a）］中，两条色散线（FX_A 和 FX_B）与早先描述的自由激子 A 和 B 有关，并在图中清晰可见。此外，还有第三条谱线，其强度较弱，被指定为 FX_C——来自晶体场和自旋轨道分裂产生的子价带中的电子和空穴。色散线 FX_A 和 FX_B 的能量位置与光致发光、微区光致发光的测试结果以及文献中的数据是一致的[41]。对反射谱和光致发光谱的全面分析，将成为我们将要发表论文的主题。当 GaN 外延层沉积在非极性 m 面 A－GaN 衬底上的情况下，我们应该预料到 FX_A 激子将在外延层内被完全极化[34]。实际上，GaN 薄膜表现出其本质的窄激子谱线，说明典型的密排六方结构对于光谱选律是非常敏感的——自由激子谱线在 E∥c 的几何设置中完全消失，这证明了 m 面取向的 A－GaN 晶体是真正非极性的

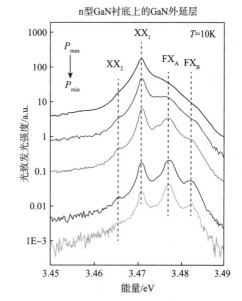

图 7.15　$T＝10K$ 时不同激发条件下生长于 n 型 A－GaN 衬底上 GaN 外延层的光致发光谱

注：图中波峰的标记方式为：FX_A 为自由激子 A；FX_B 为自由激子 B；XX1、XX2 为双激子线。

[见图7.16(b)]。GaN晶体具有理想的六方对称性，没有任何局部上的结构缺陷(因为这些缺陷可能会破坏晶体的对称性并改变光谱选律)。同样，对自由激子和双光子跃迁的观察也是研究高结晶质量材料的一种唯一手段。

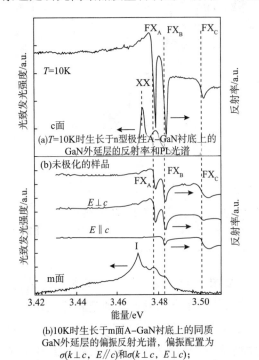

(a)T=10K时生长于n型极性A–GaN衬底上的
GaN外延层的反射率和PL光谱

(b)10K时生长于m面A–GaN衬底上的同质
GaN外延层的偏振反射光谱，偏振配置为
$\sigma(k\perp c, E//c)$和$\sigma(k\perp c, E\perp c)$;

图7.16　GaN外延层的反射率及偏振反射光谱
注：声子线标记如下：FX$_A$为自由激子A；
FX$_B$为自由激子B；FX$_C$为自由激子C；
XX为双激子；I为束缚激子线。

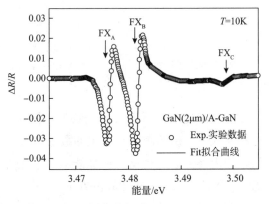

图7.17　生长于极性c面A–GaN衬底上的
GaN外延层的光反射光谱
注：实线为洛伦兹线的拟合。
这些线的标记方式为：FX$_A$为自由激子A；
FX$_B$为自由激子B；FX$_C$为自由激子C。

调制光谱法法(调制反射光谱法 Photoreflectance，简称 PR)和非接触式电光反射法(Contactless Electroreflectance，简称 CER)也证实了沉积在极性 c 面 A – GaN 衬底上的同质外延层具有很高的结晶质量。我们注意到，反射光谱法从未被用于研究同质外延薄膜，这是由 GaN 衬底限制了其应用。反射光谱法(如图 7.17 所示)具有以下特征：(1)典型的三个共振谱分别对应于本征自由激子的跃迁过程(FX$_A$、FX$_B$和FX$_C$的能量值分别为 3.4760eV、3.4817eV、3.4991eV)，这些能量值分别比生长在蓝宝石衬底的激子能量值低(FX$_A$、FX$_B$和FX$_C$的能量值分别为 3.483eV、3.491eV、3.512eV)；(2)同质外延层的激子线宽明显小于异质外延层的激子线宽，观察到的跃迁谱线也比报道的激子跃迁谱线窄 20% ~ 50%[41]——这是在高压氮气法的晶体上生长同质外延层的反射光谱的测量结果。这种狭窄的共振谱线和同质激子跃迁谱线变宽意味着 GaN 外延层中不存在残余应变，观察到非常窄的非接触式电光反射共振谱线(约 15meV)意味着典型的高结晶质量的材料。而对于 A – GaN 衬底而言，我们记录了 GaN 材料典型的带间吸收的宽非接触式电光反射共振谱[44]——证实了氨热 GaN 衬底对同质外延层的生长具有优异的用途。

7.5 结论

本章中,我们通过氨热法获得了 GaN 体单晶,并对其结晶质量进行了测量,结果表明:(1)(0002)摇摆曲线的半波宽约 16arcsec;(2)晶体的曲率半径的数量级为 $10^2 \sim 10^3 m$;(3)蚀坑密度的数量级约为 $5 \times 10^3 / cm^2$;(4)电学性能的广泛性。以上所有性能都明确地证实我们生长的 GaN 材料具有优异的结晶质量。

GaN 晶体本身优异的结构特性,结合生长方法本身的优势(如籽晶繁殖长大、可重复性和可扩展性高),使我们可以宣布,氨热法是制造高质量、大直径 GaN 衬底的极具前景的技术。在大规模的工业上应用方面,进一步确认该方法的高度可扩展性将在提高其成本效益方面发挥关键作用。此外,在 GaN 晶体厚度变化的范围内,我们没有观察到其结晶质量的恶化,并成功地生长了足够大尺寸的非极性 m 面 GaN 衬底。这类衬底消除了内建压电电场引起的器件效率降低等问题,因此对于实现绿色激光器是必不可少的。

我们采用 X 射线衍射、缺陷选择性蚀刻、光致发光、微区光致发光、反射光谱和调制光谱等方法,对氨热法 GaN 衬底上的 MOCVD 外延层的结构和光学性质进行了表征。我们还通过金属有机气相外延技术成功地实现了同质外延高质量、无应变 GaN 的生长——由较小宽度的激子束缚峰、自由激子峰和双光子发射峰(和吸收峰)、高度均匀的发光性质及 X 射线摇摆曲线窄的半波宽等测试方法证实。这些结果表明,无论极性还是非极性(m 面)A – GaN 衬底,对于同质外延层的生长是优异的,而且 A – GaN 衬底可控的导电性(从 n 型到半绝缘型)对于制作各种器件均是非常有用的(例如,在蓝光范围内工作的激光二极管、紫外检测器或高电子迁移率晶体管等)。

致谢

该项目得到了欧洲联盟基金"塞克托罗维方案歌剧团""科什罗斯特·孔库雷西诺·科普里西·科普泽西的生物方案 1.4.1"(欧洲热斯基基金会罗兹沃朱地区内戈)的部分支持。感谢以下同事对这项工作的贡献:罗伯特·库查尔斯基博士和他的团队加工 A – GaN 晶体,以用于外延生长和测量准备样品;托马斯·特拉茨和他的团队为生长体 A – GaN 晶体,马吕斯·鲁齐·恩斯基博士负责执行同质外延生长,阿尔卡迪乌斯·普查尔斯基博士和雅罗斯瓦夫·塞拉菲·恩丘克博士进行 X 射线衍射测量,安德烈·怀斯莫克博士以及罗伯特·库德拉伊克博士的光致发光谱、反射率以及光调制发光谱的测量。

参考文献

[1] See, for example, S. Nakamura, G. Fosol, The Blue Laser Diode(Springer, Berlin, 1998).

［2］See, for example, H. Morkoc, Nitride Semiconductors and Devices(Springer, Heidelberg, 1999).

［3］S. Porowski, Mater. Sci. Eng. B 44, 407(1997).

［4］I. Grzegory, M. Bo′ckowski, B. Łucznik, S. Krukowski, Z. Romanowski, M. Wróblewski, S. Porowski, J. Cryst. Growth 246, 177(2002).

［5］B. Łucznik, B. Pastuszka, I. Grzegory, M. Bo′ckowski, G. Kamler, E. Litwin – Staszewska, S. Porowski, J. Cryst. Growth 281, 38(2005).

［6］H. Yamane, M. Shimada, S. J. Clarke, F. J. DiSalvo, Chem. Mater. 9, 413(1997).

［7］A. Denis, G. Goglio, G. Demazeau, Mater. Sci. Eng. R 50, 167(2006).

［8］S. Nakamura, M. Senoh, S. Nagahama, N. Iwasa, T. Yamada, T. Matsushita, H. Kiyoku, Y. Sugimoto, T. Kozaki, H. Umemoto, M. Sano, K. Chocho, Appl. Phys. Lett. , 72, 211(1998).

［9］K. Byrappa, M. Yoshimura, Handbook of Hydrothermal Technology(Noyes, NJ, USA, 2001).

［10］R. Dwilinski, A. Wysmolek, J. Baranowski, M. Kaminska, R. Doradzinski, J. Garczynski, L. Sierzputowski, Acta Physica Polonica 88(5), 833(1995).

［11］R. Dwilinski, J. Baranowski, M. Kaminska, R. Doradzinski, J. Garczynski, L. Sierzputowski, Acta Physica Polonica 90(4), 763(1996).

［12］R. Dwilinski, R. Doradzinski, J. Garczynski, L. Sierzputowski, J. Baranowski, M. Kaminska, Mater. Sci. Eng. B 50, 46(1997).

［13］M. Palczewska, B. Suchanek, R. Dwilinski, K. Pakula, A. Wagner, M. Kaminska, MRS Internet J. Nitride Semicond. Res. 3, Article 45(1998).

［14］J. W. Kolis, S. Wilcenski, R. A. Laudise, Mater. Res. Soc. Symp. Proc. 495, 367(1998).

［15］D. R. Ketchum, J. W. Kolis, J. Cryst. Growth, 222, 431(2001).

［16］A. P. Purdy, Chem. Mater. 11, 1648(1999).

［17］A. Yoshikawa, E. Ohshima, T. Fukuda, H. Tsuji, K. Oshima, J. Cryst. Growth 260, 67(2004).

［18］R. T. Dwilinski, R. M. Doradzinski, J. S. Garczynski, L. P. Sierzputowski, Y. Kanbara, Polish Patent Application no. P – 347918(06. 06. 2001).

［19］R. T. Dwilinski, R. M. Doradzinski, J. S. Garczynski, L. P. Sierzputowski, Y. Kanbara, International Patent Application no. PCTnIB02n04185(17. 05. 2002).

［20］R. T. Dwilinski, R. M. Doradzinski, J. S. Garczynski, L. P. Sierzputowski, Y. Kanbara, United States Patent no. 6, 656, 615 B2(02. 12. 2003).

［21］R. Dwilinski, R. Doradzinski, J. Garczynski, L. P. Sierzputowski, A. Puchalski, Y. Kanbara, K. Yagi, H. Minakuchi, H. Hayashi, J. Cryst. Growth 310, 3911(2008).

［22］B. Wang, M. J. Callahan, J. Cryst. Growth 291, 455(2006).

［23］T. Hashimoto, K. Fujito, B. A. Haskell, P. T. Fini, J. S. Speck, S. Nakamura, J. Cryst. Growth 275, e525 (2005).

［24］T. Hashimoto, K. Fujito, R. Sharma, E. R. Letts, P. T. Fini, J. S. Speck, S. Nakamura, J. Cryst. Growth 291, 100(2006).

［25］M. P. D'Evelyn, H. C. Hong, D. – S. Park, H. Lu, E. Kaminsky, R. R. Melkote, P. Perlin, M. Leszczynski, S. Porowski, R. J. Molnar, J. Cryst. Growth 300, 11(2007).

［26］A. P. Purdy, Cryst. Growth Des. 2(2), 141(2002).

［27］A. P. Purdy, A. C. Cas, N. Muratore, J. Cryst. Growth 252, 136(2003).

［28］Y. Kagamitani, D. Ehrentraut, A. Yoshikawa, N. Hoshino, T. Fukuda, H. Tsuji, K. Oshima, Jpn. J. Appl. Phys. 45, 4018(2006).

［29］T. Hashimoto, K. Fujito, M. Saito, J. S. Speck, S. Nakamura, Jpn. J. Appl. Phys. 44, L1570(2005).

［30］T. Fukuda, D. Ehrentraut, J. Cryst. Growth 305, 304(2007).

［31］R. T. Dwilinski, R. M. Doradzinski, J. Garczynski, L. P. Sierzputowski, Y. Kanbara, International Patent Application no. PCTnPL2005n000036(10. 06. 2005).

［32］T. Paskova, R. Kroeger, D. Hommel, P. P. Paskov, B. Monemar, E. Preble, A. Hanser, N. M. Wiliams, M. Tutor, Phys. Stat. Sol. (C) 4, 2536(2007).

［33］K. Fujito, K. Kiyomi, T. Mochizuki, H. Oota, H. Namita, S. Nagao, I. Fujimura, Phys. Stat. Sol. (A) 205, 1056(2008).

［34］R. Kucharski, M. Rudzi′nski, M. Zaja, c, R. Doradzi′nski, J. Garczy′nski, L. Sierzputowski, R. Kudrawiec, J. Serafi′nczuk, W. Strupi′nski, R. Dwili′nski, Appl. Phys. Lett. 95, 131119(2009).

［35］D. Ehrentraut, Y. Kagamitani, C. Yokoyama, T. Fukuda, J. Cryst. Growth 310, 891(2008).

［36］M. Leszczy′nski, H. Teisseyre, T. Suski, I. Grzegory, M. Bo′ckowski, J. Jun, S. Porowski, K. Pakuła, J. M. Baranowski, C. T. Foxon, T. S. Cheng, Appl. Phys, Lett. 69, 73(1996).

［37］K. Pakuła, A. Wysmołek, K. P. Korona, J. M. Baranowski, R. Ste, pniewski, I. Grzegory, M. Bo′ckows-ki, J. Jun, S. Krukowski, M. Wróblewski, S. Porowski, Sol. State Commun. 97, 919(1996).

［38］J. Neugebauer, C. van de Walle, Appl. Phys. Lett. 69, 503(1996).

［39］R. T. Dwilinski, R. M. Doradzinski, J. Garczynski, L. P. Sierzputowski, Y. Kanbara, International Patent Application no. PCTnPL2005n000036(10. 06. 2005).

［40］D. D. Koleske, A. E. Wickenden, R. L. Henry, M. E. Twigg, J. C. Culbertson, R. J. Gorman, Appl. Phys. Lett. 73, 2018(1998); Erratum Appl. Phys. Lett. 75, 1646(1999).

［41］K. P. Korona, A. Wysmołek, K. Pakuła, R. Ste, pniewski, J. M. Baranowski, I. Grzegory, B. Łucznik, M. Wróblewski, S. Porowski, Appl. Phys. Lett. 69, 788(1996).

［42］A. Fiorek, J. M. Baranowski, A. Wysmołek, K. Pakula, M. Wojdak, I. Grzegory, S. Porowski, Acta Phys. Pol. A 92, 742(1997).

［43］A. K. Viswanath, J. I. Lee, S. Yu, D. Kim, Y. Choi, C. H. Hong, J. Appl. Phys. 84, 3848(1998).

［44］R. Kudrawiec, J. Misiewicz, M. Rudzi′nski, M. Zaja, c, Appl. Phys. Lett. 93, 061910(2008).

第8章 氨热法生长体 GaN

Tadao Hashimoto，Shuji Nakamura

摘要

在本章中，我们主要介绍了在加州大学圣巴巴拉分校进行的氨热法制备 GaN 晶体方面的研究进展。该法始于粉末合成法的基础化学研究，采用溶解度测量、金属 Ga 和多晶 GaN 作为反应物。目前，氨热法生长 GaN 的工艺已经取得了长足的进展。基于生长工艺方面知识的积累，我们成功制备出多晶 GaN 晶体。未来的挑战在于，如何表征从 GaN 晶体上切割下来的 GaN 晶圆。

8.1 引言

直到 20 世纪 90 年代初，化合物半导体领域的许多研究人员都渴望实现蓝光发光二极管(Light – emitting Diode，简称 LED)和蓝光"第一只"激光二极管(Laser Diode，简称 LD)。早些时期，尽管研究人员用 SiC 制作蓝光 LED[1]、用 II – VI 族材料制作蓝光 LD[2]，并取得了 GaN 基固体照明的解决方案。但是，当 InGaN 蓝光 LED[3] 和蓝光 LD[4] 取得成功演示后，许多晶体生长研究人员的兴趣已经转向了 GaN 晶体的生长。由于受到使用特殊生长设备的限制，尽管只有为数不多的材料科学家具有追求这个"第二梦想"的资格，但整个氮化物的研究机构都开始憧憬于实现 GaN 晶圆和 GaN 晶体的梦想之中。这是由于 GaN 或 AlN 衬底为解决基本的生长问题提供了直接的和最终的解决方案，问题起源于异质外延生长的方法(例如，在蓝宝石衬底上)。

然而，由于高熔点及高温下 N_2 的高平衡蒸气压，GaN 的生长极具挑战性。其中，一些基于熔体冷却法生长 GaN 晶体的技术已经展开了研究[5~8]。尽管如此，这些方法仍然遇到一些难题，即难以生长足够大的体 GaN 晶体，难以将其切成 2in 的晶片。与此同时，氢化物气相外延(Hydride Vapor Phase Epitaxy，简称 HVPE)技术被开发出来，用于生长"准" GaN 晶圆。采用 HVPE 技术生长的 GaN 晶片，对大批量生产 LD 以及蓝光高密度数字视频光盘(Digital Video Disc，简称 DVD)做出了重大的贡献。然而，降低成本是"准" GaN 晶圆中最具挑战性的问题之一。考虑到在蓝宝石衬底或 SiC 衬底上生长的蓝光 LED 和白光 LED 市场价格的急剧下降，GaN 晶体必须扩展为大规模的生长方法。氨热生长法是以 NH_3 作为流体的生长技术，由于良好的应用前景以及可用石英进行类似的批量生产，被认为是一种具有高度可扩展的方法。近期，对氨热法生长 GaN 晶体的论证[9]为氮化物基 LED 的衬底开辟了新选择。例如，在非极性或半极性 GaN 衬底上制造的 LED，已经实现了与最先进 c 面 LED 相媲美的性能[10,11]。要求具有更高亮度的、基于氮化物的固态照明 LED 有望采用低成本、高结晶质量的非极性/半极性 GaN 衬底(从氨热生长的 GaN 晶体切片)来实现。

自从 1990 年 Peters 报道了在超临界 NH_3 中合成 AlN 以来[12]，多个研究团队相继报道了氨热生长 GaN 技术的关键成就[9,13~27]。加州大学圣巴巴拉分校(UCSB)的氨热技术研究小组于 2000 年 7 月启动。当时，只有少数几个期刊刊载过氮化物的氨热生长研究：Peters 合成的 AlN[12]、GaN 微晶在碱性条件下的生长[13~15]以及 GaN 微晶在氨酸性条件下的生长[16]。我们的研发团队没有高压生长的技术背景，但我们在有限的知识储备下，探索了通向 GaN 晶体生长的途径。在本章中，我们将继续追踪我们的研究结果直到批量氨热法获得 GaN 晶体。

8.2 矿化剂对氨热法合成 GaN 的影响

矿化剂是增加溶质在溶剂热生长中溶解度的离子添加剂。矿化剂的选择是非常重要的，因为它决定了晶体生长的化学基础。矿化剂根据所得流体的酸度，可以分为三类。由于 NH_3 解离成 NH_4^+ 和 NH_2^-，产生 NH_4^+ 的矿化剂被称为酸性矿化剂，而产生 NH_2^- 的矿化剂则被称为碱性矿化剂，不主要产生 NH_4^+ 或 NH_2^- 的矿化剂被称为中性矿化剂。矿热剂在氨热合成 GaN 中的主要影响之一是对相选择的影响。当使用碱性矿化剂时，纤锌矿 GaN 优先在低至 600℃的温度下形成，而混合相(纤锌矿和闪锌矿)GaN 则倾向于在酸性和中性矿化剂中形成。另一个重要因素是矿化剂与高压反应釜材料的化学兼容性，酸性的 NH_4^+ 严重腐蚀钢、不锈钢和 Ni – Cr 基超合金，而碱性和中性 NH_3 则不会侵蚀大部分 Ni – Cr 基高温超合金。为了避免高压釜和其他相关部件(例如阀门和压力传感器)的腐蚀，在酸性氨热生长中，所有的湿表面必须采用铂基衬垫进行保护。

表 8.1 总结了在 Ni – Cr 基合金的高压釜中合成微晶 GaN 所使用各种不同矿化剂，详细的实验过程和计算单相比的方法在其他文献中给出了解释[22]。当没有添加矿化剂时，金属 Ga 不与 NH_3 反应。在扫描电子显微镜下观察时，合成的粉末中没有展示出任何确定的晶面。在中性矿化剂中，只有 KI、NaI 和 LiCl 产生了相当数量的 GaN 粉末。GaN 粉末的产量似乎在 KI 浓度较高时降低，但其中的机制尚不清楚。GaN 粉末的产率在 KI 约为 1% ~2%，而在 NaI 中的产率较高(约为 3.3%)。在这项研究中，在中性矿化剂 LiCl 中的产率是最高的(约为 16.7%)。考虑到 KCl 和 NaCl 不产生 GaN，与 K 和 Na 相比，金属 Li 似乎促进了 GaN 的形成。在酸性条件下，GaN 粉末在 NH_4Cl、NH_4I 和 GaI_3 中的产率分别为 6.3%、3.3%和22%。GaI_3矿化剂具有非常高的粉末产率，这是因为形成 GaN 所需要的 Ga，不仅来自金属 Ga，而且来自 GaI_3 的缘故。在 $NaNH_2$(一种碱性物质)的情况下，GaN 粉末的产率甚至更高(>20%)。但是，在某些情况下没有 GaN 粉末合成(如表 8.1 所示)。当在碱性条件下没有 GaN 形成粉末时，Ga 元素以淡黄色粉末的形式溶解于水中并随

表 8.1 使用各种矿化剂合成 GaN 概要

矿化剂		工艺条件								结果		备注
		NH_3/mol	Ga/g	温度/℃	压强/MPa	时间/h	矿化剂与 NH_3 摩尔比/%(mol)	GaN 粉末质量/mg	GaN 粉末产率/%	产物:wz-纤锌矿; Zb-闪锌矿	zb/wz	
无矿化剂		2.87	3	525	33.8	19	0	无	无	无	无	镓残留未反应
中性矿化剂	KCl	2.87	3	525	32.8	7	0.7	无	无	无	无	
	KBr	2.87	3	525	31.7	7	0.7	无	无	无	无	
	KI	2.87	3	525	32.4	7	0.14	70	2.33%	wz,zb	0.26	
	KI	2.87	3	525	32.4	7	0.7	50	1.67%	wz,zb	0.21	
	KI	2.87	3	525	32.8	7	1.4	20	0.67%	wz,zb	0.22	
	NaCl	2.87	3	525	32.4	7	0.7	无	无	无	无	
	NaBr	2.87	3	525	32.6	7	0.7	无	无	无	无	
	NaI	2.87	3	525	32.4	7	0.7	110	3.67%	wz,zb	0.33	
	LiCl	2.87	3	525	33.1	7	0.7	480	16.00%	wz,zb	0.76	
酸性矿化剂	NH_4Cl	2.83		525	34.5	7	0.7	190	6.33%	wz,zb	0.41	
	NH_4I	2.83			32.8	7	0.7	100	3.33%	wz,zb	0.21	
	GaI_3	2.83		525	32.4	7	0.7	660	22.00%	wz,zb	1.14	
碱性矿化剂	$NaNH_2$	1.77	0.5	525	40	37	1	100	20.00%	大部分 wz	0.66	
	$NaNH_2$	2.96	0.5	525	53.1	24	1	无	无	水溶性浅黄色粉末	无	使用 0.1% N 作为联合试剂
	$NaNH_2$	3.29	0.5	525	56.9	24	1	无	无	水溶性浅黄色粉末	无	
	$NaNH_2$	1.10	0.5	600	29.3	48	1	无	无	纯 wz	0	
	$NaNH_2$	2.96	0.5	600	68.3	18	1	140	28.00%	纯 wz	0	

NH_3排出。从排放物的特性来看，淡黄色粉末被认为是镓的某种形式的酰胺，很可能是 NaGa $(NH_2)_4$[28,29]。因此，在碱性条件下，我们可以从 Ga 酰胺的进一步氨解中推测 GaN 是否合成——这意味着碱性条件下的反应路径与中性和酸性条件下的反应路径属于不同的机理。

对合成的 GaN 粉末采用 X 射线 $2\theta - \omega$ 扫描如图 8.1 所示。用 NH_4Cl（酸性）、NaI（中性）和 KI（中性）合成的 GaN 粉末具有闪锌矿 GaN（zb – GaN）和纤锌矿 GaN（wz – GaN）两种结构。相反，在 525℃ 下用 $NaNH_2$ + NaI（碱性）合成的 GaN 粉末没有清晰地显示出闪锌矿（002）的衍射峰。对于更高的温度和压力下采用 $NaNH_2$ + NaI 合成的 GaN 粉末（600℃，6.83×10^7 Pa），XRD 衍射谱展示出纯的纤锌矿结构。闪锌矿/纤锌矿的比值如表 8.1 所示。在 525℃ 时，碱性条件下闪锌矿/纤锌矿的比值比酸性和中性条件低大约一个数量级。

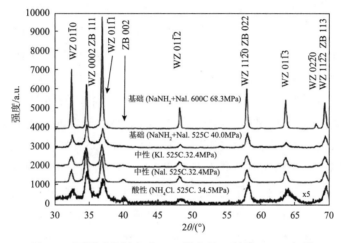

图 8.1 不同矿化剂合成 GaN 粉末的 X 射线 $2\theta - \omega$ 扫描

如文献中的计算，wz – GaN 的吉布斯自由能小于 zb – GaN 的吉布斯自由能，但二者之间存在着较小的自由能差：600K 时只有 720J/mol（8meV）、800K 时只有 1310J/mol（14meV）[22]。在酸性和中性条件下，zb/wz 比率更高（见表 8.1），这表明存在动力学机制，即 zb – GaN 能够更快速地形成。在碱性情况下，温度为 525℃ 时，zb – GaN 与 wz – GaN 的比率低约一个数量级，在 600℃ 时，我们获得了纯 wz – GaN 相，在此温度下，c 面蓝宝石衬底上的气相外延过程包含闪锌矿[30,31]。这些结果表明，氨热法合成 GaN 的相选择主要受与矿化剂类型有关的动力学因素影响。

在氨热法生长 GaN 的过程中，生长温度受到高压釜材料蠕变温度的限制（大约为 600℃）。因此，碱性矿化剂的选择有利于避免在生长晶体中出现相混合的寄生问题。另外，NH_3 与 Ni – Cr 基超合金之间的碱性相容性，比酸性 NH_3 更具优势，因为当全部湿的表面被 Pt 基内衬覆盖时，高压釜的价格变得更加重要。

8.3 GaN 在氨碱溶液中的溶解度

在超临界流体中溶解反应物是溶剂热生长法获得成功生长晶体的第一步。据报道，水热结晶法中 GaN 合理的溶解度为 2%～5%[32]。为了实现晶体生长的高溶解度和最佳过饱和度，详细的溶解度数据是必不可少的。虽然关于 GaN 在超临界 NH_3 中溶解度的综合数据不适用于碱性或酸性条件，但迄今为止研究人员已经提供了一些测量的数据[17,20,23,33,34]。正如彼得斯(Peters)在超临界氨碱溶液中合成 AlN 的论文中所揭示的那样[12]，GaN 在超临界氨溶液中具有可逆的溶解性。在加州大学圣巴巴拉分校(UCSB)，我们也同样观察到，在生长早期的实验中存在逆向溶解的迹象[20]，并采用精确控制质量损失的方法证实了这一点[35]，如下文所述。

在本节中提及的质量损失测量法中，需要考虑到以下几点以使测量误差最小：(1)足够多的量，将质量约为 5g 的多晶 GaN 装入小容量高压釜中(体积约为 22mL)；(2)将小容量高压釜在炉中加热，以使高压釜中的温度梯度最小化；(3)使用大尺寸的多晶 GaN 晶粒(2～3mm)；(4)NH_3 在快速空冷后逐渐升温时通入，以避免溶解的 GaN 沉淀在颗粒上；(5)将 GaO_x 和金属 Ga 从多晶态 GaN 的表面移除。首先在 H_2/N_2 环境中加热 HVPE 生长的多晶 GaN 颗粒，即在 1000℃下烘烤 4h 以去除晶体表面的氧化物。在烘烤完成后，将 GaN 颗粒浸入浓度为 50% 的盐酸溶液中浸泡 3h 以除去残留在晶体表面的金属。然后，用去离子水冲洗 GaN 颗粒，在 120℃ 的烘箱中干燥超过 8h。将预处理的 GaN 颗粒放入 Ni 杯中的 $NaNH_2$($NaNH_2$ 浓度为 1.5%(mol)的超临界 NH_3)送入充满 NH_3 的高压釜内。然后，将高压釜加热 120h，快速释放高压 NH_3，并立即进行空冷。GaN 颗粒用去离子水和异丙醇清洗，以去除 Na 和 Na 的化合物。在称重之前，将 GaN 颗粒在 50% 的盐酸溶液中浸泡 3h，用去离子水进行冲洗，并在 120℃ 的烘箱中干燥 8h 以除去残余的 Ga 和其他金属化合物。GaN 颗粒的表面采用扫描电子显微镜(Scanning Electron Microscope，简称 SEM)和 X 射线电子色散分析仪(Electron-dispersive X-ray Analysis，简称 EDX)表征。GaN 颗粒的总重量在整个过程中均采用电子天平仔细称重，分辨率为 0.1mg，GaN 颗粒的质量损失由最初的质量减去最终的质量来进行确定。GaN 颗粒质量的测量误差可能来自天平的分辨率(±0.2mg)、由于颗粒表面污染导致的误差(+0.5mg)以及由于平衡系统导致的 NH_3 称重误差(±0.1mg)。所有溶解度测量误差的上限和下限均在图中进行了计算，并在图中给出了误差线。

图 8.2a 展示了 H_2/N_2 烘烤后 GaN 颗粒表面的 SEM 照片，图 8.2(b)是从扫描电子显微镜照片内收集的相应区域的 X 射线电子色散光谱。X 射线电子色散的测试结果中没有检测到 O 元素，这表明，H_2/N_2 烘烤能有效地减少 GaN 颗粒表面的杂质。表面上的白色颗粒也经 X 射线电子色散分析确认不含 O 元素。弱的 N 峰表示 GaN 颗粒的表面存在富 Ga 区，虽然扫描电子显微镜还没有观察明显的 Ga 液滴。此外，我们还检测到了 Al 元素，这表明在 H_2/N_2 烘烤期间，可能是 Al_2O_3 反应器发生了物理输运所致。图 8.3(a)展示了经 HCl 浸泡后 GaN 颗粒表面的扫描电子显微镜照片，图 8.3(b)是从扫描电子显微镜照片收集的相应区域的 X 射线电子色散光谱。从图中可以看出，增强的 N 峰和 Al 峰的缺失，表明金属 Ga 和 Al 已经从表面得到了有效清除。扫描电子显微镜照片还观察到了类似火山口的孔洞，这可能是由于表面上的 Ga 颗粒小岛经蚀刻所致的结果。经 H_2/N_2 烘烤然后用 HCl 浸泡——这是质量损失法中降低测量误差的一种重要的预处理方法。在合成开始后，同样需

要对 GaN 颗粒的表面进行处理——这对测量误差的最小化也同样重要。图 8.4(a)给出了称量前 GaN 颗粒表面的扫描电子显微镜照片，将颗粒用异丙醇和去离子水冲洗，然后浸入 HCl 中，接着用去离子水进行冲洗。尽管大面积的 X 射线电子色散光谱[见图 8.4(b)]中没有显示出比 Ga 和 N 更高的峰，但在表面上观察到了许多白色的点。对白点进行聚焦 X 射线电子色散光谱测量显示，该白点中包含 O 和 Cl[见图 8.4(c)]。这些白点可能是 Ga - O - Cl 的复合物，它们来自表面处理过程中，由镓酰胺或镓酰亚胺化合物形成了氯的络合物。经 HCl 浸泡后没有观察到 GaN 表明蚀刻的证据。

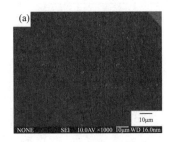

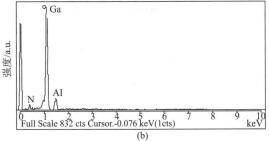

图 8.2 H_2/N_2 气氛中烘烤后 GaN 颗粒表面的
扫描电子显微镜照片(a)及从整个
扫描电子显微镜照片中收集的 EDX 谱(b)

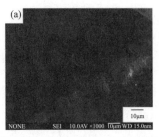

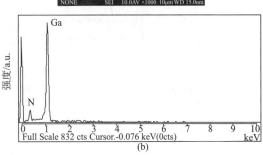

图 8.3 HCl 中浸渍后 GaN 颗粒表面的
扫描电子显微镜照片及(a)从整
扫描电子显微镜照片收集的 EDX 谱(b)

为了评估 GaN 在超临界氨碱溶液中的溶解度，我们在温度分别为 450℃ 和 650℃ 时测量了质量损失与时间之间的函数关系。NH_3 在每个温度下的注入因子是确定的，这样高温下的压强变为$(76 \pm 12) \times 10^6$ Pa(11000 ± 1800psi，psi 为 pounds per square inch，是一种计量单位，p 是指磅力 pound，s 是指平方 square，i 是指英寸 inch，美国习惯使用 psi 为单位，意为磅力/平方英寸，1bar$\approx$14.5psi)，大范围的压强差是由于在运行过程中增加压强或产生轻微的 NH_3 泄漏造成的。如图 8.5 所示，在 450℃ 约 120h 后质量损失达到饱和，这意味着超临界氨碱溶液在 120h 后，GaN 的溶解度达到饱和。从质量损失的数值来估算，GaN 在该溶液中的溶解度为 0.11%；另外，在 650℃ 约 26h 后的质量损失达到最大——这意味着，在较高温度下的动力学控制的溶解过程增强了。基于这个实验，我们得知，1 次运行达到饱和的持续时间被确定为 120h(5d)。图 8.6 给出了 GaN 在超临界氨碱溶液中的溶解度与温度之间的函数关系。在更高的温度下，我们还观察到，当温度超过 600℃ 时，GaN 发生了逆向溶解。

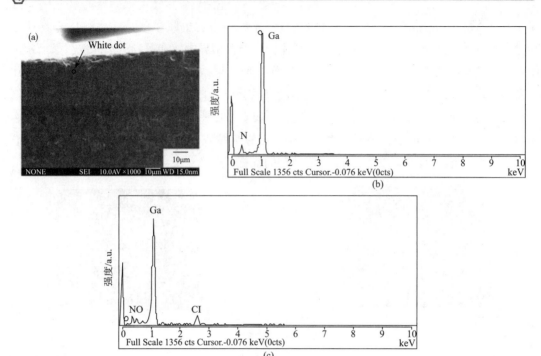

图 8.4 生长结束后 GaN 表面的扫描电子显微镜照片(a)、
从整个扫描电子显微镜照片收集的 EDX 谱(b)、从扫描电子显微镜照片中的白点收集的 EDX 谱(c)

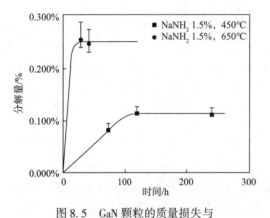

图 8.5 GaN 颗粒的质量损失与
时间变化之间的函数关系

注：压强为$(76 \pm 12) \times 10^6$Pa$[(11000 \pm 1800)$psi$]$，
矿化剂为1.5%(mol)的$NaNH_2$。

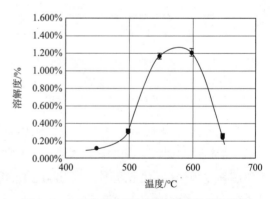

图 8.6 GaN 在超临界氨碱熔体中的溶解度与
温度之间的函数关系

注：压强为$(76 \pm 12) \times 10^6$Pa$[(11000 \pm 1800)$psi$]$，
矿化剂为1.5%(mol)的$NaNH_2$。

GaN 在超临界氨溶液中发生逆向溶解的原因有三种。第一个可能的原因是 NH_3 在高温下的离解。在较高的温度范围内(600~650℃)，NH_3 溶解度降低，并开始分解成 N_2 和 H_2[36]。由于缺乏高温和高压下的热力学数据，目前还无法计算出超临界下 NH_3 离解时的平衡温度和压强。在典型的氨热法生长过程中，研究人员观察到压强的增加，这表明 NH_3 可能发生了离解。如果 NH_3 离解为 N_2 和 H_2，那么参与生长 GaN 的 NH_3 的总量就会减少，导致 NH_3 溶解度被低估。

第二个可能的原因是形成了镓酰胺或镓酰亚胺化合物。如前所述，当温度低于600℃时，镓酰胺或镓酰亚胺化合物的生成对形成 GaN 更有利。这意味着，在较低的温度下，更多 GaN 有可能转化为镓酰胺或镓酰亚胺，从而导致 GaN 在较低温度下具有较高的溶解度。

第三个可能的原因是熵在溶解过程中的影响。溶液的标准自由能 ΔG 表示如下：

$$\Delta G = \Delta H - T\Delta S \tag{8.1}$$

式中，ΔH 和 ΔS 分别为与溶解有关的焓变和熵变；T 为开氏温度。在离子的溶解过程中，熵对自由能的贡献是不能忽略的，这是由于与溶解过程有关的焓变通常比较小[37]。据报道，离解发生时形成的阴离子和阳离子均为 ±3 个电荷，所以溶液的熵变是非常大的负数[37]。当 GaN 溶解时，GaN 溶入 NH_3 时的熵变是负的，导致在较高温度下自由能更高。溶解过程中熵变为负的情况解释如下：如果 GaN 在溶解时产生 Ga^{3+}，则会被三个 NH_2^- 分子吸引，形成有序结构的复合物 $Ga^{3+} - 3NH_2^-$。因此，没有形成 $Ga^{3+} - 3NH_2^-$ 复合物的 $NH_3 - GaN$ 体系比形成 $Ga^{3+} - 3NH_2^-$ 的体系出现的概率更高。

目前，没有证据能够确定这三个因素中的哪一个对 GaN 的可逆溶解度有重大影响。因此，必须进行更详细的研究才可以回答这个问题。

8.4　以 Ga 为反应物的 GaN 籽晶生长

为了将氨热法应用于 GaN 晶体的生长，我们有必要了解一下 GaN 籽晶的流体输运生长方式。如前一节所述，GaN 在浓度为 1.5%（mol）的 $NaNH_2$ 超临界 NH_3 中的最大溶解度为 1.2%。另外，使 GaN 在超临界 NH_3 中达到饱和状态需要数天的时间。鉴于这种低溶解度的缓慢动力学过程，当矿化剂浓度较低时，使用 GaN 作为反应物时，据预计，GaN 的生长速率极低。在加州大学圣巴巴拉分校早期的实验中，由于高压管堵塞，矿化剂的浓度受到限制。因此，我们首先尝试了使用金属 Ga 作为反应物进行 GaN 的生长。在本节中，我们通过金属 Ga 的流体输运，在 HVPE 生长的 GaN 籽晶上成功地实现了 GaN 生长。

GaN 籽晶的生长是在 Ni - Cr 基高温合金制成的高压热反应器中进行的。高压反应器的内室被隔板分成两个区域。考虑到 GaN 溶解度的可逆性，我们将 Ga 置于温度较低的区域（反应器上面的区域）和单晶 GaN 籽晶放置在高温度区域（反应器下面的区域）。将 1.5%（mol）的 $NaNH_2$ 加入 NH_3 中作为矿化剂，此时 NH_3 的压强为 $(1.5 \sim 2.0) \times 10^8 Pa$。生长于籽晶上 GaN 的表面形态和厚度采用扫描电子显微镜进行表征。GaN 样品采用 Philips 四轴高分辨率 X 射线衍射仪进行测量，Cu - Kα 为阴极射线，单色器为四圆单晶（002）Ge，X 射线管在 45keV 和 40mA 下运行。样品结晶质量的评估采用同轴和离轴的摇摆曲线，通常情况下，（0002）摇摆曲线的半波宽通常用于评估 GaN 中的螺位错密度；而（20$\bar{2}$1）摇摆曲线的半波宽则用来评估刃位错的密度。GaN 薄膜的微观结构采用透射电子显微镜（型号：FEI Tecnai 20）在 200kV 下操作来完成。透射电子显微镜样品的制备采用机械抛光和 Ar^+ 离子减薄（Gatan PIPS），并沿 <10$\bar{1}$0> 轴的方向进行观察。为了确定极性，我们对样品进行透射电子显微镜测试时，同时采用会聚束电子衍射（Convergent Beam Electron Diffraction，简称 CBED)观察样品的表面特征。会聚束电子衍射模式与电子显微镜模拟软件包(Electron Microscopy Simulation，简称 EMS)的 33 零阶反射模拟结果进行比较[38]，Feng Wu 博士对所有的透射电子显微镜和会聚束电子衍射结果进行了表征。

图 8.7(a)、图 8.7(b)分别展示了用 100g 金属 Ga 作为反应物生长的 GaN 薄膜的 Ga 面和 N 面的横截面照片。在高压反应器内的籽晶区和反应区内测量的温度分别为 550 ~ 565℃和 520 ~530℃。经过 19 天的生长，生成 Ga 面和 N 面的厚度分别为 $17\mu m$ 和 $45\mu m$，Ga 面和 N 面的生长速率分别为 $0.9\mu m/d$ 和 $2.4\mu m/d$。如下文所述，实际的生长大约在 1 天内完成。Ga 面薄膜表面由六棱柱组成，如图 8.7(c)所示；而 N 极性的表面则无该特征，如图 8.7(d)所示。生长在 N 面上的薄膜，其透射电子显微镜横截面上的观察显示，在籽晶和薄膜之间有很多空隙和缺陷。但是，在薄膜的表面，不仅没有观察到空隙，而且缺陷的数量也大大降低。在 $g = <000\overline{2}>$ 和 $g = <1\overline{1}00>$ 方向上拍摄的透射电子显微镜照片表明，大多数的错位具有混合位错的特征。进一步的分析表明，在表面区域中没有观察到堆垛层错的特征。由透射电子显微镜横截面照片估算出薄膜中的位错密度低于 $10^9/cm^2$。该样品的透射电子显微镜照片可在文献[39]中找到。

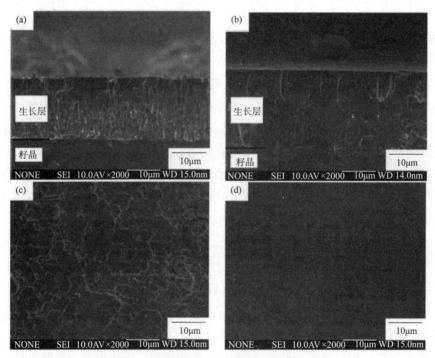

图 8.7　GaN 薄膜的扫描电子显微镜照片

注：(a)、(b)为 GaN 薄膜横截面的扫描电子显微镜照片；(c)、(d)为含 100g Ga 的籽晶上生长的 GaN 薄膜的扫描电子显微镜照片；(a)、(c)为 Ga 侧，(b)、(d)为 N 侧。

由于界面处存在空隙，生长的薄膜很容易从籽晶上分离。从 N 极性面的籽晶上分离的自支撑 GaN 薄片用 X 射线摇摆曲线进行表征。发现(0002)和(2021)衍射面摇摆曲线的半波宽分别为 3400arcsec 和 6300arcsec，高的半波宽被认为源自薄膜和籽晶之间界面附近较差的结构质量。采用霍尔效应(Hall Effect)仪对自支撑 GaN 小片进行了测量，测得电子的浓度和迁移率分别为 $5.4 \times 10^{19}/cm^3$ 和 $73 cm^2/(V \cdot s)$。较高的载流子浓度可能是由于高杂质浓度和高缺陷密度引起的。

溶剂热生长法的最大优点之一是晶体具有优异的均匀性。生长期间溶剂的充分对流，足以实现独立区域(反应物区域或者籽晶区域)内较低的温度梯度。与其他生长方法相比，薄膜生长的均匀性非常好。图8.8 和图8.9 是生长在 $3 \times 4cm^2$ 椭圆形籽晶上 GaN 薄膜的扫描电子显微镜照片。从图中可以看出，GaN 薄膜表现出极好的均匀性。此时，生长温度为675℃，反应物温度为625℃(需要注意的是，这些温度值是在高压釜的外壁上测量的)。高压反应釜内的温度估计比这些值低 50～100℃。生长进行 1 天需要消耗 40g Ga 作为反应物。Ga 面和 N 面生长的薄膜的表面分别如图8.8 和图8.9 的左上角所示。从图中可以看到，生长的薄膜呈现淡黄色，Ga 面薄膜的表面相对而言比较粗糙，而 N 面则呈现出镜面的特征。用扫描电子显微镜观察 Ga 极性表面上各点的表面形貌如图8.8 所示。Ga 极性表面充满了大小不等的亚微米至 $10\mu m$ 的小坑。但是，整个生长区域的表面形貌是均匀的，这表明氨热法具有优异的可扩展性。同样，用扫描电子显微镜观察 N 极性表面不同位置处的形貌如图8.9 所示。从图中可以看出，N 极性表面的形貌除了 GaN 的散点之外，再无其他的表面特征。这种生长法表明，N 面在整个生长过程中非常一致，氨热生长法具有良好的均匀性。

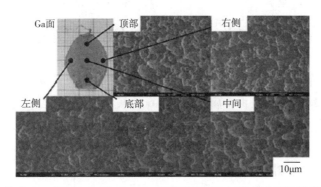

图8.8 生长于大尺寸 GaN 籽晶(Ga 面)上 GaN 薄膜的照片和扫描电子显微镜观察的表面形貌照片

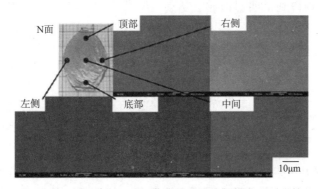

图8.9 生长于大尺寸 GaN 籽晶(N 面)上 GaN 薄膜的照片和扫描电子显微镜观察的表面形貌照片

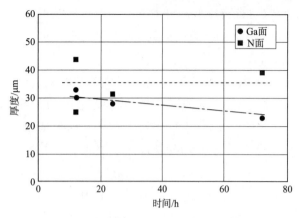

图 8.10　以金属 Ga 为反应物，GaN 薄膜的
厚度与生长时间之间的函数关系

尽管取得了上述的一些成果，但氨热法在生长过程中，存在关于 Ga 作为反应物的关键问题。图 8.10 展示了以 Ga 作为反应物时，GaN 薄膜的生长厚度与生长时间之间的函数关系。从图中可以明显地看到，薄膜厚度在 12h 后没有增加。经过优化，我们已取得的最大生长速率为 88μm/d。然而，生长并没有延续很长时间，这是因为在生长过程中，坩埚内的金属 Ga 转化为 GaN。一旦金属 Ga 被转化为 GaN，含 Ga 的物质向 NH_3 中的溶解将显著减少，从而使 GaN 终止生长。与金属 Ga 有关的另一个问题是，由于 GaN 薄膜在非常低的温度下开始生长（200~300℃），金属 Ga 在超临界氨溶液中具有较高的反应活性，将导致界面处的生长质量变差。因此，控制封闭氨热生长系统的初始过程是一个富有挑战性的问题。由于上述关键问题的存在，我们决定转换到以多晶 GaN 作为反应物来进行 GaN 生长。

8.5　多晶 GaN 作为反应物的 GaN 籽晶生长

在本节中，我们回顾了在氨热法中采用多晶 GaN 作为反应物进行 GaN 籽晶的生长。如上一节（第 8.4 节）所述，来自金属 Ga 的 GaN 生长持续仅约 12h。本节的研究表明，利用多晶 GaN 可以增加矿化剂的浓度［$NaNH_2$ 的浓度达到 3.9%~4.2%（mol）］，实现了长达 90 天的连续生长，如图 8.11 所示。

经过 50 天生长，研究人员已经证实，GaN 晶体的微观结构得到了明显改善，透射电子显微镜照片如图 8.12（a）、图 8.12（c）所示。样品的横截面采用聚焦离子束（Focused Ion Beam，简称 FIB）进行加工，首先采用光学显微镜确认聚焦离子束斑的位置（获得样品横截面的位置）处于生长的界面上，如图 8.12（b）所示。横截面的透射电子

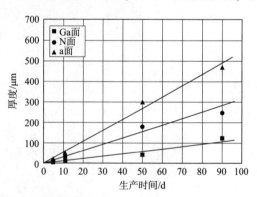

图 8.11　沿 +c、-c 和 a 方向生长的 GaN 晶体
厚度和生长持续时间之间的函数关系

显微镜照片是在亮场（bright field）条件下 $g = <11\bar{2}0>$ 和 $g = <0002>$ 衍射的。图 8.12（a）展示了 Ga 极性面一侧界面处横截面的透射电子显微镜照片，从图中我们不但无法确认生长界面，而且没有观察到错位。图 8.12（c）展示了 N 极性面一侧横截面的透射电子显微镜

照片。与 Ga 极性面一侧不同的是，研究人员在 N 极性面一侧观察到了清晰的生长界面，而且孔洞(在图中以"V"表示)和水平扩散的具有混合特征的位错得到了确认(在图中以"D"表示)。为了估算线位错密度(Threading Dislocation Density，简称 TDD)，我们采用透射电子显微镜在亮场下沿 $g = <11\bar{2}0>$ 方向观察了界面。在 Ga 面上没有观察到位错，而在 N 面上仅观察到数个位错。据估计，Ga 面上的线位错密度不大于 $1 \times 10^{6}/cm^{2}$，而 N 面上的线位错密度为 $1 \times 10^{7}/cm^{2}$。

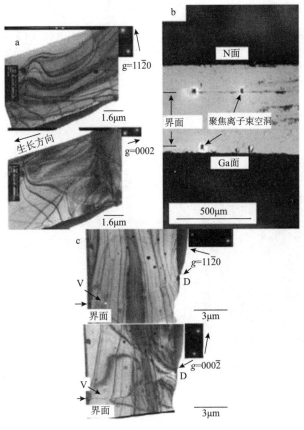

图 8.12 GaN 晶体的微观结构的改善过程

注：(a)Ga 界面 $g = <0002>$ 和 $g = <11\bar{2}0>$ 横截面的透射电子显微镜照片；没有观察到错位，界面未被 TEM 识别。需要注意的是，水平线不是界面，而是样品制备过程中受到的损坏。(b)聚焦离子束前后诺马尔斯基显微镜观察横截面的比较，证实"聚焦离子束孔"不但存在于 N 极性一侧的界面处，而且存在于 Ga 极性一侧的界面上；(c)N 极性面上 $g = <0002>$ 和 $g = <11\bar{2}0>$ 横截面的透射电子显微镜照片，观察到一个空隙(表示为"V")和一个沿水平方向扩展的位错(表示为"D")，界面清晰地用图中的线条标识。

尽管具有优异的微观结构，但生长的 GaN 晶体中仍然包含多个晶粒，这些晶粒破坏了 X 射线衍射摇摆曲线半波宽的对称性，如表 8.2 所示。厚度为 40μm 的 Ga 极性表面(经过 50 天生长) XRD 摇摆曲线的测试结果表明，(0002)和($20\bar{2}1$)衍射面的半波宽分别为 290arcsec 和 110arcsec。尽管这些半波宽与籽晶的半波宽相差不多，但 90 天的漫长生长(样品总厚度为 160μm)导致了更高的半波宽，(0002)和($20\bar{2}1$)的半波宽分别为 1400arcsec 和 650arcsec。同样，厚度为 180μm(经过 50 天生长)的 N 极性表面 X 射线衍射摇摆曲线的测试结果表明，（0002）和（20$\bar{2}$1）衍射面的半波宽分别为 840arcsec 和 490arcsec；90 天漫长生长（样品总厚度 430μm）的样品的（0002）和（20$\bar{2}$1）的半波宽分别为 1400arcsec 和 570arcsec。据推测，HVPE 籽晶上存在应变的 GaN 晶体，其晶格翘曲达到一定程度后的应力弛豫将导致半波宽变宽。图 8.13 展示了诺马尔斯基光学相差显微镜观察 Ga 极面的晶界照片［在热（温度为 160℃）H_3PO_4 溶液中选择性蚀刻后的照片］。蚀刻的细节在文献［26，27］中给出了详细的解释。如图中箭头所示，我们在表面处可以清楚地观察到晶界。据估算，每个晶粒的尺寸约为 500μm。

表 8.2　以多晶 GaN 为反应物、氨热法生长 GaN XRC 的 FWHM

类型	样品	（0002）面（arcsec）	（20$\bar{2}$1）面（arcsec）
Ga 面	HVPE 生长籽晶	280	90
	40μm（50 天生长）	290	110
	160μm（于 50 天晶体之上生长 90 天）	1400	650
N 面	HVPE 生长籽晶	360	100
	180（50 天生长）	840	490
	430μm（于 50 天晶体之上生长 90 天）	1400	570

100μm
晶粒边界

图 8.13　选择性蚀刻后 Ga 面的诺马尔斯基显微照片（箭头指向表示晶界）

我们对生长 50 天的 GaN 晶体进行了二次离子质谱（SIMS）测试。初步结果表明，在 Ga 极性面一侧的晶体中，氧浓度、碳浓度分别为 $2×10^{19}/cm^3$ 和 $1×10^{18}cm^3$，而在 N 极性面一侧的晶体中，氧浓度、碳浓度分别为 $6×10^{19}/cm^3$ 和 $4×10^{18}cm^3$。另外，研究人员还检测出其他杂质（如 Li、Na、Mg、Al、Ni、Cr 和 Mn），因此，减少杂质将成为未来氨热法的挑战之一。

8.6　GaN 晶体的生长及晶圆的切片

经过 82 天持续不断的生长，我们获得了 GaN 晶体，如图 8.14 所示，晶体呈现深褐色。我们推测，色心的起源是杂质和点缺陷的组合。晶体呈多面体形状，具有平面六边形底部和侧壁。平面六角形表面为 c 面，侧壁为 m 面。Ga 极性面由半极性面组成，图 8.14（a）（样品 A）和图 8.14（b）（样品 B）的高度（图中显示为厚度）分别为 4.5mm 和 5.1mm。厚度生长沿 c 方向进行——这表明样品 A 和样品 B 沿着 +c 和 −c 方向生长的厚度分别约为 4.1mm 和 4.6mm。样品 A 和样品 B 的横向尺寸分别约为 5.7mm 和 7mm（沿最长的一侧）。当高压釜打开时，我们认为 GaN 多晶已被完全消耗，实际生长时间不到 82 天。因此，样品 A 和样品 B 沿 c 方向的平均生长速率分别超过了 50μm/d 和 55μm/d。由于样品 B 在高压釜中放置的位置比样品 A 低，因而温度高于样品 A，所以样品 B 的生长速率较高。

 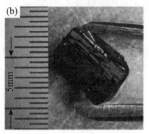

图 8.14 氨热法生长的 GaN 晶体：(a)样品 A；(b)样品 B

将晶体切成厚度为 $400\mu m$ 的 c 面晶片如图 8.15 所示。图 8.15 中的左图为切片前晶体的侧视图，平行线和矩形分别表示水平线的位置和籽晶的位置。从图 8.15 中可以清楚地看到，生长品质强烈地依赖于生长方向。晶圆 $1^{\#}$ 有籽晶相对透明的矩形区域和横向生长区域，沿 a 方向的生长速率比沿 m 方向的生长速率快得多，晶体沿 a 方向和 m 方向的生长尺寸分别为 1.5mm 和 0.3 ~ 0.5mm。如晶片 $2^{\#}$ 中所观察的，沿着 $-c$ 方向生长的晶体颜色较深。另外，我们可以看到，横向生长的黑色区域和晶体沿 c 方向生长是相同的——表明沿 $-c$ 方向的生长比沿着 a 方向或 m 方向生长更占主导地位。

将另一块晶体切割获得 m 面晶片如图 8.16 所示。图 8.16 中的左图为切片前晶体的侧视图，平行线和梯形分别表示水平线的位置和籽晶的位置。右侧图片中的箭头代表了籽晶与晶体之间的横向边界。此外，我们可以清楚地看到生长的各向异性：沿 $+c$ 方向的生长展示了 $\{10\bar{1}1\}$ 面的多晶粒结构，沿 $-c$ 方向的生长展示了深黑色，沿 a 方向的生长展示了浅色，而沿着 $+c$ 和 $-c$ 方向的生长则融合了二者的颜色。由于晶圆 $1^{\#}$ 和 $7^{\#}$ 由横向生长区域组成，它们表现出更好的结构质量(见下文的解释)，沿 $+c$ 和 $-c$ 方向的生长厚度分别为 2.5mm 和 2.1mm。

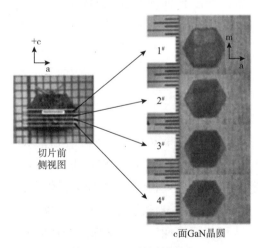 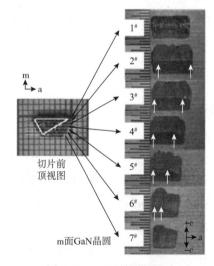

图 8.15 c 面晶圆的照片

注：左图是切片前的晶体，右图是切片的晶圆；
平行线表示大致的位置，矩形近似表示籽晶的位置，
切片的晶圆从上到下依次标记为 $1^{\#}$ ~ $4^{\#}$。

图 8.16 m 面晶圆的照片

注：左图是切片前的晶体，右图是切片的晶圆；
平行线表示大致的位置，梯形近似表示籽晶的位置，
晶片上的箭头表示籽晶与生长晶体之间的横向界面，
切片的晶圆从上到下依次标记为 $1^{\#}$ ~ $7^{\#}$。

图 8.17 给出了 m 面晶片（如图 8.16 所示）{10$\bar{1}$0} 衍射面的 X 射线衍射摇摆曲线。从图中可以看出，摇摆曲线展示了晶体的多晶粒结构。如前文所述，晶圆 1# 主要由横向生长部分组成，具有最窄的半波宽（220arcsec）；晶圆 7# 也显示出相对较窄的半波宽（420arcsec），虽然摇摆曲线没有在图 8.17 中显示。但这意味着结构质量的恶化源于 HVPE 生长的籽晶。

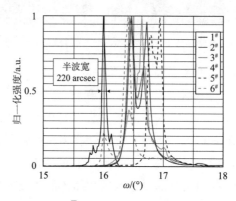

图 8.17　图 8.16 中所示 m 面晶圆(10$\bar{1}$0)的 XRD 摇摆曲线(晶圆的编号与图 8.16 中是一致的)

8.7　小结

在本章中，我们从粉末合成法开始，介绍了研究小组在加州大学圣巴巴拉分校自主研发的 GaN 氨热法生长技术。虽然该生长方法中仍然存在着诸多亟待解决的问题，然而，具有三维多面体形状、尺寸可观的 GaN 晶体证明了氨热生长法的高度可行性，获得的生长速率处于氨热生长商业化的实用范围。同时，多晶粒和颜色加深是我们研究中的主要挑战——这些问题将在不久的将来通过工程应用得以解决。我们相信，氨热生长法是实现我们的"梦想"——GaN 晶体的可行方法。

致谢

这项研究作为中村修二先生"非均匀晶体生长先进技术探索与研究项目"（Exploratory Research for Advanced Technology，简称 ERATO）的一部分，由日本科技署（Japan Science and Technology Agency，简称 JST）进行资助。我们要感谢日本科技署的长期灵活供资，还感谢加州大学圣巴巴拉分校氨热技术研究小组的 James S. Speck 教授和 Feng Wu 博士对透射电子显微镜的观察和富有成果的讨论。此外，我们还要感谢三菱化学株式会社的 Kenji Fujito 和 Makoto Saito 作为访问研究学者参与了该项目的研究。最后，我们感谢三菱化学公司供应 HVPE 生长的 GaN 薄片、Takatori Corporation 以及 Yasunaga Wire Saw Systems Corporation。

参考文献

[1]R. W. Brander, R. P. Sutton, J. Phys. D(Appl. Phys.) 2, 309(1969).

[2]M. A. Haase, J. Qiu, J. M. DePuydt, H. C. Cheng, Appl. Phys. Lett. 59, 1272(1991).

[3]S. Nakamura, T. Mukai, M. Senoh, Jpn. J. Appl. Phys. Part I 32, L16(1993).

[4] S. Nakamura, M. Senoh, S. Nagahama, N. Iwasa, T. Yamada, T. Matsushita, H. Kiyoku, Y. Sugimoto, Jpn. J. Appl. Phys. Part II 35, L74(1996).

[5]S. Porowski, MRS Internet J. Nitride Semicond. Res. 4S1, G1.3(1999).

[6]T. Inoue, Y. Seki, O. Oda, S. Kurai, Y. Yamada, T. Taguchi, Phys. Stat. Sol. (B) 223, 15(2001).

[7]H. Yamane, M. Shimada, T. Sekiguchi, F. J. DiSalvo, J. Cryst. Growth 186, 8(1998)..

[8] F. Kawamura, M. Morishita, K. Omae, M. Yoshimura, Y. Mori, T. Sasaki, Jpn. J. Appl. Phys. 42, L879 (2003).

[9]T. Hashimoto, F. Wu, J. S. Speck, S. Nakamura, Jpn. J. Appl. Phys. 46, L889(2007).

[10] M. C. Schmidt, K. C. Kim, H. Sato, N. Fellows, H. Masui, S. Nakamura, S. DenBaars, J. S. Speck, Jpn. J. Appl. Phys. 46, L126(2007).

[11] A. Tyagi, H. Zhong, N. N. Fellows, M. Iza, J. S. Speck, S. P. DenBaars, S. Nakamura, Jpn. J. Appl. Phys. 46, L129(2007).

[12]D. Peters, J. Cryst. Growth 104, 411(1990).

[13]R. Dwilinski, A. Wysmolek, J. Baranowski, M. Kaminska, R. Doradzinski, J. Garczynski, L. Sierzputowski, H. Jacobs, Acta Phys. Polonica A 88, 833(1995).

[14]R. Dwilinski, R. Doradzinski, J. Garczynski, L. Sierzputowski, M. Palczewska, A. Wysmolek, M. Kaminska, MRS Internet J. Nitride Semicond. Res. 3, 25(1998).

[15]D. R. Ketchum, J. W. Kolis, J. Cryst. Growth 222, 431(2001).

[16]A. P. Purdy, R. J. Jouet, C. F. George, Cryst. Growth Des. 2, 141(2002).

[17]R. T. Dwilinski, R. M. Doradzinski, J. Garczynski, L. P. Sierzputowski, Y. Kanbara, U. S. Patent 6656615 B2(2003).

[18] M. J. Callahan, B. Wang, L. O. Bouthillette, S. Q. Wang, J. W. Kolis, D. F. Bliss, Mater. Res. Soc. Symp. Proc. 798, Y2.10(2004).

[19]A. Yoshikawa, E. Ohshima, T. Fukuda, H. Tsuji, K. Oshima, J. Cryst. Growth 260, 67(2004).

[20]T. Hashimoto, K. Fujito, B. A. Haskell, P. T. Fini, J. S. Speck, S. Nakamura, J. Cryst. Growth 275, e525 (2005).

[21]T. Hashimoto, K. Fujito, M. Saito, J. S. Speck, S. Nakamura, Jpn. J. Appl. Phys. 44, L1570(2005).

[22]T. Hashimoto, K. Fujito, R. Sharma, E. R. Letts, P. T. Fini, J. S. Speck, S. Nakamura, J. Cryst. Growth 291, 100(2006).

[23] M. Callahan, B. G. Wang, K. Rakes, D. Bliss, L. Bouthillette, M. Suscavage, S. Q. Wang, J. Mater. Sci. 41, 1399(2006).

[24] B. Wang, M. J. Callahan, K. D. Takes, L. O. Bouthillette, S. - Q. Wang, D. F. Bliss, J. W. Kolis, J. Cryst. Growth 287, 376(2006).

［25］ Y. Kagamitani, D. Ehrentraut, A. Yoshikawa, N. Hoshino, T. Fukuda, S. Kawabata, K. Inaba, Jpn. J. Appl. Phys. 45, 4018(2006).

［26］T. Hashimoto, F. Wu, J. S. Speck, S. Nakamura, Jpn. J. Appl. Phys. 46, L525(2007).

［27］T. Hashimoto, F. Wu, J. S. Speck, S. Nakamura, Nat. Mater. 6, 568(2007).

［28］P. P. Molinie, R. Brec, J. Rouxel, P. Herpin, Acta Crystallogr. B29, 925(1973).

［29］H. Jacobs, B. Nocker, Zeitschrift für Anorganische und Allgemeine Chemie 619, 381(1993).

［30］X. H. Wu, D. Kapolnek, E. J. Tarsa, B. Heying, S. Keller, B. P. Keller, U. K. Mishra, S. P. DenBaars, J. S. Speck, Appl. Phys. Lett. 68, 1371(1996).

［31］A. Munkholm, C. Thompson, C. M. Foster, J. A. Eastmen, O. Auciello, G. B. Stephenson, P. Fini, S. P. DenBaars, J. S. Speck, Appl. Phys. Lett. 72, 2972(1998).

［32］A. A. Ballman, R. A. Laudise, Hydrothermal Growth, The Art and Science of Growing Crystals, ed. by J. J. Gilman(Wiley, New York 1963), p. 231.

［33］T. Hashimoto, M. Saito, K. Fujito, F. Wu, J. S. Speck, S. Nakamura, J. Cryst. Growth 310, 311(2008), note that the non－polar plane is mislabeled as m－plane which should be corrected as a－plane.

［34］D. Ehrentraut, Y. Kagamitani, C. Yokoyama, T. Fukuda, J. Cryst. Growth 310, 891(2008).

［35］K. Byrappa, M. Yoshimura, Handbook of Hydrothermal Technology, Chap. 4(Noyes, London, 2001).

［36］H. Jacob, S. Schmidt, High－pressure ammonolysis in solid－state chemistry, Current Topics in Materials Science, Vol. 8, Chap. 5, ed. by E. Kaldis(North－Holland, Amsterdam, 1982).

［37］D. A. Johnson, Some thermodynamic aspects of inorganic chemistry, 2nd edn. , Chap. 5(Cambridge University Press, Cambridge, 1968, 1982).

［38］P. A. Stadelmann, Ultramicroscopy 21, 131(1987).

［39］T. Hashimoto, K. Fujito, F. Wu, B. A. Haskell, P. T. Fini, J. S. Speck, S. Nakamura, Jpn. J. Appl. Phys. 44, L797(2005).

第9章 酸性氨热法生长 GaN 工艺

Dirk Ehrentraut，Yuji Kagamitani

摘要

在本章中，我们介绍了氨热法生长 GaN 晶体的工艺，重点关注了酸性矿化剂工艺——这种近年来发展迅速的技术是为了解决未来Ⅲ族氮化物器件中衬底晶格的匹配问题。此外，我们还对酸性矿化剂工艺生长 GaN 的化学和物理性能进行了讨论，并展望了该技术的工艺要求和未来发展前景。

9.1 简介

衬底和薄膜间晶格与热膨胀系数的一致性在器件结构的设计和制造方面具有巨大的优势，并赋予器件较高的效率和较长的使用寿命[1]。宽禁带材料 GaN 是六方结构（GaN：P6₃mc 群，晶格常数 $a = 3.189 \text{Å}$，$c = 5.186 \text{Å}$）。除非另有说明，本文中的 GaN 专指氮化镓。因其优异的电学特性（如能带间隙 3.42eV，击穿电压约 3MV/cm，电子迁移率 1000cm²/（V·s）以及高的饱和速率等），GaN 基电子器件在电子和光电子市场中具有极大的应用潜力。在本书的第一章中，研究人员已经达成了共识，即开发下一代电子和光电器件的关键在于以合理的价格出售优质的 GaN 衬底。

在广泛应用的气相生长工艺中，我们选用了多种不同的技术想方设法地降低晶格和衬底间的热匹配问题，如氢化物气相外延（Hydride Vapor Phase Epitaxy，简称 HVPE）或分子束外延（Molecular Beam Epitaxy，简称 MBE）。我们发现，生长厚度约为 10mm 的不同晶向（极性或非极性）GaN 晶体时，基于 $\alpha - Al_2O_3$（蓝宝石）衬底单晶模板（0001）方向上的生长是最显著的[2]，其他可供选择的衬底材料有（111）GaAs[3]、（0001）和（000$\bar{1}$）6H – SiC[4,5]、（111）和（001）Si[6]、（100）γ – LiAlO[7]，以及很少提到的（0001）和（000$\bar{1}$）ZnO[8,9]。在这些衬底上生长得到的 GaN 晶体中含有如晶界、螺位错、刃位错及堆垛位错等大量的晶体缺陷。作为异质衬底材料，衬底和 GaN 之间存在的热膨胀系数和晶格常数之间的失配将最终导致高密度、高应变和翘曲的外延 GaN 晶圆产品中形成晶体缺陷。此外，如果要求良好的透光性和背接触导电性，通常必须移除衬底。

工业界对自支撑 GaN 晶圆的要求为至少 2in 大小和低于 $10^4/\text{cm}^2$ 的线缺陷密度，液相生长 GaN 工艺可以满足这种要求——这是由于溶相生长法可以获得完美的晶体结构并批量生产，因此很有竞争力。此外，石英($\alpha-SiO_2$)和近来提到的 ZnO 为溶剂热生长技术铺平了道路[10]。更具体地说，溶剂热生长技术采用极性溶剂溶解并在溶质中依次形成亚稳态产物，然后将其转移到生长区，当温度稍微改变时，在类似晶体结构的籽晶上重结晶出所需的 GaN 相。

矿化剂对增强溶质在溶剂中的溶解度至关重要。由于采用了不与周围环境交换物质的封闭系统，溶剂取代了超临界状态，从而改善了溶解度的大小。酸性氨热法通常采用酸性条件下常用的矿化剂生长 GaN，后者以其反常的溶解度而闻名(第七章和第八章)。酸性矿化剂可以在典型的生长条件下使用，即晶体生长发生在高压釜的低温区或者系统的温度降低的时候。

与气相生长技术相比，晶体的溶剂热生长技术具有以下优点：(1)可以在给定温度-压强范围内接近热力学平衡条件下实施，这将导致溶液中产生极低的过饱和度，从而获得期望的高结晶度；(2)具有稳定的生长条件，因为生长界面处的温度梯度几乎为零；(3)高度可扩展性——在漫长的生长过程中，可以产生大量的晶体数量从而实现很高的晶体产量，采用多重籽晶(大约为2000)的过程适应于生长石英相(SiO_2)；(4)生产条件对环境友好，所用的溶液可完全回收；(5)历史悠久(超过60年)，大批量生产了许多晶体(如$\alpha-SiO_2$等晶体)。

与大多数常规工艺相似，该技术也存在一定的局限性。例如，如果釜内的温度不能得到精确控制，就有可能使反应物在介观尺度上的结合产生杂质。生长周期中掺杂剂的长时间注入难以均匀控制，这是因为生长的主反应速率和掺杂速率是不一致的，这种效应将导致晶体中出现梯度，即掺杂浓度沿晶体生长方向发生变化。众所周知，在热平衡条件范围内不允许存在热力学不稳定的固相生长，反之也限制了晶格匹配合金衬底的生长——这是液相生长技术的一般特征。溶剂热生长工艺技术主要用于制备优质的重结晶晶体，该晶体被切割并用于进一步的器件制作，即可以提供大批量、合理价格的晶格匹配，以及大尺寸、低应变衬底的技术。理所当然，高产量技术如热溶液生长法(氨热法)的确是具有满足市场需求的巨大潜力的技术。

顺便提一句，与 GaN 具有相同结构的化合物是六方氧化锌(ZnO：$P6_3mc$ 群，晶格参数 $a=3.253$Å，$c=5.13$Å)，它是第一种采用水热技术制备的半导体晶体，已被证实是在3in 晶片上生长而成的[10]。然而和 GaN 器件工艺不同，ZnO 晶圆具有的高结晶度有利于器件的工艺流程，但 ZnO 器件技术仍需更多的进步才能使发光器件(如 LED 等)进入市场。与此相反的是，GaN 器件领域已经具有数十亿美元的广阔市场，但缺乏物廉价美的 GaN 衬底。

在本章中，我们将全面介绍采用酸性氨热法生长单晶 GaN 的历程，包括详细分析重要的生长参数(如溶液的溶解度)和化学性质。我们将从其历史发展初期开始谈起。

9.2 酸性氨热法生长 GaN 工艺简史

用于未来 GaN 晶圆生长的方法中，氨热生长法是近年来最新的技术之一。HVPE 工艺是目前应用最为广泛的技术之一(见本书第二章~第五章),其他具有潜在应用价值的生长技术包括高压熔体法(High Pressure Solution,简称 HPS,见第十章)和钠流法(Na - Flux Method,见第十一章)等。

早期的超临界氨法一直集中于材料方面的生长,特别是氮化物的生长[11]。从 20 世纪 90 年代开始,研究人员使用氨热法合成了纳米微晶氮化铝和氮化镓[12~15]——作为最有希望的生长 GaN 晶体的技术目前已实现生产。

然而直到 2000 年左右,我们才使用氨热法生长出毫米级的自支撑 GaN 晶体:Ketchum 和 Kolis 在 400℃、2.4×10⁸Pa 的氨碱环境中用超过 10 天的周期生长出 0.5mm×0.2mm×0.1mm 的 GaN 晶体[16];Callahan 等人使用多晶硅和 HVPE - GaN 作为籽晶,在碱性矿化剂和(1.0~3.0)×10⁸Pa 的系统环境中生长出 GaN 厚膜[17];王(Wang)等人在 2006 年的文献中声称,他们成功地生长出 10mm×10mm×1mm 的 GaN 晶体(以小于 50μm/d 的生长速率)。

近来,Purdy、Yoshikawa、Kagamitani 和 Ehrentraut 等研究人员使用酸性矿化剂合成了六方自支撑 GaN 晶体和 GaN 外延薄膜[19~21]。最近还有报道称,成功地使用氨热生长法在 2in HVPE - GaN 衬底上批量生长 GaN[22]。图 9.1 展示了酸性氨热法生长的一个约 2in 的 GaN 晶体。酸性氨热工艺是迄今为止生长 GaN 晶体最具活力、发展迅猛且技术前景良好的技术。

图 9.1 在高压釜中采用酸性氨热法制作的第一个 2in GaN(以 HVPE - GaN 晶体作为籽晶)

9.3 生长工艺

酸性氨热法具有一个所谓"高压釜"的封闭系统,坚固到足以承受高温高压。选择合适的合金使高压釜能够经受长时间的化学恶劣环境,是至关重要的。

在水热法中,超临界水(H_2O)作为溶剂,铁基合金大多作为高压釜材料,铁基合金虽然具有优良的力学性能,然而由于它易于腐蚀,不能在超临界 NH_{3+} 酸性矿化剂的条件下使用。因此,耐腐蚀的镍基合金(Alloy 625、Rene 41、Nimonic 90 等)可以作为高压釜主体的备选材料。

上述镍基合金一般不会被腐蚀,但有时会有点腐蚀,这取决于溶液的酸度,因此酸性氨热法生长工艺的高压釜需要配备具有惰性化学性质的铂(Pt)内衬层,以防止高压釜被腐蚀从而将杂质引入到生长的晶体中。因此挡板、固定籽晶的电线以及包含前驱体的篮子均由金属铂制作。

图 9.2 展示了典型的高压釜装置。挡板将高压釜隔离为高温的溶解区和温度稍低的生长区，金属 Ga、多晶 GaN 或其他含镓材料可以作为前驱体。金属镓（Ga 的纯度为

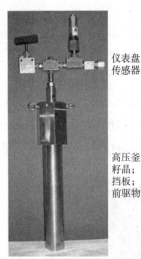

仪表盘
传感器

高压釜内：
籽晶；
挡板；
前驱物及矿化剂

图 9.2　研究尺度的酸性氨热
生长 GaN 的高压釜照片和示意图

99.9999%）最初作为前驱体，逐渐被多晶 GaN 取代，后者是采用 HVPE - GaN（六方结构）的副产物。矿化剂和前驱体的摩尔浓度，通过 $(1 - x)\text{GaN} + x\text{Ga}$ 计算得出，比率高达 0.15。采用 $\text{NH}_4\text{X}(\text{X} = \text{Cl}、\text{Br}、\text{I})$ 作为矿化剂。矿化剂相的纯度为 99.999%，将矿化剂和氨的摩尔比控制在 10^{-2} 范围。GaN 单晶体作为籽晶，前驱体和矿化剂均放置在高温区，籽晶放置在低温区。

高压釜密封后先抽真空，然后充入氮气以排除残余的氧气。

在通常情况下，有多种向高压釜注射氨气的方法。在高压注入系统中，通过高压注射器将氨注入容器中。但是，注射器圆筒中类似污垢的润滑油会混合在容器中，从而污染系统。另一种更好方法是低温处理，即所谓的冷却，但仅适用于小型高压釜。高压釜被抽成真空并冷却到 NH_3 的沸点 T_b 以下（常压下 T_b 为 - 33.35℃，熔点 T_m 为 - 77.7℃），而纯度大于 99.999% 的氨气以质量和流量等可控的方式输入高压釜，高压釜中的氨为液态。一般来说，我们在高压釜中填充的 NH_3 量保持在 40% ~ 70%。

目前，这种气体注入技术已经广泛应用于各类小型高压釜，容纳 2in 晶体的大型高压釜尚在研发之中。

生长 GaN 前的最后一步是采用可控方式加热高压釜。我们曾在温度为 360 ~ 550℃ 的范围内、压强为 $(1.3 ~ 1.7) × 10^8 \text{Pa}$ 的条件下生长 GaN（生长过程中的温度保持不变）。

9.4　溶液化学性质和生长机制

9.4.1　溶解度

介电常数是一种溶解能量的度量（与晶格能相比），NH_3 的介电常数 $\varepsilon = 16.5$（小于水 $\varepsilon = 80$），因此 NH_3 是一种较弱的离子溶剂——这将导致低结晶相的形成。然而，在高压条件下可能部分地解决这个问题，这是由于介电常数 ε 在高密度的溶剂中会增大的缘故[11]。无论如何，显而易见的是，矿化剂能在合理的工艺条件下提高 GaN 的溶解度。

研究表明，GaN 的溶解度在很大程度上取决于氨热溶剂中的化学环境。据报道，在碱性矿化剂 KNH_2 中，GaN 具有反常的溶解度（溶解度具有负温度系数，见第七章相关内容）。因此，籽晶被安放在高温区以实现晶体生长，而前驱物则放置在高压釜的低温区——在低温区 GaN 的溶解度较高[23]。与此相反的情况是，超临界氨热法中酸性矿化剂

NH_4X 则提供了正的溶解度系数[24]，此时，前驱物将放置在高温区，GaN 籽晶则放置在生长室内的低温区。

酸性矿化剂 NH_4Cl 优于碱性矿化剂(如 KNH_2 或 $NaNH_2$)原因之一是，室温下 NH_4Cl 在 NH_3 中具有更高的溶解度。据报道，$100gNH_3$ 可溶解 $124g$ 的 NH_4Cl($24.8℃$)或 $3.6g$ 的 KNH_2($25℃$)或 $0.163g$ 的 $NaNH_2$($20℃$)[25]。因此与碱性矿化剂相比，含酸性矿化剂的氨可以溶解更多的 GaN。

我们一直在测量酸性氨热条件下 GaN 的溶解度，尤其是氯化铵和不同摩尔浓度的矿化剂。我们将一个容积为 10mL 的高压单元放置在 $1.0 \times 10^8 Pa$ 压强下进行实验[24,26]，等温条件下持续进行了 120h 以避免溶解 GaN 部分重结晶。与氨热法生长 GaN 生长工艺相似，多晶 HVPE – GaN 也可以作为前驱体。图 9.3(a)中展示了 GaN 在含 NH_4Cl 的 NH_3 溶液中的溶解度。从图中可以很明显地看出，C_{NH_4Cl} 与温度增加可导致溶液中 C_{GaN} 的增加。图 9.3(a)也展示了相似条件下相同结构 AlN 的溶解度数据，例如，相似的温度 T 和 $NH_4Cl/NH_3 \approx 0.032$ 的混合溶液中，AlN 比 GaN 具有更高的溶解度，通过增加 NH_4I 提高溶液酸度会降低 AlN 的溶解度。

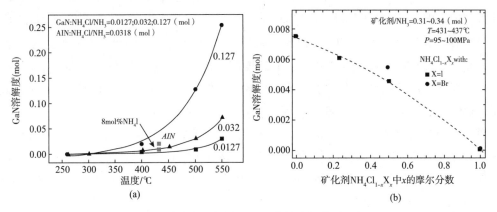

图 9.3 GaN 和 AlN 在不同浓度矿化剂 NH_4Cl 中的溶解度(相对于 $1mol\ NH_3$)(a)和
不同 x 的混合矿化剂 $NH_4Cl_{1-x}X_x$ 中 GaN 的溶解度($X = Br$ 和 I)(b)

通过提取温度在 $T = 250 \sim 600℃$ 范围内 C_{GaN} 与温度间的单指数曲线，我们计算的生成能 $\Delta H_F = 15.9kcal/mol$[24]，该值与 NH_3 中矿化剂的浓度无关。这种方法提供了用来计算控制 GaN 溶解度所需的总能量，这是一种给定酸性氨热条件下控制 GaN 生长的方式。

图 9.3(b)展示混合矿化剂 NH_4Cl_{1-x}(x 为 Br、I)中的 GaN 溶解度，从图中可以看出，增加组分 x 将导致 GaN 溶解度降低。相对 NH_4I，使用一定比例的 NH_4Br 可稍微提高 GaN 的溶解度，使用纯矿化剂 NH_4Br 或者 NH_4I(即用 $x = 1$)并不显著地提高 GaN 的溶解度。

9.4.2 生长速率和溶液的化学性质

一般来说，生长速率首先取决于 GaN 晶体的极性，即附着在晶体表面的电荷和离子密度，其次是溶液中晶体生长面前端富裕的生长物。不同于 NaCl 在 H_2O 中溶解，高温高压酸性氨热系统内的化学结构没有明显的特征。

近期，Wang 和 Callahan 从文献中总结了 GaN 的合成条件[23]。他们在报告中总结了最有利的氨碱生长 GaN 条件，即以纯 KNH_2 或 KNH_2 和 KN 混合物作为碱性矿化剂，较高温度区保持 550℃ 左右，压强保持为 $(1.72 \sim 3.10) \times 10^8 Pa$。氨气填充量必须大于 60%。

在酸性矿化剂（如 NH_4Cl）的情况下，与 H_4Cl 相似的 $(NH_4)_3 GaCl_n$ 及 $(NH_4)_3 GaF_6$ 均有可能形成[27]，后者的氨解反应在温度约 400℃ 时容易生成 GaN。在氨酸条件下，$[Ga(NH_3)_5 Cl]Cl_2$ 被认为是生长 GaN 的有效前驱物，并在 840K 时生成[28]，即它在此温度条件下是稳定的，可用来在氨酸条件下生长 GaN。$[Ga(NH_3)_5 Cl]Cl_2$ 的结构为八面体阳离子 $[Ga(NH_3)_5 Cl]^{2+}$ 被扭曲立方体的 Cl^- 阴离子包围，后者是一个弱键，在给定的环境中能轻易地从八面体阳离子中断开。此外，自由 Cl^- 阴离子能轻易地形成 NH_4Cl，矿化剂分子再次与 NH_4^+ 结合（源于 NH_3 分子间的质子交换形成），即：

$$2NH_3 \leftrightarrow NH_4^+ + NH_2^- \qquad (9.1)$$

如果我们现在假设带两个正电荷的 $[Ga(NH_3)_5 Cl]^{2+}$ 确实存在于超临界的 NH_3 和 NH_4Cl 中，那么这可能是 $(000\bar{1})$ 面的生长速率比 (0001) 面的生长速率更高的原因了。与碱性矿化剂（如 LiOH 和 KOH）的水热合成 ZnO 体系类似[10]，带正电荷的生成物（如 $[Ga(NH_3)_5 Cl]^{2+}$）很容易被带负电荷的 $(000\bar{1})$ 面而不是带正电荷的 (0001) 面吸引。我们之前已经指出，只有一个过程控制着化学平衡——溶解度图中的 Arrhenius（阿伦尼乌斯）曲线具有明显的线性斜率。需要更多的研究才能证实在氨酸条件下，$[Ga(NH_3)_5 Cl]^{2+}$ 或其他相似的分子（或者更复杂的分子）是影响 GaN 溶解与沉积反应的关键物质。

对已获得的高结晶质量 GaN 晶体，评估其稳定的最大生长速率 V_{max} 对于未来溶相生长工艺是否能成为主要的利润源给出了解决方案。超过 V_{max} 时，有可能形成杂质夹杂、柱状晶生长机制等相关的晶体缺陷。到目前为止，我们对氨热法生长 GaN 的细节还知之甚少，甚至 ZnO 也没有得到很好的处理。最大稳定生长速率基本源于能斯特（Nernst）原理[29]，后由卡尔森（Carlson）修改[30]：

$$V_{max} = \left(\frac{0.214 D\mu\sigma^2 C_e^2}{Sc^{1/3}\rho^2 L} \right)^{1/2} \qquad (9.2)$$

式中，D 为扩散系数；μ 为溶液流速；σ 为扩散前晶面边界层的厚度；C_e 为溶质的平衡溶解度；ρ 为液体密度；L 为晶面长度；S_c 为施密特数。①

施密特数 S_c 给出了摩擦和扩散过程中质量传输的比值，可用下式计算：

$$S_c = \eta / \rho D \qquad (9.3)$$

把 $\eta = 4.6 \times 10^{-5} Pa \cdot s$，$\rho_{(673K)} = 0.39 g/cm^3$，$D = 2 \times 10^{-4} cm^2/s$ 代入上式计算得到 $S_c = 5.77$[31]。

---

① 施密特数（Schmidt Number，简称 S_c），是一个无量纲的标量，定义为运动黏性系数和扩散系数的比值，用来描述同时有动量扩散及质量扩散的流体，物理上与流体动力学层和质量传递边界层的相对厚度有关。——译者注

一般来说,气体混合物的 S_c 为 $0.2 \sim 3$,液体混合物的 S_c 为 $100 \sim 1000$。$S_c = 5.77$ 表明我们处理的是气相体系,而不是纯粹的液相。

V_{max} 的计算基于溶质的传输过程,因此只能计算宏观晶体的长度。从式(9.2)中可以看出,更高的超饱和态将获得更高的 V_{max},这一事实已被实验证实[32]。如前所述,NH_3 中的 C_{NH_4Cl} 从 0 到 $>1\%$(mol)时,生长速率将超过 $50\mu m/d$。

让我们回到现实中来,封闭系统中非常高的流速是不现实的,也不存在像搅拌一样的强制对流。因此,计算中的决定参量应当以可持续的方式来建立溶液的最大流速。方程的其他参数的影响基本与温度有关,因此影响相对较小。

典型情况下流量生长的 $V_{max} = 72 \sim 180\mu m/h$($1700 \sim 4320\mu m/d$)[33]。使用水热法生长大尺寸 $\alpha - SiO_2$ 和 ZnO 时,观察大尺寸高质量晶体的(0001)面,发现其生长速率分别为 $500 \sim 1000\mu m/d$ 和 $200 \sim 300\mu m/d$[10]。

现在让我们进一步代入参数计算氨热法生长 GaN 的情况,并采取如下假设:从模拟得到的 $D = 2 \times 10^{-4} cm^2/s$,$\mu = 10cm/s$[34],$\sigma = 0.1cm$,$C_e(773K) = 1$(1mol GaN/1mol NH_4Cl),$S_c = 5.77$,$\rho(673K) = 0.39g/cm^3$ 以及 $L = 1cm$,晶体生长尺寸为 1cm,$V_{max} = 15.48\mu m/h$(或 $371.5\mu m/d$)。相应地,一个直径为 2in 的 GaN 籽晶的最大生长速度 $V_{max} = 164.6\mu m/d$。

误差是由扩散系数 D 造成的[在 $(1 \sim 6) \times 10^{-4} cm^2/s$ 范围];σ 和 S_c 的近似值是根据 D 计算的,而 D 和 σ 大致抵消后使 S_c 和 C_e 在 V_{max} 计算时发挥核心作用。

流速 μ 增加是导致 V_{max} 增加的一个主要原因,相反地,减少 σ 将使 C_e 增加——这可以通过在超临界水热法的溶解区和生长区域之间选择合适的温度梯度 ΔT 来实现[35]。从 15K 增加到 25K 增加温度梯度 ΔT 将使主流速增加 1 倍。我们在实验中发现,更大的高压釜中很容易实现更高的流速,如图 9.4 所示,更高的温度梯度 ΔT 将导致流速迅速增加。

生长速率确实对晶体生长工艺的经济效应产生很大的影响,并极大地决定了从晶体上切割的晶圆的价格。众所周知,从溶液中生长单晶的速度比从熔体中生长要慢得多,

图 9.4 一个大尺寸的高压釜
(由加热器组装而成用于生长 2in 的 GaN 晶体)

其中的原因已经在各种文献中广泛地讨论过[36]。然而,如果在单个生长周期中用多个晶体同时生长,那么液相生长法会在总产量上更有成效。

实验得到的生长速率是矿化剂浓度和反应釜中绝对温度的函数。在长期的生长周期中,生长速率超过 $50\mu m/d$ 需要在 1mol/L 的 NH_3 中含有 NH_4Cl 的浓度大于 1%(mol),而在最近的实验中已经实现了约 $100\mu m/d$ 的生长速率。我们在大型高压釜中采用氨热法生

长 GaN 晶体时，在每个生长周期中使用成百上千的 GaN 籽晶，当稳定生长速率为 80 ~ 100μm/d 时，就能满足未来大规模生产 GaN 的需求[23]。

很有趣的是，GaN 的生长速率在氨酸和氨碱系统中非常相近，生长速率背后的化学差异对两者没有偏向。

9.4.3 酸度对 GaN 形成的影响

使用矿化剂 NH_4X（X = Cl、Br、I）显示，从 X = Cl 到 X = I，溶液酸度依次增加，即配位基 X 决定溶液中游离 NH_2^- 的浓度。

近期，Ehrentraut 等人的研究结果表明，通过增加 GaN 的前驱物，采用 NH_4Br 甚至效果更佳的 NH_4I 来增加酸度的一个非常受欢迎的效果是，GaN 的生成量明显增加（如图 9.5 所示）[37]。采用 NH_4Cl，温度从 360℃提高到 550℃时，GaN 的生成量基本没有改变，而矿化剂 NH_4Br 和 NH_4I 在温度大于 450℃时，会显著提高 GaN 的生成量——这有利于提高生长速率。然而，应用这种方法仍然需要进行许多工作的研究。在图 9.5 中，我们还可以看到，当温度不低于 500℃时，使用 NH_4Br 和 NH_4I 更容易得到稳定的六方相，这和 Purdy 的报道的成果是一致的[19]。

同时，增加酸度也伴随着自成核立方 GaN（属于 $F\bar{4}3m$ 空间群）数量的增加，这是粉末 X 射线扫描晶体的结果[37]。当生长过程中没有提供六方相 GaN 籽晶时，这是完全正确的。

高达 20%（mol）的 NH_4Br 或 NH_4I 与 NH_4Cl 的混合物（作为增强溶液酸度时）仍然可以获得约 95% 的六方相 GaN。图 9.6 展示了立方 GaN(200)的衍射角 $2\theta \approx 40.416°$。根据粉末衍射标准联合委员会（Joint Committee on Powder Diffraction Standards，简称 JCPDS）国际衍射数据中心数据 88-2364 号，X 射线扫描自成核立方 GaN 几乎不可见。首次实验证实了在 HVPE-GaN 籽晶上生长的六方相 GaN 具有更高的生长速率[37]。

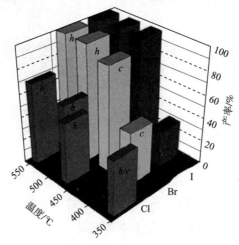

图 9.5 经 XRD 证实，分解 GaN 的前驱体和相中自成核 GaN 的产量[37]
（其中，h 和 c 分别表示纯六方相和含有立方相的六方相）

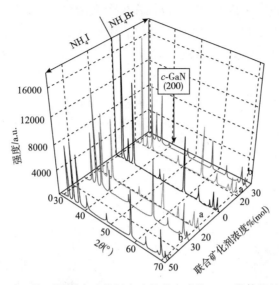

图9.6　从不同混合矿化剂中生长的自成核 GaN 晶体的纯度

注：矿化剂分别为$(1-x)\%(mol)NH_4Cl/x\%(mol)NH_4Br$ 和 $(1-x)\%(mol)NH_4Cl/x\%(mol)NH_4I$，其中 $x=20$、30 和 50，分别以 a、b 和 c 表示。

当体系中的氧浓度大于 $10^{18}/cm^3$ 时，将生成氧化镓晶体（Ga_2O_3，$R\overline{3}C$ 空间群），这是由于采用非籽晶生长的缘故。

9.5　氨热法生长的 GaN 性质

为了表征生长的 GaN 晶体的性质，我们使用诺马尔斯基光学相差显微镜（Nomarski Differential Interference Microscopy，简称 NDIM）、扫描电子显微镜（SEM，JEOL JSM - 7000F）、电子能谱仪（Energy - Dispersive Spectroscopy，简称 EDS，JEOL JSM - 7000f，15kV，1nA，检测范围 0~20keV，富集时间 60s）和二次离子质谱仪（SIMS，5kV 时的主要电子束类型为 C_S^+ 和 O_2^+，电流为 200~400nA）来鉴别 GaN 晶体中的元素成分和浓度。采用粉末 X 射线衍射法（XRD，Rigaku RINT - 2000，40kV，40mA），采用 $CuK_{\alpha 1}$ 辐射与 Ge（220）单色器（12arcsec 的束发散，扫描速度为 0.01°/min，步长为 10^{-40}）评估三菱化学株式会社 HVPE - GaN 的结晶度。对 XRD 使用 Si 标准参考材料（JCPDS 国际衍射数据卡 27 - 1402 号）进行校正，采用 He - Cd 激光器在低温下激发稳态光致发光谱（Omnichrome 3056 - M - A01，$\lambda=325nm$，$P_{out}=10MW$，低温恒温器的型号为 Daikin UV202CL），光谱通过单色器（Jobin Yvon Spex HR320，1200lines/mm 的光栅，焦距长度为 320mm）获得。

图9.7 展示了 2005 年采用氨热法生长的第一枚无裂纹 GaN 晶体——生长于 $1cm^2$ 的 HVPE - GaN 籽晶（0001）（该面没有经过任何机械接触）。图中的 GaN 晶体在实验后完全被含有矿化剂的薄膜覆盖，我们可以轻易地使用蒸馏水和 2 - 丙醇除去该层薄膜。

籽晶表面的质量对 GaN 的成核和连续生长有着巨大的影响[21,37]，未经机械接触的表面为进一步的生长提供了最好表面状态。因此，恰当的化学机械研磨法（Chemico - mechanical

Polishing，简称 CMP)或者化学蚀刻法可以制作出令人满意的没有宏观阶梯的光滑表面[21]。在 m 面 GaN 籽晶的生长过程中也观察到了类似的现象，我们将在稍后的内容中进行讨论。

图 9.8 展示了氨热法生长在 HVPE – GaN 籽晶上的 c 面 GaN 晶体的照片(这是改进了加热器系统后生长的照片，改进后能更好地控制整个高压釜的加热条件)。尽管生长的晶体表面未经打磨，但我们获得了高度透明的氨热 GaN 晶体。Ga 面和 N 面的厚度约 15μm。在图 9.9 中，我们测量了 GaN(0002)衍射面的 X 射线衍射摇摆曲线的半波宽，其中 Ga 面的半波宽为 108arcsec，N 面的半波宽为 339arcsec。因此，这种衬底材料可以用于简单结构器件的连续沉积，这项工作目前正在进行中。

图 9.7　在未经机械处理的 HVPE – GaN
晶体上采用酸性氨热法生长的
第一块厚的 GaN 晶体照片

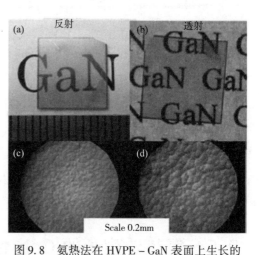

图 9.8　氨热法在 HVPE – GaN 表面上生长的
高质量 GaN 的光学显微照片

注：(a)反射；(b)透射；(c)Ga 极面的光学相差显微镜照片；
(d)N 极面的光学相差显微镜照片。本文经许可重印，
版权所有(2009)：Springer – Verlag。

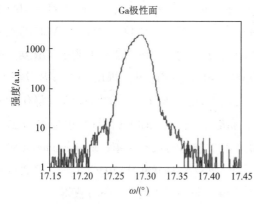

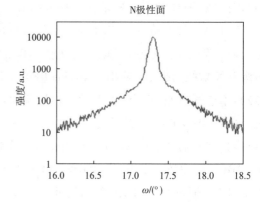

图 9.9　氨热法生长 GaN 晶体的 Ga 极性面(a)和 N 极性面(b)的 XRD 摇摆曲线

最近有研究人员考虑到，生长在(0001)表面上的鹅卵石图案可能与位错的形成有关[21]，这与石英晶体的情况非常相似。从图 9.8(c)、图 9.8(d)中可以看出，(000$\bar{1}$)面的小丘密度约为(0001)面的 3 倍。Hashimoto 等人[38]通过透射电子显微镜(TEM)证实 N 面的螺位错密度较高，即 Ga 面的螺位错密度大约为 $10^6/cm^2$，N 面的螺位错密度大约为 $10^7/cm^2$。

图9.10(a)的扫描电子显微镜剖面图展示了在两个极性面上生长的厚度为100μm的GaN层，金字塔面已经开始形成。从典型的短程生长过程中，我们放大了HVPE-GaN籽晶和氨热GaN晶体界面的区域，揭示了薄膜具有高的平整度以及开裂模式始于HVPE并持续到氨热生长材料[如图9.10(b)所示]，没有发现空隙的存在。图9.10(c)展示了HVPE非极性$(10\bar{1}0)$籽晶上氨热生长GaN晶体的界面区域特征。最近，研究人员开始广泛关注非极性衬底上生长的GaN晶体结构——这是由于缺乏静电场而提高了内量子效率，且已经被证实[39]。

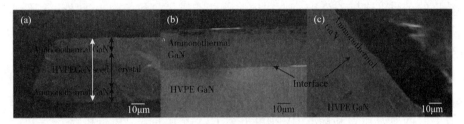

图9.10 横截面的SEM照片

注：(a)显示了厚度约为100μm的Ga极性和N极性GaN的表面，包括开始形成金字塔面；(b)HVPE(0001)籽晶和氨热晶体之间的平坦界面区域；(c)$(10\bar{1}0)$HVPE籽晶和氨热晶体。

我们使用$(10\bar{1}0)$或m面的HVPE-GaN籽晶，生长了约$1cm^2$大小的优质晶体。经X射线摇摆曲线测试，GaN晶体(0002)的半波宽约为100arcsec，位错密度约为$2\times10^5/cm^{2}$[40]。图9.11展示了氨热法生长的GaN晶体具有非常光滑的表面形貌。然而必须指出，切割造成的损伤有时仍然存在，可以清晰地用诺马尔斯基光学相差显微镜观察到[如图9.11(c)所示]。

我们最近采用酸性氨热法在1in的籽晶上生长GaN晶体。图9.11是在温度为500℃和压强为1.0×10^8Pa的条件下，在2in(曲率半径为9m，斜切方向±0.15°)

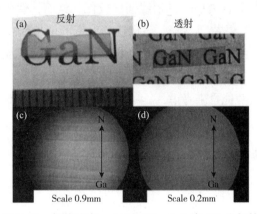

图9.11 氨热法在m面HVPE-GaN表面上生长的高质量GaN的光学显微照片

注：(a)反射；(b)透射；(c)由于机械损坏，高倍放大下显示生长特征的光学相差显微镜照片；(d)光学相差显微镜显示的平坦表面。

的HVPE籽晶上生长晶体的结果。如图9.4(a)所示，在酸性矿化剂中用酸性氨热法生长GaN晶体，目前最大的高压釜的内部直径和长度分别为100mm×1000mm。虽然之前几次生长的晶体质量不能令人满意，然而，这一次的生长结果非常鼓舞人心，因为到目前为止，我们已经实现并演示了在合适的工艺温度和压强条件下生长大尺寸GaN晶体，这对于未来工业生产至关重要。但值得注意的是，无应变(无弯曲)和大尺寸(大于2in)的GaN籽晶仍然没有获得。只有Dwilinski等人最近展示了他们自己在GaN籽晶材料上生长出大尺寸低应变的非常平整的GaN晶体(见第7章)。

当采用高压釜技术时，去除晶体中的杂质是一项重要挑战，其来源是多种多样的，如高压釜、燃气管道中的前驱物、矿化剂和氨气本身，以及挡板、籽晶夹具等。我们总结了迄今为止研究人员开展的多次实验，观察到的杂质及其浓度如 Cr（浓度为 10^{15} ～ $10^{18}/cm^3$）、Fe（浓度为 10^{17} ～ $10^{20}/cm^3$）以及 Ni（浓度为 10^{18} ～ $10^{20}/cm^3$）等。内衬铂金的最大浓度为 $10^{16}/cm^3$，同时还检测到 Si（浓度为 $10^{19}/cm^3$）和 O（浓度为 10^{18} ～ $10^{20}/cm^3$）。有报道称，在氨热法碱性矿化剂制备 GaN 中，Si 和 O 的浓度很接近（约为 $10^{19}/cm^3$）[41]，而 Si 和 O 的浓度分别为 $10^{18}/cm^3$ 和 $10^{20}/cm^{3[23,41]}$。在以上所有的情况中，我们还发现 N 面含有更高浓度的杂质，这与 ZnO 中 O 面很容易俘获杂质是一致的[10]。此外，较低水平的杂质是采用了先进生长技术的结果。

　　光致发光谱是评价氨热法生长 GaN 样品光学质量的主要测试技术之一[24,42,43]。我们对样品的光致发光测试结果表明，GaN 在 N 面的成核质量似乎比 Ga 面的成核质量高。此外，我们最近报道的酸性氨热法制备的 GaN，其光学性质得到了极大的改善——这表明氨热法生长的 GaN 样品可以和标准 HVPE 生长的 GaN 晶片的结晶质量相媲美[24]。

　　在图 9.12 中，我们比较了低温（10K）下氨热 GaN 与 HVPE – GaN 的光致发光谱。从中性施主（D^0X）束缚激子发射谱线中观察到，HVPE – GaN 是禁带宽度为 3.472eV 的六方结构，而氨热 GaN 的谱线强度较低。然而，偶尔会在 3.357eV 处发现另一个峰，该峰被确认为 Y4 线[44]。然而，该谱线与温度的依赖性表明，其特征与 2H – GaN 激发的 D^0X 以及报道的线位错缺陷处的点缺陷束缚激子相似。因此，通过比较 Y4 线与 X 射线衍射 $\omega - 2\theta$ 扫描模式下（0006）卫星峰的强度分布，有研究人员建议，Y4 线可能与另一个晶体结构有关。从带隙能量来考虑，Y4 线与 GaN 中 6H 结构激发的 D^0X 有关，属于一种亚稳相[43]。

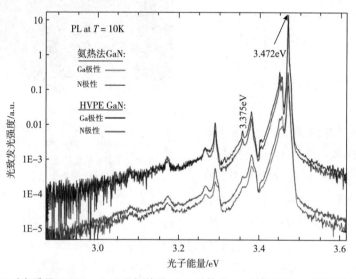

图 9.12　10K 时高质量 HVPE – GaN 和氨热法 GaN 晶体的 Ga 极性面和 N 极性面的光致发光谱

　　在 10K 的低温下观察氨热法生长的 GaN 晶体时，深能级发光峰（1.93eV）、红光发光峰等没有在图中观察到。光致发光谱的强度与温度的依赖性和时域分辨光致发光谱（Time – resolved Photoluminescence，简称 TR – PL）的特性表明，氨热法生长的 GaN 出现红色发光峰可能与含有高浓度的氧有关——这与其他 GaN 样品中的氧浓度是一致的。

9.6 氨热法生长 GaN 的未来发展前景

2007 年，Ammono 公司第一次展示了一枚高质量的 1in 自支撑 GaN 晶片[41]。此后，氨热法生长 GaN 技术被认为是一种与其他生长技术相媲美的技术，从而成为一种更成熟的气相生长 GaN 晶体的方法。Fukuda 和 Ehrentraut 最近对氨热法生长 ZnO 和 SiO$_2$ 的技术进行了比较[26]，假设用一个类似的技术时间路线等比例放大高压釜、GaN 籽晶的尺寸，优化工艺制程，从而更好地理解决定生成物产率的过程。我们可以预期，商业可用的氨热法生长 2in 的 GaN 晶体很快就会投诸应用[26]。

水热法生长 ZnO 的技术是完全以水热法生长 SiO$_2$ 的成熟技术为基础发展而来的，相比之下，氨热法生长 GaN 从 SiO$_2$ 和 ZnO 的生长技术中获益良多，因此，需要更好地理解诸如大型高压釜的设计，包括合金内衬的选择、热梯度的建立或过程控制等问题。此外，近期研究人员数值模拟氨热法生长环境下质量与热量的传递过程并在优化生长条件等方面取得了一定进展[45]。因此，我们可以期待，不久的将来会有大批量大尺寸（≥2in）的氨热法生长的 GaN[26]。

通过与一些半导体晶体（如 SiO$_2$ 和 ZnO）的生长速率进行比较，显而易见的结论是，熔体生长法在生长速率方面明显占据优势，例如，Si 的生长速率最高可达 60mm/h，而水热法生长 ZnO 的生长速率只有 10μm/h。所以，我们预期 GaN 的生长速率将只有 ZnO 的一半左右，但目前的生产速率仅大于 2μm/h。目前的低生长速率（大约只有石英的 10%）似乎阻碍了氨热法生长 GaN 技术的应用并以更经济的方式生长 GaN 晶体。我们需要考虑的因素有以下几个：

（1）首先，氨热法生产 GaN 晶体有一个其他任何生长技术都无法比拟的优势——等比例放大。类似于 SiO$_2$ 晶体的生长，我们可以在一个高压釜中用 1000 个籽晶同时生长 1000 个 GaN 晶体，这将大大降低每个 GaN 晶片的价格。此外，晶体生长的大小基本上仅受限于高压釜的内径。综合以上各点，在不考虑低生长速率和高压设备的情况下，我们目前估计氨热法生长的 GaN 晶片的价格和 InP 晶片差不多[26]。

（2）其次，斯佩齐亚（Spezia）在早期研究工作中估计 SiO$_2$ 的生长速率小于 1μm/h[46,47]。然而通过对水热法中决定生长速率的关键步骤和参数进行优化，SiO$_2$ 的生长速率得到了大约 20 倍的提升——这与目前我们正面临的氨热法生长 GaN 晶体的情况完全类似。

（3）最后，氨热生长技术的发展历程比较短暂，大约有 15 年[13]，而且只有为数不多的几个课题组在进行这方面的研究，这与 Si、Ge 以及少量 GaAs 等主流半导体的熔体生长技术形成了鲜明的对比——这是半个世纪以来，庞大的研究团体、货币基金共同的科学研究目标和对象。

福田和埃伦特劳特最近考虑了成功采用氨热法生长 GaN 的主要影响因子[26]：深刻掌握 GaN 原料和矿化剂溶解度的知识，可用的大尺寸高品质 GaN 籽晶，稳定的 GaN 原料以实现长期的持续生长，增大目前高压釜的尺寸以生长直径大于 2in 的 GaN 晶体。

接下来的工作是实现极性面与非极性面(如$\{1011\}$、$\{1122\}$、$\{1010\}$、$\{1120\}$)GaN晶片在大尺寸 GaN 晶体上的生长,这将使制作的器件消除静电场的干扰,提高器件的量子效率[39,48]。

采用液相外延生长 GaN[49]和碱性氨热法生长 GaN[41]均可以将 GaN 晶片中的位错密度降低至 $10^3/cm^2$ 以下,这将为市场提供大尺寸、无应变、无表面弯曲的高度完美 GaN 籽晶。

如果展望未来 5 ~ 10 年,我们相信,用于器件的 GaN 晶圆中,将会有一小部分 GaN 可能来自氨热生长技术[26]。

参考文献

[1] T. Koyama, S. F. Chichibu, J. Appl. Phys. 95, 7856 (2004).

[2] Mitsubishi Chemical Corporation, Tokyo, Japan http: //www. m – kuyaku. co. jp.

[3] K. Motoki, T. Okahisa, N. Matsumoto, M. Matsushima, H. Kimura, H. Kasai, K. Takemoto, K. Uematsu, T. Hirano, M. Nakayama, S. Nakahata, M. Ueno, D. Hara, Y. Kumagai, A. Koukitu, H. Seki, Jpn. J. Appl. Phys. 40, L140 (2001).

[4] T. Sasaki, T. Matsuoka, J. Appl. Phys. 64, 4531 (1988).

[5] V. Härle, B. Hahn, H. – J. Lugauer, S. Bader, G. Brüderl, J. Baur, D. Eisert, U. Strauss, U. Zehnder, A. Lell, N. Hiller, Phys. Stat. Sol. A 180, 5 (2000).

[6] Y. Honda, Y. Kawaguchi, Y. Ohtake, S. Tanaka, M. Yamaguchi, N. Sawaki, J. Cryst. Growth 230, 346 (2001).

[7] P. Waltereit, O. Brandt, M. Ramsteiner, R. Uecker, P. Reiche, K. H. Ploog, J. Cryst. Growth 218, 143 (2000).

[8] Z. Sitar, M. J. Paisley, B. Yan, R. F. Davis, Mater. Res. Soc. Symp. Proc. 162, 537 (1990).

[9] E. S. Hellman, D. N. E. Buchanan, D. Wiesmann, I. Brener, MRS Internet J. Nitride Semicond. Res. 1, 16 (1996).

[10] D. Ehrentraut, H. Sato, Y. Kagamitani, H. Sato, A. Yoshikawa, T. Fukuda, Prog. Cryst. Growth Charact. Mater. 52, 280 (2006).

[11] H. Jacobs, D. Schmidt, High – pressure ammonolysis in solid – state chemistry, In Current Topics in Materials Science, vol. 8, ed. by E. Kaldis (North – Holland, Amsterdam, 1982), p. 379.

[12] D. Peters, J. Cryst. Growth 104, 411 (1990).

[13] R. Dwili′nski, A. Wysmolek, J. Baranowski, M. Kami′nska, R. Doradzi′nski, J. Garczy′nski, L. P. Sierzputowski, Acta Phys. Pol. 88, 833 (1995).

[14] J. W. Kolis, S. Wilcenski, R. A. Laudise, Mater. Res. Soc. Symp. Proc. 495, 367 (1998).

[15] A. P. Purdy, Chem. Mater. 11, 1648 (1999).

[16] D. R. Ketchum, J. W. Kolis, J. Cryst. Growth 222, 431 (2001).

[17] M. J. Callahan, B. Wang, L. O. Bouthillette, S. – Q. Wang, J. W. Kolis, D. F. Bliss, Mater. Res. Soc.

Symp. Proc. 798, Y2. 10. 1 (2004).

[18] B. Wang, M. J. Callahan, K. D. Rakes, L. O. Bouthillette, S. – Q. Wang, D. F. Bliss, J. W. Kolis, J. Cryst. Growth 287, 376 (2006).

[19] A. P. Purdy, R. J. Jouet, C. F. George, Cryst. Growth Des. 2, 141 (2002).

[20] A. Yoshikawa, E. Ohshima, T. Fukuda, H. Tsuji, K. Oshima, J. Cryst. Growth 260, 67 (2004).

[21] Y. Kagamitani, D. Ehrentraut, A. Yoshikawa, N. Hoshino, T. Fukuda, S. Kawabata, K. Inaba, Jpn. J. Appl. Phys. 45, 4018 (2006).

[22] D. Ehrentraut, K. Kagamitani, T. Fukuda, F. Orito, S. Kawabata, K. Katano, S. Terada, J. Cryst. Growth 310, 3902 (2008).

[23] B. Wang, M. J. Callahan, Cryst. Growth Des. 6, 1227 (2006).

[24] D. Ehrentraut, K. Kagamitani, C. Yokoyama, T. Fukuda, J. Cryst. Growth 310, 891 (2008).

[25] D. Nicholls, Inorganic Chemistry in Liquid Ammonia, in Topics in Inorganic and General Chemistry, Monograph 17, ed. by R. J. H. Clark (Elsevier, Amsterdam, 1979).

[26] T. Fukuda, D. Ehrentraut, J. Cryst. Growth 305, 304 (2007).

[27] M. Roos, J. Wittrock, G. Meyer, S. Fritz, J. Strähle, Z. Anorg. Allg. Chem. 626, 1179 (2000).

[28] H. Yamane, Y. Mikawa, C. Yokoyama, Acta Crystallogr. E 63, i59 (2007).

[29] W. Nernst, Z. Physik. Chem. 47, 52 (1904).

[30] A. Carlson, in Growth and Perfection of Crystals, ed. by R. H. Doremus, B. W. Roberst, E. Turnbull, (Wiley, New York, 1958), p. 421.

[31] C. – H. He, Y. – S. Yu, Ind. Eng. Chem. Res. 37, 3793 (1998).

[32] D. Ehrentraut, Y. Kagamitani, Ammonothermal growth of GaN, IWBNS – V, Itaparica, Salvador, Brazil, September 24 – 28, 2007, Workshop Program and Abstracts.

[33] H. J. Scheel, D. Elwell, J. Cryst. Growth 12, 153 (1972).

[34] Y. Masuda, Private communication.

[35] K. Nagai, J. Asahara, J. Jpn. Assoc. Cryst. Growth 27, 68 (2000).

[36] A. A. Chernov, in Modern Crystallography III: Crystal Growth, Springer Series in Solid – State Sciences, vol. 36 (Springer, Berlin, Heidelberg, New York, Tokyo, 1984).

[37] D. Ehrentraut, N. Hoshino, Y. Kagamitani, A. Yoshikawa, T. Fukuda, H. Itoh, S. Kawabata, J. Mater. Chem. 17, 886 (2007).

[38] T. Hashimoto, F. Wu, J. S. Speck, S. Nakamura, Jpn. J. Appl. Phys. 46, L525 (2007).

[39] P. Waltereit, O. Brandt, A. Trampert, H. T. Grahn, J. Menniger, M. Ramsteiner, M. Reiche, K. H. Ploog, Nature 406, 865 (2000).

[40] F. Orito, K. Katano, S. Kawabata, Y. Kagamitani, D. Ehrentraut, C. Yokoyama, H. Yamane, T. Fukuda, Growth strategy for gallium nitride bulk crystals, 5th International Workshop on Bulk Nitride Semiconductors (IWBNS – V), Sept. 24 – 28, (2007), Itaparica, Bahia, Brazil, Workshop Program and Abstracts.

[41] R. Dwili′ nski, R. Doradzi′ nski, J. Garczy′ nski, L. P. Sierzputowski, A. Puchalski, Y. Kanbara, K. Yagi, H. Minakuchi, H. Hayashi, J. Cryst. Growth 310, 3911 (2008).

[42] K. Fujii, G. Fujimoto, T. Goto, T. Yao, Y. Kagamitani, N. Hoshino, D. Ehrentraut, T. Fukuda, Phys. Stat. Sol. (A) 204, 3509 (2007).

［43］K. Fujii, G. Fujimoto, T. Goto, T. Yao, Y. Kagamitani, N. Hoshino, D. Ehrentraut, and T. Fukuda, Phys. Stat. Sol. (A) 204, 4266 (2007).

［44］M. A. Reshchikov, H. Morkoc, J. Appl. Phys. 97, 061301 (2005).

［45］Q. – S. Chen, V. Prasad, W. R. Hy, J. Cryst. Growth 258, 181 (2003).

［46］G. Spezia, Atti. Accad. Sci. Torino 35, 95 (1900).

［47］F. Iwasaki, H. Iwasaki, J. Cryst. Growth 237 – 239, 820 (2002).

［48］A. Chakraborty, T. J. Baker, B. A. Haskell, F. Wu, J. S. Speck, S. P. DenBaars, S. Nakamura, U. K. Mishra, Jpn. J. Appl. Phys. 30, L945 (2005).

［49］Y. Mori, T. Sasaki, Oyo Buturi 75, 529 (2006), in Japanese.

第 10 章　高压熔体法生长 GaN

Michal Bo'ckowski，Pawel Strak，Izabella Grzegory，Sylwester Porowski

　　在本章中，我们介绍了高压熔体法(High Pressure Solution，简称 HPS)生长氮化镓的最新进展。我们从技术的角度出发详细地描述了自发结晶和籽晶的生长，并展示了两类高压熔体法生长的晶体及其作为衬底用于蓝光激光二极管(Laser Diode，简称 LD)的情况。

摘要

10.1　简介

　　氮化镓(GaN)具有非常高的熔化温度(2493K)，Utsumi 等人 2003 年的时候就精确地测量了该熔点[1]，让 GaN 完全熔化所需的氮气压强为 6×10^9Pa。在 2003 年之前，我们就知道 GaN 的熔化参数比理论近似的要高[2]。由于不可能从熔体中结晶 GaN，因而其他晶体生长的方法应运而生，高压氮气环境下的高温镓溶液结晶法是其中的一种方法。根据埃尔韦尔(Elwell)和舍尔(Scheel)的定义[3]：高温溶液中将需要结晶的材料的成分溶解在适当的溶剂中，当溶液变得过饱和时发生结晶并开始生长。过饱和主要在冷却溶液或输运以促进溶质从高温区域流向低温区域的过程中实现[3]。显然，溶液生长的主要优点是生长温度低于熔体生长所需的温度。与直接从熔体中生长的晶体相比，这种优势通常比点缺陷、位错密度以及低角晶界的晶体质量更好[3]。高温溶液生长法的主要缺点与溶剂或晶体中微观和宏观的杂质有关(如掺杂不均匀、生长速度慢等)[3]。高温溶液生长 GaN 的温度约为1800K，氮气压强高达 2×10^9Pa。在如此高的压强下，氮分子在高温镓液表面分离，氮原子溶解在液态金属中，由于温度梯度使镓对流，促使氮原子进入溶液过饱和区，实现 GaN 结晶并开始生长。

　　由于高温溶液生长 GaN 需要高压氮气，所以 GaN 一直是波兰科学院高压物理研究所(原高压研究中心，简称 PAS)研究的领域。1984 年，Karpinski 等人确定 GaN 压强 - 温度曲线的氮气平衡温度范围可达 2000K。20 世纪 90 年代初期，在氮化物研究普及的浪潮中，Ga - GaN - N₂系统的热力学背景和 GaN 的热力学性质已经确定和公式化[5]。1995 年底，生长出了 GaN 的小板块(达 2mm)。1996 年，第一次生长出完美结构的低位错密度

($10^2/cm^2$)的 GaN 晶体(面积为 $1cm^2$,厚度为 $100\mu m$)。基于这次成功,实验室生长 GaN 晶体的技术取得了较快的发展。几年后,高压反应釜(研究所自制仪器)的数量增加了好几倍,高压室的内径和生长的容积也增大了。感谢波兰政府项目的资助,我们开始了 GaN 晶体薄片的试点性生产[6]。同时,该研究所创建并引入了外延技术(包括金属氧化物化学气相沉积法,简称 MOCVD;分子束外延生长,简称 MBE)与激光加工技术。2002 年,第一枚采用高压 MOCVD 法生长在 GaN 晶体的蓝光二极管被制作出来[7]。2005 年,采用等离子体辅助 MBE 制作出 GaN 基蓝光激光器[8]。波兰政府的战略计划"蓝色光电"[9]资助高压物理研究所发展氮化物技术并创建 TopGaN 公司。TopGaN 公司制作的蓝光激光二极管是基于高压同质外延生长的 GaN 晶体。

高压物理研究所的氮化物技术基础一直采用同质外延生长。遗憾的是,通过高压技术的自发结晶无法生长大于 $3cm^2$ 的 GaN 结晶薄片。因此,研究所引入了氢化物气相外延技术(Hydride Vapor Phase Epitaxy,简称 HVPE)。新的想法是将 HVPE 与高压技术相融合,以生长具有良好结构质量和适当物理性能的 2in 低位错密度 GaN 晶体作为衬底。本章的部分内容描述这种新的想法——使用 HVPE – GaN 晶体作为高压结晶的籽晶,而在本书第三章中,我们已经详细介绍了使用高压 GaN 晶体作为 HVPE 技术的籽晶。

本章首先简要介绍高压熔体法生长 GaN 的热力学和动力学原理,然后介绍高压实验装置和自发结晶过程以及高压生长 GaN 晶体的物理性质(薄片和针状物)。接下来,我们将着重讨论高压下籽晶的结晶,展示了液相外延技术的研究结果,并详细描述了相对较新的籽晶生长方式和 Ga 对流的控制。最后,我们还简要地介绍了高压生长 GaN 晶体的应用——作为制作蓝光激光二极管的衬底。

10.2　生长方法

高压熔体法是基于高温、高压的氮气与镓直接反应的温度梯度生长法。图 10.1 给出了高压熔体法结晶的示意图,氮分子在镓表面离解并溶解在金属中。因此,晶体从含氮原子的液态镓熔体中生长。过饱和度是结晶过程的驱动力,由沿液态镓施加的温度梯度产生。因此,高压熔体法分为三个阶段:(1)氮在液态金属表面的离解吸附;(2)高温端到低温端的氮原子的溶解和迁移;(3)结晶过程。

由于系统中存在温度梯度,氮原子易于从熔体的高温端输送到低温端。研究表明,对流机制在输运过程中扮演着主导作用[10]。

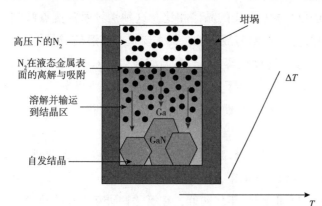

图 10.1　高压熔体生长法中温度梯度结晶过程的示意图

溶液中的氮由于强对流而均匀分布，因此低温端的熔体必须是过饱和的——这意味着过量的氮浓度(给定温度下的平衡浓度)存在于液态金属的低温端。因此，GaN 晶体在该区域生长。

10.2.1 HPS 生长的热力学和动力学原理

如第 10.1 节所述，卡尔平斯基等已经确定了 Ga – GaN 系统中氮气的平衡压强[4]。我们采用氮气压强高达 2×10^9 Pa 技术进行了 GaN 的直接合成与分解实验。图 10.2(a)是根据这些数据生成的曲线。相反，图 10.2(b)是温度在 1273 ~ 1973K 范围内 Ga – GaN – N_2 三相平衡条件下，Ga 在氮气氛退火时氮的溶解度数据，实线为近似理想溶液的计算结果，氮的浓度不太高(小于 1%)[5]。这个曲线使我们易于确定溶液中相对过饱和度的最大值。如果溶液中的对流输运速度比结晶速度快，则相对过饱和度如下式所示：

$$\sigma = \{x(T_2) - x(T_1)\}/x(T_1) \tag{10.1}$$

式中，σ 为相对饱和度和；$x(T_2) - x(T_1)$ 为溶液中高温端与低温端氮浓度平衡时的差值。图 10.2(b)中也给出了测量 σ 的方法。

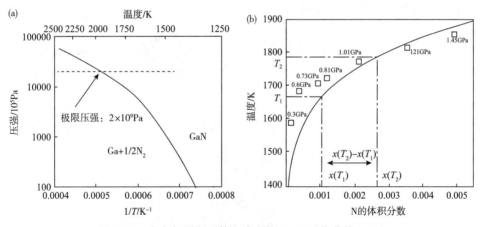

图 10.2 由卡尔平斯基等人确定的 $P - T$ 平衡曲线(a)及 Ga – GaN 体系的液相曲线[5]，由此确定溶液中的相对过饱和度(b)

分析 GaN 的热力学性质能够解释系统各组成部分在高压生长法中扮演的角色[5]。这是提高 GaN 组分的热力学潜力的一个因素，它使 GaN 晶体在结晶所需的高温下保持稳定。此外，压强对于 GaN 的合成动力学也非常重要。如上所述，GaN 合成的第一个阶段是在高温镓溶液中溶解氮。我们采用量子力学计算对这一过程进行了分析[11]。接近金属表面的氮分子被金属排斥，从而形成势垒；但如果氮分子具有足够高的能量越过势垒，那么它接近镓表面时分解为两个原子并和金属形成新的化学键。氮分子中的势垒比键能低，然而 3.5eV 的势垒值似乎相当高。因此，相互作用的气体的密度(压强)是至关重要的。应该指出，氧与镓相互作用时没有势垒[12]，我们总是期望获得液态镓中的氧原子——这一事实对高压熔体法生长 GaN 晶体的性质至关重要。我们在随后章节中进行说明。

氮离解在液态镓表面形成的高势垒还表明，这种离解过程即使在较高温度下仍然属于动力学控制的过程。Krukowski 等人确定了 $2 \times 10^9 Pa$ 压强下的离解率，表明 GaN 的离解率并不是很高[11]。为有效合成 GaN（在 100h 内生长密度为 $10mg/cm^2$ 的晶体），温度应高于 1500K。我们将最终结果与 GaN 平衡时的 $P - T$ 曲线进行对比[见图 10.2(a)]，得出的结论是，只有应用高压氮气才可以从其成分中合成 GaN。

10.2.2　实验

典型的高压氮气法生长 GaN 晶体的实验系统如图 10.3 所示，照片中所示的两个高压室连接到中央的高压管线，压强为 $1 \times 10^9 Pa$ 的氮气通过一套膜压缩机和增强器获得。垂直放置的工艺气压室（反应釜）的内部直径为 4cm、6cm 和 10cm，分别允许工作容积为 $10cm^3$、$25cm^3$ 和 $150cm^3$ 的坩埚。通过细管与带有压缩机的特殊气室相连，压缩机以氮气储备在实验中保持反应室压强稳定。置于气体压力釜内的多层圆柱形石墨炉，温度高达 2000K。高压釜内还配备了所需的真空退火与冷却反应器、压力和温度电子稳定与程控等附加系统。采用 PtRh6% ~PtRh30% 热电偶记录晶体生长实验中的温度，它们沿炉膛布置并与输入功率控制电子系统耦合。压强测量仪表位于高压系统的低温区，当压强和温度稳定时，其测量精度分别为 $\pm 1 \times 10^6 Pa$ 和 $\pm 0.1K$。

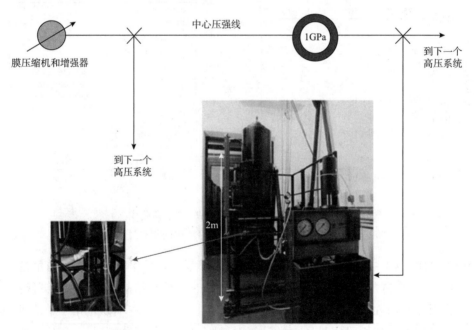

图 10.3　高压 N_2 生长 GaN 晶体的实验体系之一
（两个可见的高压室连接到中心压力管线，左下角照片显示的是被引入反应器的加热炉）

典型的晶体生长实验是将金属（Ga）放置在石墨坩埚内进行加热，高压室以恒定的速率提供轴向/径向的温度分布，然后在高压氮气下退火 100 ~500h。此后，高压釜以恒定的速率冷却，系统降压并除去含有 GaN 晶体的金属，坩埚中的成分用沸腾的 HNO_3/HCl 溶液蚀刻以提取晶体。

在结晶过程中，整个镓样品的压强和温度在氮化物的稳定范围内。因此，在 Ga –
GaN – N_2 三相平衡条件下，最高测量温度低于给定氮气压强的平衡温度。此时，GaN 晶体
从坩埚壁自发生长，并在过饱和溶液中的低温区垂直于壁面生长并随机分布——生长区域
的大小取决于轴向温度分布和液态镓中温度分布。轴向温度梯度使用有两种类型的配置：
正极（直接）和负极（反面），示意图如图 10.4（a）和图 10.4（b）所示。温度分布是定位在坩
埚壁上的三个、四个或五个热电偶进行测量，观察到三种类型的轴向温度曲线——直线
形、凸形和凹形。

图 10.4（c）是金属镓顶部和坩埚底部径向温度分布。径向温度梯度非常重要，这是由
于它能驱动液态镓中的对流。我们对放置在镓顶部表面中心附近的热电偶进行了一些实
验，结果表明，镓顶部的径向温度分布是平坦的［如图 10.4（c）所示］，坩埚底部的温度一
直保持在两侧与中心进行测量。测量的三个径向温度分布分别如图 10.4（c）的曲线 1、2
和 3 所示。

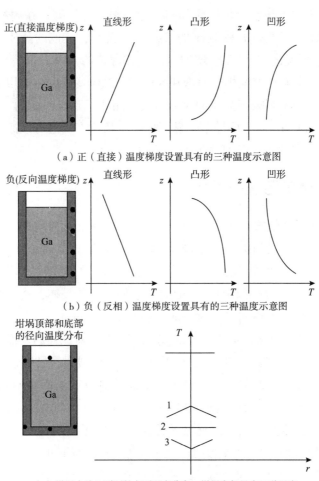

（a）正（直接）温度梯度设置具有的三种温度示意图

（b）负（反相）温度梯度设置具有的三种温度示意图

（c）坩埚内从上到下的主要温度分布：坩埚底部具有三种温度
分布形式，实心圆点表示热电偶

图 10.4　结晶过程中镓样品的温度梯度及径向温度分布

对于籽晶结晶，我们将籽晶浸入在镓中并被金属熔化[13]，其生长过程与上文描述的生长过程类似。在本章随后的内容中，我们将分别描述籽晶生长和自发生长的研发过程及细节。

10.3　HPS 生长法的自发结晶

溶液中没有籽晶的结晶叫作自发结晶。自发结晶生长的 GaN 晶体的主要形态是六方薄片 GaN。为了结晶出更大的 GaN 薄片（1cm² 或更大），通常采用具有凸形曲线轮廓的正温度梯度配置。在溶液最高温度约1750K、氮气压强为 1×10^9 Pa 的条件下，典型的晶体生长周期为 100h。在坩埚最热与最冷的区域（过冷）的温度差始终低于 50K，沿坩埚 z 轴方向的平均温度梯度保持 10K/cm。如本章 10.1 节所述，典型的相对过饱和度设定为 5% ~ 20%。图 10.4(c) 中曲线 3 表示径向温度分布，表明坩埚内的中心温度比两侧的要低一些。在以上这些设定下，晶体的生长始于坩埚底部和接近底部的坩埚壁。在内径为 6cm 的高压釜内，一次结晶过程最多可获得五枚 1cm² 的 GaN 晶体薄片，其他的晶体较小。增加坩埚体积（需要在更大的高压釜内结晶）不会增加 GaN 晶体薄片的大小，而是增加了晶体的数目。直线形或凹形的温度分布使溶液中的过饱和区增大，晶体就可以在离坩埚底部相对较远的坩埚壁上生长，但这并不意味着晶体的尺寸更大，晶体只是以不同的方式分布在熔炉里。增加温度梯度（增加到 50K/cm）同样不会显著提高生长速率，但可以改变生长方式——针状 GaN 晶体成为自发结晶的主要晶体形态。

10.3.1　晶体的习性和形态

图 10.5(a) 是一张理想的 GaN 薄片照片。大的六边形表面对应 $\{0001\}$ 纤锌矿结构的极性晶面，侧面则是非极性的 $\{10\bar{1}0\}$、半极性 $\{10\bar{1}1\}$ 和 $\{10\bar{1}2\}$ 晶面。对于真正的 GaN 薄片，以上这些晶面属于不完全生长［见图 10.5(b)］。这些六方形态的晶体沿 $<10\bar{1}0>$ 方向（垂直于 c 轴）缓慢生长（生长速率低于 0.1mm/h），它们属于单晶体，略带灰色或透明，表面往往光滑如镜，薄片的最大横向尺寸为 3cm，厚度约为 150μm。

薄片 GaN $\{0001\}$ 极性面的不稳定生长趋势更高。我们对该面的表面形貌特征（如台阶、周期性的溶剂夹杂、晶胞生长结构等）进行了观察；背面则通常具有镜面般原子级的平整表面。对于非有意掺杂生长的晶体，不稳定表面总是对应于 GaN 的 (0001) 极性面。通过热碱溶液中的表面蚀刻可以识别出它的极性（因为 Ga 极性面对蚀刻表现出惰性，而 N 极性面则表现出良性）。然而，该方法通常采用会聚束电子衍射（Convergent Beam Electron Diffraction，简称 CBED）和 X 射线光电子能谱（X - ray Photoelectron Spectroscopy，简称 XPS）进行校正[14~16]。

图 10.5(c) 展示了高压生长的第二类可能形态——针状 GaN 晶体。真正的晶体如图 10.5(d) 所示，针状晶体沿 c 方向生长，直径约为 1mm，长度约为 10mm。图 10.5(d) 中很清楚地看到，只有针头部位的一些晶面形成并发育良好，其他晶面没有很好地生长，或者

根本不存在；还有一些晶面坍塌然后消失。因此，针状 GaN 属于强烈的不稳定晶体。由于存在微观缺陷(如位错环、镓夹杂等)，c 方向具有生长速率快且不稳定的特点，因此它们的颜色很暗[17]。这些晶体通常是内部中空的，然而它们也有不同于 <0001> 晶向的生长良好的晶面——这为采用针状晶体作为籽晶检查某些方向的生长行为提供了方便(见第三章)。

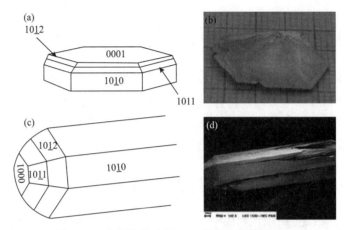

图 10.5　高压熔体生长 GaN 晶体的两种惯习面

注：(a)理想的片状纤锌矿 GaN；(b)高压下实际生长的片状 GaN，N 面生长，网格单位为 1mm；(c)理想的针状纤锌矿 GaN；(d)高压下实际生长的针状 GaN。

10.3.2　晶体的物理属性

如前文所述，氧与 Ga 之间的相互作用没有离解势垒。因此，即使在生长系统中，这种杂质的痕量也是 GaN 非有意氧掺杂的来源。因此，高压法生长 GaN 晶体(薄片和针状)属于自由电子浓度约 $5 \times 10^{19}/\mathrm{cm}^3$(金属导电率)和迁移率约 $60\mathrm{cm}^2/(\mathrm{V} \cdot \mathrm{s})$ 的强 n 型半导体材料[18]。在生长溶液中加入镁受主，可以完全消除这些自由载流子[19]。

我们采用正电子湮没法测量晶体中的原生点缺陷[20]。在导电晶体中发现了高浓度的 Ga 空位(V_{Ga})，与镁掺杂样品中没有发现 V_{Ga} 的情况刚好相反——这与理论预测一致，即 V_{Ga} 的形成能随着费米能级增加而降低[21]，这表明缺陷的形成是热力学控制的。导电晶体(强的黄光发射)和镁掺杂晶体(无黄光发射，但存在与镁相关的蓝光发射)的光致发光谱的差异表明，GaN 中强的黄光发射与 V_{Ga} 有关。

我们采用 X 射线衍射研究了高压生长 GaN 的晶体结构[22]。导电薄片的结晶度取决于晶体的大小。厚度为 1~3mm 的晶体(0002)衍射面的半波宽为 0.02°，对于尺寸较大的薄片，摇摆曲线常常分裂成为数个小峰，这表明存在毫米级大小的低角度晶粒。晶粒间的错位从位错末端到晶体末端单调增加[21]，针状晶体的结晶度与薄片晶体的结晶度相似[17]。

我们已通过透射电子显微镜进行了验证，表明高压生长的 n 型 GaN 薄片的 N{0001} 极性表面具有原子级的平整度——这种表面的晶体几乎没有扩展性的缺陷[14,23]。相反，在表面粗糙背面观察到，有一些扩展性的缺陷存在(如堆垛层错、位错环和 Ga 微沉淀等)。这部分的厚度通常为薄片厚度的 10%。为了确定 GaN 晶体中的位错密度，我们采用缺陷选择性蚀刻（Defect Selective Etching，简称 DSE）[24]——在熔融态的 KOH – NaOH 溶液（723K）中进行蚀刻，揭示了高压生长 GaN 单晶中的位错。结果表明，高压生长 GaN 中的蚀坑密度非常低（估算给定区域中的蚀坑数目），数量级约为 $100/cm^2$。

读者可以在文献[25]中找到更详细的描述高压生长 GaN 晶体的性质。

10.4 HPS 法生长 GaN 籽晶

高压熔体法的自发结晶过程的主要缺点是，坩埚内 GaN 晶体过小和分布的再现性差。为了更好地控制这两个参数，需要将籽晶生长引入到溶液中。高压物理研究所晶体生长实验室已经开发了两种技术：液相外延技术（Liquid Phase Epitaxy，简称 LPE）和控制镓对流的籽晶生长技术。

10.4.1 不同衬底的 c 方向液相外延生长

液相外延技术即 GaN 淀积在衬底上并沿特定方向生长，这已在两种温度梯度配置（正温度梯度和负温度梯度）中得到了验证。其中包含 5 种衬底，即 HP – GaN、HVPE – GaN、SiC、蓝宝石、MOCVD 蓝宝石/GaN 衬底。实验在三个品牌的高压釜中进行，采用三种不同尺寸（直径）衬底，分别为是 1cm、1in 和 2in。衬底放置在坩埚底部或顶部。将一根细管始终位于坩埚中以使籽晶边缘不会暴露在液态镓中——这样就消除了 GaN 边缘成核的风险。使用带有挡板的坩埚并将挡板靠近籽晶——挡板将允许衬底上获得平坦的结晶面，从而在长时间的结晶过程中使 GaN 的表面保持平整[26]。无挡板的结晶过程总是导致结晶前期不均匀，从而在衬底的中心部位形成生长小丘[13]，这种小丘的形成扰乱了结晶过程。如果衬底的氮极性表面暴露在液态镓中（在 HP – GaN 和 HVPE – GaN 情况下），结晶过程也会受到干扰。然后，我们观察到了几个生长中心的存在，同时还注意到随机取向生长和定向晶体生长[13]。相反，衬底的镓极性表面上晶体生长模式保持稳定（在 HP – GaN、HVPE – GaN 和 MOCVD 蓝宝石/GaN 情况下）——生长从样品中心逐步传播到它的两侧[27]。

纯蓝宝石上的液相外延结晶一直以多晶 GaN 生长为主[28]，4H – SiC 衬底上结晶主要机制是形成许多生长的小丘，小丘之间的扩展形成聚合[28]。而 SiC 上生长 GaN 则一直是完全破碎的，这些裂纹是在冷却过程中形成的，主要是由生长过程的低温阶段 GaN 与 SiC 热膨胀系数之间的失配造成的[28]。值得注意的是，在 HP – GaN、HVPE – GaN 或 MOCVD 蓝宝石/GaN 衬底上从来没有看到过裂纹，在 MOCVD 蓝宝石/GaN 衬底上应用高压液相外延生长 GaN 时，弯曲的试样中可以观察到裂纹。

研究发现，在相同温度梯度和过冷度条件下，负温度梯度配置下的生长速率比正温度梯度配置下的生长速率快两倍[27]。这表明，生长速率受到氮气输运机制的控制。在负温度梯度配置中的对流速度总是更高。因此相对正温度梯度的系统，晶体可以生长在相对较高的过饱和度下。然而，研究人员已经证明，有两个因素导致 GaN 沿 c 方向的生长，而且这两个因素与配置或衬底的种类无关。在短周期的生长过程中（约 30h），GaN 生长速率主要受氮输运到结晶区的制约，观察到的平均生长速率可达 $10\mu m/h$。在长周期的生长过程中(约100h)，即使存在高的温度梯度，表面动力学因素变得更加重要，平均生长速率降至 $1\mu m/h$。在我们看来，生长的晶体表面形成了大大小小的台阶和阶梯，最终阻碍了 GaN 的生长[26]。然而，Hussy 等人则提出了不同的解释[29]。在液相外延生长的低压溶液生长过程中，他们观察到在相对较高的过饱和度下，寄生生长的 GaN 几乎消耗了溶液中提供的所有氮气；随着生长过程持续，整个溶液输送到籽晶中的氮气体积一直在减少，因此籽晶生长速率下降。

我们对配置有籽晶和无籽晶的 GaN 晶体质量进行了分析，证实籽晶生长速率由表面动力学主导。在相同的实验条件下，在无籽晶的坩埚底部结晶的 GaN 质量优于有籽晶结晶的 GaN 质量(未观察到寄生生长)[28]。因此，并非所有到达籽晶表面的溶液中的氮原子都会被晶格吸附。

图 10.6(a) 和图 10.6(b) 分别展示了沉积在 HP-GaN 和 MOCVD 蓝宝石/GaN 模板上的 GaN 样品照片。结晶在 HP-GaN 上的 GaN 晶体的平均线位错密度总是低至 $100/cm^2$。蓝宝石衬底上高压生长的厚度大于 $40\mu m$ 的 GaN 晶体的位错密度一般为 $(3\sim5)\times10^7/cm^2$——比即将剥离的模板中的位错密度$(8\times10^8\sim1\times10^9/cm^2)$低一个数量级。如以 HVPE-GaN 作为衬底，将获得更低的缺陷密度，起始生长材料中的位错密度为 $5\times10^6/cm^2$。厚度为 $40\mu m$ 的 GaN 层的缺陷密度为 $2\times10^6/cm^2$，厚度为 $250\mu m$ 的 GaN 的蚀坑密度达到 $8\times10^5/cm^2$。图 10.6(c) 和图 10.6(d) 分别展示了 HVPE 自支撑晶体上新淀积的 GaN 材料及其表面的蚀坑。从图中可以看到两种类型的蚀坑：较小的蚀坑与刃位错有关，较大的蚀坑则与螺位错或混合位错有关，刃位错的数目为其他位错数目的 2 倍。

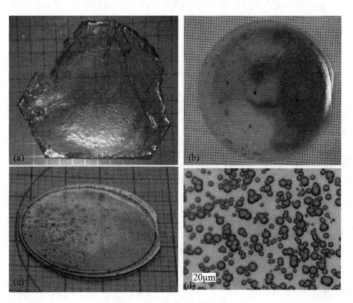

图 10.6　GaN 层全视图

注：(a)沉积在高压 GaN 上的厚度为 $100\mu m$ 的 GaN 层全视图；(b)沉积在 2in MOCVD-GaN/蓝宝石模板上的厚度为 $100\mu m$ 的 GaN 层全视图；(c)沉积在 HVPE-GaN 上的厚度为 $100\mu m$ 的 GaN 层的全视图，网格单位为1mm；(d)经缺陷选择性蚀刻后表面的诺马尔斯基微观照片，图中均匀的刻蚀坑清晰可见。

在 HP – GaN、HVPE – GaN、SiC 或 MOCVD 蓝宝石/GaN 衬底上新淀积的 GaN 材料总是具有 n 型半导体的特性，其自由电子的浓度约为 $5 \times 10^{19}/cm^3$，电子迁移率为 $60cm^2/$（V·s），并表现出发射强烈的黄光。MOCVD 蓝宝石/GaN 衬底上生长的 GaN 晶体的半波宽由数个窄的发光峰组成——这表明新淀积的 GaN 由一些小晶粒（大小为 $0.1 \sim 0.2mm$）组成，且有一些弧度的偏差。由于蓝宝石/GaN 体系具有显著的弯曲，曲线的总宽度相对较大[26]。在 HVPE – GaN 外延生长 GaN（002）衍射面的半波宽为 $0.1° \sim 0.15°$（束斑大小为 $3 \times 10mm^2$）。从 HVPE – GaN 籽晶上高压生长的 GaN 上切割的厚度为 $60\mu m$ 的材料，（002）衍射面的半波宽为 $0.04°$（束斑大小为 $3 \times 10mm^2$），曲率半径为 30cm。相反，在液相外延高压生长的 GaN 薄片中没有观察到弯曲现象，摇摆曲线的半波宽总是很窄（$0.01 \sim 0.02°$），这表明沉积的材料具有最佳的结构质量。

10.4.2 液相外延生长法中镓对流运输模型（时域独立解法）

溶液的对流运输模型使用有限元计算法，在正温度梯度配置的液相外延过程中，尤其要着重分析坩埚壁、籽晶和挡板等因素的影响。我们在直径为 1in 籽晶的液相外延生长中，选择生长厚度为 $400\mu m$ 的 GaN 进行建模。在这种配置中使用的 Ga 体积相对较小（约为 $5cm^3$），其优点是具有较小的雷诺数，从而保证了计算的收敛。允许坩埚在短时间内中获得对称的温度分布，因此，坩埚底部的径向温度分布可以近似地作为抛物线，垂直温度分布则为线性[如图 10.7(a)所示]。我们将坩埚顶部的径向温度分布假定为常数，并采用 Fluent 公司 FIDAP8.5 软件进行镓对流运输的二维近似仿真。在仿真开始之前，我们确定了镓的对流速度以及溶液、籽晶和坩埚壁的温度分布。我们认为，Ga 是不可压缩的、黏稠的牛顿流体，密度改变仅受温度变化影响，边界条件通过液相外延工艺中的测量温度设定。如图 10.7(a)所示，我们引入了由 41000 个单元组成的网格。我们假设镓液中的层流遵循以下的有解方程组，以便找到稳定的与时间无关的解。

（1）Ga 流连续性方程

$$\nabla \cdot (\vec{u}) = 0 \tag{10.2}$$

式中，u 为给定网格单元的速度向量。

（2）Ga 的动量平衡方程

$$\rho_0 \vec{u}(\nabla \cdot \vec{u}) = -\nabla p + \mu \nabla^2 \vec{u} - \rho_0 \beta_{T_0}(T - T_0)\vec{g} \tag{10.3}$$

式中，T_0 为任意选择的参考温度（$T_0 = 1673K$）；ρ_0 为温度为 T_0 时的镓密度；μ 为黏度；β_{T_0} 为温度为 T_0 时镓的热膨胀系数；T 为温度；$\vec{g}$ 为重力矢量；p 为由下列公式给出的液态金属压强：

$$p = -\frac{1}{\varepsilon}\nabla \cdot \vec{u} \tag{10.4}$$

式中，ε 为惩罚参数，等于 10^{-7}[30]。

（3）Ga 的能量平衡方程

$$\rho_0 \cdot c_p (\vec{u} \cdot \nabla T) = \nabla(k\nabla T) \tag{10.5}$$

式中，c_p 为镓的比热容；k 为导热系数。

由于在坩埚和籽晶中$\vec{\mu}=0$，对于石墨和籽晶可采用如下方程：

$$\nabla \cdot (k_i \nabla T) = 0 \tag{10.6}$$

式中，k_i为石墨或籽晶的导热系数。

综合上述方程组的解，我们能够确定$\vec{\mu}$和T，并以曲线的形式将它们作为流线、速度矢量和等温线（以检验系统中的石墨坩埚、籽晶以及最重要的液态镓）。

在表10.1中，我们给出了仿真使用的Ga、石墨和籽晶等材料的性质。由于液态镓的比热容对温度的依赖性不强，所以我们认为仿真温度范围内c_p为常数[31]，而给定温度下镓的热导率由下式给出[31]：

$$k_0 = 22.3 + 1.8 \cdot (T - 273.15)^{0.5} \tag{10.7}$$

表10.1 模拟中使用的Ga、石墨和GaN籽晶的性质[31~35]

	密度/(kg/m³)	比热容/[J/(kg·K)]	热导率/(W/mK)	热膨胀系数/K⁻¹
Ga	5360	374	见公式(10.7)	0.11×10^{-3}
石墨	2300	202	30	—
GaN	6100	500	24	—

Ga的黏度近似地由下式确定[31]：

$$\mu(T) = 1.729 \cdot \left[\frac{T-273}{350}\right]^n \tag{10.8}$$

式中，n由下式确定：

$$n(T) = 1.135 - 0.41 \times 10^{-3}(T - 623) + 0.80 \times 10^{-7}(T - 623)^2 \tag{10.9}$$

在一般情况下，溶液中的对流输运模型使我们能够证明，对坩埚壁和坩埚底部的温度分布测量没有在液态镓的实际温度分布中体现出来[27]。对于给定温度分布，对流转鼓行为已经完全不同于填充在坩埚内的镓和游离的镓（忽略坩埚）。这表明，坩埚中的衬底可以改变溶液中的对流顺序[36]——这取决于导热系数与坩埚材料热导率之间的关系。由于温度梯度在热导率最低的材料实现，热导率低于石墨（如蓝宝石）的籽晶因此可以切断径向梯度（在底部控制）对液态镓质量的影响。出于同样的原因，将石墨材料引入镓（挡板）也会干扰和改变溶液中的对流转鼓和等温线的分布。

图10.7（b）展示了以挡板和GaN晶体作为籽晶的高压釜内对流线的示意图。我们可

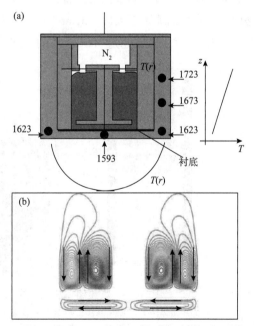

图10.7 带有隔热板装置的液相外延生长实验示意图，图中标明了主要温度和轴向温度的分布(a)及实验装置中Ga气流的流线(b)

以看到，挡板以上有两组对流转鼓行为，它们被石墨棒分开，挡板以下也观察到了两个对流转鼓行为。镓沿着挡板流向中心，然后衬底向下流回到坩埚的两侧。挡板以上对流的最大流速为1mm/s，挡板以下的对流则很弱；两个转鼓处的最大对流流速仅为0.2mm/s。氮气通过较强的对流输送到挡板，然后分散在挡板上，并通过侧面的开放区域输送到挡板下方的籽晶处（对流流速很低）。因此，可以通过非常微弱的对流过程，将氮输送到籽晶处。由于对流流速非常低，晶体的生长在宏观上非常稳定，但是生长速率低至1μm/h。

10.4.3　Ga 控制对流的籽晶生长

当制备的氮化镓籽晶完全浸入液态 GaN 熔体时，会发生 GaN 结晶，进而可以在任何可能的晶体学方向上生长。此外，控制镓对流能够将适量的氮输送到溶液中过饱和区，从而使 GaN 稳定且较快地生长。图 10.8(a) 给出了一种高压溶液生长法的典型实验条件：具有特殊挡板的石墨坩埚系统、反应管、籽晶、热电耦位置以及结晶过程中测量的温度值。

这是一个温度梯度颠倒的双区装置——高温区位于坩埚的下部，低温区则位于坩埚的上部，液镓中的对流由径向温度梯度进行控制。籽晶被放置在溶液的奥斯特瓦尔德－米尔斯(Ostwald－Miers)区——属于亚稳区，可能结晶但不发生自发成核的过饱和区。文献[37]介绍了该亚稳区的详细情况。

HVPE－GaN 晶体被用作籽晶，并采用机械抛光和反应离子蚀刻对籽晶表面进行预处理。晶体有一个特殊的槽[见图 10.8(b)]，用来悬挂石墨棒并将其固定在溶液中。使用 10cm 的高压釜，允许在一次结晶运行中放置数个大于1in 的籽晶，装置图的照片如图 10.8(c) 所示。籽晶放置在垂直坩埚的半径的位置，当然也可以放置在平行或任意选择的方向。生长速率与晶体方向或晶面关系不大(1~3μm/h)。我们再次观察到了极低的生长速率(如液相外延生长法)，因此，为了获得超过300μm 厚的 GaN 层，结晶过程必须至少运行200h。

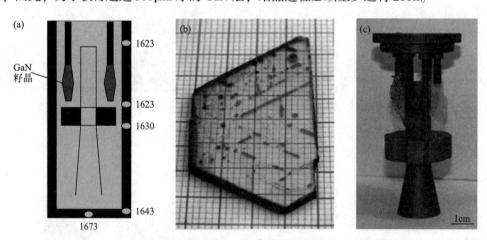

图 10.8　高压熔体法生长的 GaN 晶体及典型的 HVPE 籽晶示意图

注：(a)高压熔体法生长 GaN 晶体的典型实验装置示意图：具有特殊石墨挡板的石墨坩埚体系、反应管、籽晶、热电偶的位置以及典型的结晶温度；(b)典型的 HVPE 籽晶，其上部的特殊狭缝用于晶体在坩埚内的悬挂；(c)真实的实验装置照片：四个悬挂的籽晶、挡板和反应管。

10.4.4　HVPE 籽晶在 c 轴方向的生长

经过高压下长时间的结晶过程(大约 400h)，HVPE 籽晶的每一面已经生长到 700μm 的厚度，并没有观察到非极性方向的生长，然而在籽晶的边缘出现了寄生晶体。我们在镓一侧籽晶边缘检测到 GaN 的"翼区"，这些现象与局域过饱和度(靠近籽晶边缘)的增加有关。对样品的横截面分析表明(见图 10.9)，在厚度方面，新生长的材料以均匀的方式沉积。氮面已经开始生长，并存在数个小丘(位于生长中心)。相反，镓面通过台阶扩展以实现生长。我们观察到，结晶过程中晶胞的不稳定性增大了。

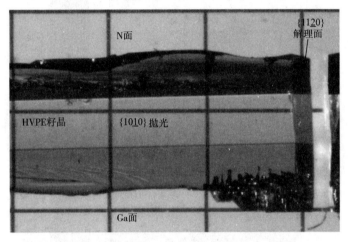

图 10.9　采用高压熔体法在 HVPE 籽晶上生长 GaN 晶体的横截面照片(网格单位为 1mm)

图 10.10(a)展示了一种生长 GaN 晶体的籽晶照片，图 10.10(b)展示该籽晶在 300h 结晶后的照片。该晶体的一部分沿垂直于 c 轴生长方向进行切割，从而获得高压生长所需的自支撑衬底材料[见图 10.10(c)]。

高压法生长的自支撑 GaN 晶体 Ga 面的霍尔效应测试表明，材料中的载流子浓度是均匀的，约为 $5 \times 10^{19}/cm^3$，对晶格常数 c 的 X 射线测量结果证实了这个结论[晶格常数 c 的变化为 0.0003Å，如图 10.11(a)所示]，这种变化对应的自由载流子浓度差异为 $1.4 \times 10^{19}/cm^3$[38]。反之，在 0.2mm×1mm 的束斑下，GaN(004)衍射面的半波宽为 0.015°[如图 10.11(b)所示]，表明该晶体曲率半径约为 10m。我们应当注意，HP-GaN 耦合到 HVPE 籽晶和 HP 自支撑 GaN 晶体时的半波宽发生了明显的变化。当 HP-GaN 耦合到 HVPE 籽晶时，在 3mm×10mm 束斑下(002)衍射面的半波宽为 0.12°；在相同光束和方向下，HP 自支撑 GaN 晶体的半波宽为 0.025°。由此看来，对自支撑晶体材料，由 HVPE 籽晶和 HP-GaN 晶体之间晶格常数失配产生的应力已被释放。

我们采用 450℃的 KOH/NaOH 混合溶液蚀刻 HP 自支撑 GaN 晶体的过程表明，镓面上的蚀坑密度为 $1 \times 10^6/cm^2$，这种材料的主要优点是存在石墨沉淀物，它们的局域密度达到 $100/cm^2$。

图 10.10　不同类型的 GaN 晶体照片

注：（a）作为籽晶的自支撑 HVPE – GaN 晶体（厚度为 700μm）；（b）高压结晶后自支撑 HVPE – GaN 晶体（厚度为 1.5mm）；（c）从 HVPE 籽晶上切割的厚度为 300μm 的高压 GaN 晶体，网格单位为 1mm。

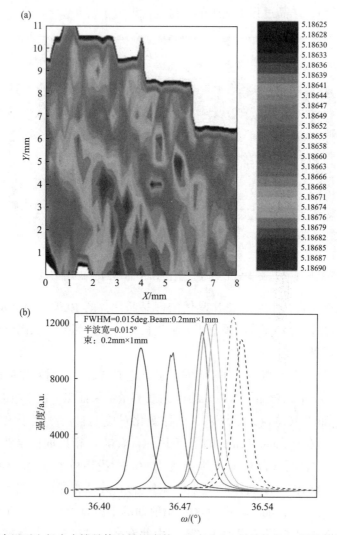

图 10.11　高压下生长自支撑晶体时晶格常数 c 的变化（a）及晶体的 X 射线的摇摆曲线（b）

10.4.5　HVPE 籽晶在非极性方向的生长

高压氮气环境下籽晶的生长仅在 < 1010 > 非极性方向上进行。此次生长的籽晶采用 HVPE 结晶法在 MOCVD 蓝宝石/GaN 衬底上结晶的 GaN 层（厚度为数毫米）制备，将 HVPE

自支撑 GaN 材料沿 <1010> 方向切割为 GaN 薄片，籽晶的照片如图 10.12(a) 所示。结晶过程是在本章中已经介绍过的典型参数下进行的［如图 10.8(a) 所示］，100h 后籽晶每侧生长厚度约为 150μm。由于生长模式不稳定，一些细节很难被检测到，但我们仍然观察了一些有矩形台阶的区域和籽晶表面寄生沉积的小 GaN 晶体。因此，晶体的两面被抛光。由于我们的研究范围仅限于自支撑材料，所以样品的其中一面和籽晶以打磨的方式去除掉了。X 射线测量结果表明，$3 \times 10 \text{mm}^2$ 束斑下自支撑晶体 (100) 衍射面的半波宽为 $0.05°$。在低温 (温度为 10K) 发光光谱测量中发现了强烈的黄光发射峰，这表明该自支撑材料属于 n 型。拉曼光谱法证实形成的晶体结构质量良好，自由电子的浓度高于 $5 \times 10^{18}/\text{cm}^3$［图 10.12(b) 展示的是拉曼光谱］，霍尔效应测试进一步证实了该结果。由此可见，相比于 HP – GaN 法极性晶体中的自由载流子浓度［自由载流子浓度为 $1.6 \times 10^{19}/\text{cm}^3$，迁移率为 $95\text{cm}^2/(\text{V} \cdot \text{s})$］，我们生长的非极性晶体中的自由载流子浓度大约低 30%——这表明极性表面比非极性 <1010> 面可以构建更多的氧。

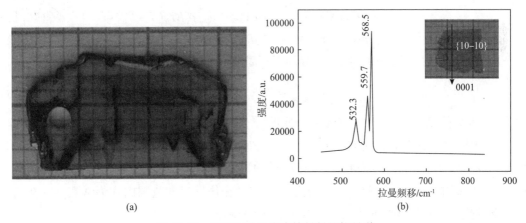

(a)   (b)

图 10.12 粒晶照片及自支撑材料的拉曼谱

注：(a) 籽晶；VPE – GaN 的 {1010} 晶面族，网格单位为 1mm；(b) 高压下生长自支撑材料的拉曼 (Raman) 谱，晶体及 c 方向均已给出，网格单位为 1mm

我们采用 450℃ 的 KOH/NaOH 混合溶液蚀刻该晶体，只发现存在有一种凹坑 (在衬底的尺寸上)。晶体表面缺陷密度的 70% 为 $3 \times 10^6/\text{cm}^2$，20% 为 $5 \times 10^5/\text{cm}^2$，10% 为 $5 \times 10^7/\text{cm}^2$。图 10.13 展示了缺陷选择性蚀刻 (Defect Selective Etching，简称 DSE) 后晶体表面的照片，具有不同缺陷密度的区域均被一一标记。

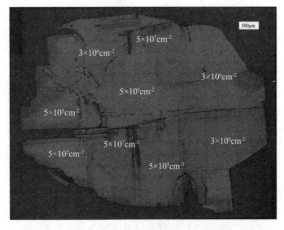

图 10.13 高压下生长的非极性 GaN 晶体，经缺陷选择性蚀刻后出现的三种不同缺陷密度的区域

10.4.6　镓的对流输运建模（时域熔体）

与前文第 10.4.2 节中的计算相比，我们放弃了时域独立稳态解，而使用与时间相关方程组。方程组的变化已经与实验装置尺寸的增大以及计算维度（从二维到三维）相关联。随着镓体积的增大，雷诺数也随之增加，而方程组的解在稳态模型中尚未收敛。但在时域相关解决方案中，我们获得了方程组的收敛解。因此，我们可以模拟任何时刻的对流并及时分析传输过程的质量变化。

如图 10.8（a）所示，我们给出了 Fluent. Inc 提供的 Fluent 软件计算的三维近似情形下镓对流输运分布图，所有的假设和先前第 10.4.2 节中的相同，只是改变了网格的划分单元（由 4.1×10^4 改变为 2×10^6）。为了求得时域相关的解，我们对式（10.2）~式（10.6）进行了修订：

$$\nabla \cdot (\vec{u}) = 0 \tag{10.10}$$

$$\rho_0[\partial \vec{u}/\partial t + \vec{u}(\nabla \vec{u})] = -\nabla p + \mu \nabla^2 \vec{u} - \rho_0 \beta T_0 (T - T_0)\vec{g} \tag{10.11}$$

$$\rho_0 c_p(\partial T/\partial t + \vec{u} \cdot \nabla T) = \nabla \cdot (k \nabla T) \tag{10.12}$$

因为籽晶和坩埚中 $\vec{\mu} = 0$，以下方程用于石墨和 GaN 晶体：

$$\rho_i c_{pi} \frac{\partial T}{\partial t} = \nabla \cdot (k_i \nabla T) \tag{10.13}$$

式中，k_i 为导热系数；c_{pi} 为比热容；ρ_i 为密度（i 分别为石墨和 GaN 晶体）。

当初始条件 $\vec{\mu} = 0$ 时，我们能模拟出上述方程组在任何时刻的 $\vec{\mu}$ 和 T，仿真一直进行到溶液的等温线阻止其演变而时间尚未改变的时刻。镓、石墨以及 GaN 的物质属性与表 10.1 中的均相同，镓、石墨和 GaN 的比热容（C_p）在仿真温度范围内均为常数。镓在给定温度下的热导率和黏度根据式（10.7）~式（10.9）确定。

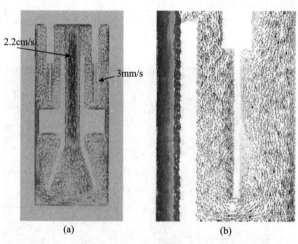

图 10.14　模拟 Ga 的对流速度矢量（在第 2270s 末）
以及图 10.8（a）中温度分布的模拟（a）及
Ga 接近于籽晶时的对流速度矢量的模拟（b）

图 10.14（a）模拟展示了图 10.8（a）所示的温度分布中镓在第 2270s 时的对流速度矢量，GaN 薄片作为籽晶的假定尺寸为 30mm × 20mm × 1mm。高温的镓流过坩埚上部石墨管的最大流速为 2.20cm/s［图 10.14（a）中的中间区域］。主气流从管内喷出，并击中石墨坩埚，接着向下流入侧面，靠近籽晶的流速较慢（不超过 3mm/s）。图 10.14（b）展示了籽晶附近的区域。在坩埚壁和籽晶之间镓向下流动，但在管线和籽晶之间镓向上流动。我们还没有发现镓的流向与晶体形貌学之间的

关系。

图10.8(a)所示的实验配置对未来的结晶工艺流程具有十分重要的意义。在一定温度分布下改变石墨管的直径、管壁的厚度或长度，均可以改变给定温度下的流速和转鼓的位置。改变径向温度梯度(这里指坩埚底部的温度)可以改变坩埚配置的流速，例如，当径向温度变化5K时，最大对流速度仅为2mm/s，接近籽晶处的流速低于1mm/s[37]。最后，溶液中应该存在一个合适的放置籽晶的位置——GaN在该处可以稳定而较快地生长。为此，应当在本章介绍的方程组中增加液镓中氮的浓度方程，这样可以确定溶液中任何位置的过饱和度。

10.5 高压GaN衬底的应用：TopGaN公司的蓝光二极管

众所周知，应用GaN衬底的氮基激光二极管具有结晶质量高和位错密度低等优点。衬底必须具有一定的厚度，便于适时斜切用于进一步的外延生长，从而获得高导电性，并制作稳定的低阻欧姆接触——高压生长的GaN晶体(HP-GaN)几乎完全满足以上这些必需条件。如第10.3.2节所示，自发结晶的高压GaN薄片具有非常高的结晶质量和非常低的缺陷密度，而且具有很高的导电性。但遗憾的是，它们都比较薄，斜切是几乎不可能的。

使用GaN薄片作为衬底进行外延生长的MOCVD和MBE技术，通常使用化学机械方法进行抛光[39,40]。图10.15是TopGan公司制作的激光二极管的典型结构示意图。器件的有源层由1~5个周期的$In_{0.1}Ga_{0.9}N$量子阱构成。二极管的p型区倒装在金属化的金刚石散热片上。TopGan公司的激光二极管在连续波长模式下的阈值电压约为6V @ 5kA/cm²，发射波长范围为395~420nm，使用寿命可达数千小时。对激光二极管结构表征的结果表明，其位错密度约为$10^5/cm^2$。存在于AlGaN覆层和阻挡层中的机械应力、外延结构p型区域中高浓度的镁，以及InGaN量子阱中的In组分偏析等因素是位错的起源[41]。

尽管缺陷密度和石墨沉淀相对较高，(本章第10.4.4节中所描述的)高压法生长的自支撑GaN晶体也是制造蓝光激光器的优质衬底。在采

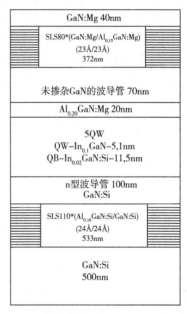

图10.15 TopGaN公司在GaN晶体上生长激光二极管的结构图

用金属有机化学气相沉积法(Metal - organic Chemical Vapor Phase Deposition，简称MOCVD)制作的激光器结构中，缺陷密度从未超过$5 \times 10^6/cm^2$。在连续波长模式下，激光发射波长为395nm时，阈值电压约5.5V@5kA/cm²。波长变化为(395±2)nm的空间分布也令人非常满意。毫无疑问，这是由于衬底的良好性质——所有可用厚度的衬底经过斜切

后用于外延生长。今天，以 TopGan 公司和高压物理研究所的激光器技术水平来看，优质衬底的厚度和斜切它们的概率是更加重要的特征，而其低缺陷密度的重要性相对较低。

10.6　HPS 生长方法综述与展望

在本章中，我们介绍了最先进的高压熔体法生长 GaN 晶体的进展，展示了 TopGan 公司提供的自发生长的 GaN 薄片以及作为衬底用于蓝光激光二极管的制作。除此之外，我们还介绍了高压熔体法在籽晶生长方面的研究进展。我们论证了从高压液相外延到镓流量控制下籽晶生长的方法。在结晶过程中，镓的对流输运模型被用于更好地控制镓对流，从而获得了新一类的高压 GaN 晶体。这些晶体采用高压熔体法在 HVPE – GaN 籽晶上生长而成，完全满足激光二极管衬底所需的条件。目前，这些衬底的主要缺点在于石墨沉积物以及数量级为 $10^6/cm^2$ 的缺陷密度。尽管如此，这些晶体已经成功地用于激光二极管的衬底。

未来，以 HVPE – GaN 作为籽晶的高压 GaN 晶体比自发结晶的 GaN 薄片尺寸更大，形状更加均匀，物理性能更加优良。显然，由于自发结晶具有极低的位错密度，可作为镓对流控制下 HVPE – GaN 的籽晶，因此，自结晶 GaN 薄片的生长仍将继续进行(见第三章)。

一般来说，高压熔体法中的生长速率有待进一步提高，最有可能实现的方法是在溶液中添加适当的杂质。如 Kawamura 等人所述，钠流量法的液相外延生长添加金属锂可获得较高的生长速率(20μm/h)[42]。另一种方法是在非极性或半极性方向结晶。GaN {1010} 的首次测试结果表明，生长速率没有改变或增加。或许我们应该采用高晶面指数的籽晶晶面来进行测试，然而，这需要较厚的自支撑 HVPE – GaN 晶体。因此，必须加快研发 HVPE 技术、MOCVD – 蓝宝石/GaN 模板和高压生长技术。因此，高压溶液中选择适当的杂质以实现高晶面指数籽晶的生长，将成为我们未来的工作目标。

致谢

本章的撰写应归功于在完成两个科学项目期间取得的成果：(1)波兰科学院和高等教育资助的研究项目(项目编号：No R0203601)；(2)波兰科学院和高等教育的部分资助(项目编号：No WKP_ 1/1. 4. 3/2/2005/13/132/322/2007/U)以及欧盟(66%)的联合资助。我们在此感谢 E·Litwin – Staszewska 博士、J·Domagala 博士、M·Krysko 博士、H·Teisseyre 博士、A·Khachapuridze 博士和 G·Kamler 博士对霍尔效应仪、X 射线衍射、拉曼散射、发光和缺陷选择性蚀刻的测量。

参考文献

[1]W. Utsumi, H. Saitoh, H. Kaneko, T. Watanuki, K. Aoki, O. Shimomura, Nat. Mater. 2, 735(2003).

［2］J. A. VanVechtenPhys. Rev. B7, 1479(1973).

［3］D. Elwell, H. J. Scheel, Crystal Growth from High – Temperature Solutions(Academic, London, 1975).

［4］J. Karpinski, J. Jun, S. Porowski, J. Cryst. Growth 66, 1(1984).

［5］S. Porowski, I. Grzegory, J. Cryst. Growth 178, 174(1997).

［6］Grant No 1270/C T08 – 7/95 of the Polish Committee for Scientific Research(1995).

［7］I. Grzegory, M. Bockowski, S. Krukowski, B. Lucznik, M. Wroblewski, J. L. Weyher, M. Leszczynski, P. Prystawko, R. Czernecki, J. Lehnert, G. Nowak, P. Perlin, H. Teisseyre, W. Purgal, W. Krupczynski, T. Suski, L. H. Dmowski, E. Litwin – Staszewska, C. Skierbiszewski, S. Lepkowski, S. Porowski, Acta Phys. Pol. A 100, 229(2001).

［8］C. Skierbiszewski, Z. R. Wasilewski, M. Siekacz, A. Feduniewicz, P. Perlin, P. Wisniewski, J. Borysiuk, I. Grzegory, M. Leszczynski, T. Suski, S. Porowski, Appl. Phys. Lett. 86(1), 11114(2005).

［9］Grant No 2700/C. T11 – 8/2000 of the Polish Committee for Scientific Research(2000).

［10］I. Grzegory, M. Bockowsk, B. Lucznik, S. Krukowski, Z. Romanowski, M. Wroblewski, S. Porowski, J. Cryst. Growth 246, 177(2002).

［11］S. Krukowski, Z. Romanowski, I. Grzegory, S. Porowski, J. Cryst. Growth 189/190, 159(1999).

［12］S. Krukowski, M. Bockowski, B. Łucznik, I. Grzegory, S. Porowski, T. Suski, Z. Romanowski, J. Phys. Condens. Matter 13, 8881(2001).

［13］M. Bo′ ckowski, I. Grzegory, S. Krukowski, B. Łucznik, Z. Romanowski, M. Wróblewski, J. Borysiuk, J. Weyher, P. Hageman, S. Porowski, J. Cryst. Growth 246, 194(2002).

［14］Z. Liliental – Weber, EMIS Datareview Series No23, vol. 230(INSPEC, The Institution of Electrical Engineers, London, 1999).

［15］J. L. Rouviere, J. L. Weyher, M. Seelmann – Eggebert, S. Porowski, Appl. Phys. Lett. 73, 668(1998).

［16］M. Seelmann – Eggebert, J. L. Weyher, H. Obloh, H. Zimmermann, A. Rar, S. Porowski, Appl. Phys. Lett. 71, 18(1997).

［17］M. Bockowski, I. Grzegory, G. Kamler, B. Łucznik, S. Krukowski, M. Wróblewski, P. Kwiatkowski, K. Jasik, S. Porowski, J. Cryst. Growth 305, 414(2007).

［18］P. Perlin, J. Camassel, W. Knap, T. Talercio, J. C. Chervin, T. Suski, I. Grzegory, S. Porowski, Appl. Phys. Lett. 67, 2524(1995).

［19］E. Litwin – Staszewska, T. Suski, R. Piotrzkowski, I. Grzegory, M. Bockowski, J. L. Robert, L. Konczewicz, D. Wasik, E. Kaminska, D. Cote, B. Clerjaud, J. Appl. Phys. 89, 7960(2001).

［20］K. Saarinen, T. Laine, S. Kuisma, P. Hautojarvi, L. Dobrzy′ nski, J. M. Baranowski, K. Pakuła, R. St, epniewski, M. Wojdak, A. Wysmołek, T. Suski, M. Leszczy′ nski, I. Grzegory, S. Porowski, Phys. Rev. Lett. 79, 3030(1997).

［21］J. Neugebauer, C. G. Van de Walle, Phys. Rev. B50, 8067(1994).

［22］M. Leszczynski, I. Grzegory, H. Teisseyre, T. Suski, M. Bockowski, J. Jun, J. M. Baranowski, S. Porowski, J. Domagala, J. Cryst. Growth 169, 235(1996).

［23］ S. H. Christiansen, M. Albrecht, H. P. Strunk, C. T. Foxon, D. Korakakis, I. Grzegory, S. Porowski, Phys. Stat. Sol. (A) 176(1), 285(1999).

［24］J. L. Weyher, P. D. Brown, J – L. Rouviere, T. Wosinski, A. R. Zauner, I. Grzegory, J. Cryst. Growth

210，151(2000).

[25]I. Grzegory，M. Bockowski，S. Porowski，in Bulk Crystal Growth of Electronic，Optical and Optoelectronic Materials，ed. by P. Capper(Wiley，Chichester，2005)，p. 173.

[26] M. Bockowski，I. Grzegory，S. Krukowski，B. Lucznik，M. Wróblewski，G. Kamler，J. Bory－siuk，P. Kwiatkowski，K. Jasik，S. Porowski，J. Cryst. Growth 274，55(2005).

[27] M. Bockowski，P. Stak，P. Kempisty，I. Grzegory，S. Krukowski，B. Lucznik，S. Porowski，J. Cryst. Growth 307，259(2007).

[28] M. Bo'ckowski，I. Grzegory，S. Krukowski，B. Łucznik，M. Wróblewski，G. Kamler，J. Bory－siuk，P. Kwiatkowski，K. Jasik，S. Porowski，J. Cryst. Growth 270，409(2004).

[29]S. Hussy，E. Meissner，P. Berwian，J. Friedrich，G. Müller，J. Crystal Growth 310，738(2008).

[30]Fidap 7. 0 User Manual，1984'－1993 Fluid Dynamic International，Inc. .

[31]S. Krukowski，I. Grzegory，M. Bockowski，B. Lucznik，T. Suski，G. Nowak，J. Borysiuk，M. Wróblewski，M. Leszczynski，P. Perlin，S. Porowski，J. L. Weyher，Int. J. Mater. Prod. Technol. 22，226(2005).

[32]Material Property Data http：//www. matweb. com.

[33]International Nuclear Safety Center http：//www. insc. anl. gov/matprop/graphite/.

[34]J. C. Nipko，C－K. Loong，C. M. Balkas，R. F. Davis，Appl. Phys. Lett. 73，34(1998).

[35] A. Jezowski，P. Stachowiak，T. Plackowski，T. Suski，S. Krukowski，M. Bockowski，I. Grze－gory，B. Danilchenko，T. Paszkiewicz，Phys. Stat. Sol. (B)240(2)，447(2003).

[36] M. Bockowski，P. Stak，P. Kempisty，I. Grzegory，B. Lucznik，S. Krukowski，S. Porowski，Phys. Stat. Sol. (C) 6，1539(2008).

[37]M. Bockowski，P. Strak，I. Grzegory，B. Lucznik，S. Porowski，J. Cryst. Growth 310，3924(2008).

[38] M. Krysko，M. Sarzynski，J. Domagala，I. Grzegory，B. Lucznik，G. Kamler，S. Porowski，M. Leszczy'nski，J. Alloys Comp. 401，261(2005).

[39] L. Marona，P. Wisniewski，P. Prystawko，I. Grzegory，T. Suski，S. Porowski，P. Perlin，R. Czernecki，M. Leszczy'nski，Appl. Phys. Lett. 88(20)，201111(2006).

[40]C. Skierbiszewski，P. Wisniewski，M. Siekacz，P. Perlin，A. Feduniewicz－Zmuda，G. Nowak，I. Grzego－ry，M. Leszczynski，S. Porowski，Appl. Phys. Lett. 88(22)，221108(2006).

[41]P. Perlin，M. Leszczynski，P. Prystawko，M. Bockowski，I. Grzegory，C. Skierbiszewski，T. Suski，in III-Nitride Devices and Nanoengineering，ed. by Zhe Chuan Feng(World Scientific，China，2008)，p240.

[42]M. Morishita，F. Kawamura，M. Kawahara，M. Yoshimura，Y. Mori，T. Sasaki，J. Cryst. Growth284，91(2005).

第 11 章　钠流法生长大尺寸 GaN 晶体的简述

Dirk Ehrentraut, Elke Meissner

摘要　在本章中,我们简要回顾了纳流法生长 GaN 晶体技术。迄今为止,研究人员生长的 GaN 的最大晶体直径为 2in,沿(0001)面的生长厚度仅为数毫米。最后,本章综述了近几年 GaN 晶体生长方法的发展历史、实验条件和生长质量。

11.1　简介

钠流法(Sodium – flux,简称 Na – flux)是早期生长 GaN 晶体的方法之一。然而,在 GaN 晶体的所有相对较新的生长技术中,钠流法是液相外延生长法(Liquid Phase Epitaxy,简称 LPE)的一种改进。起初,有的研究小组以 Na 作为流体分量,有的研究小组则以 Ga 进行研究,后来研究范围扩大到许多 I 族元素和 II 族元素[如锂(Li)、钾(K)、钙(Ca)、锶(Sr)以及钡(Ba)],这些元素对晶体形成的影响曾经被许多不同的研究小组研究过。

来自大阪大学(Osaka University)的液相外延生长小组的研究人员报道了晶体生长系统的晶体尺寸、结晶质量和可扩展性等方面的重大进展[1]。2006 年,他们报道了生长的一枚直径为 2in GaN 晶体[2]。因此,本章将主要讨论大阪大学报道的研究成果,目前该研究小组被认为是这一特别技术的领导者。接下来,我们将简要概述钠流法的历史发展。

11.2　钠流法的历史发展简述

Yamane 等人在 20 世纪 90 年代中期观察到,使用 Na 流法合成三元氮化物(如 Ba_2ZnN_2、Sr_2ZnN_2 等)时,有时会生成稳定的六方相 GaN 晶体[3]。随后,他们专注于以 Na_3N 作为 Na 源制备 GaN 晶体,1997 年他们率先报道了生长的尺寸为 2mm 的六方 GaN 晶体[4]。在温度为 $600 \sim 800$℃的范围内,压强$(p) \leqslant 1.1 \times 10^7$Pa,过量的氮气使用密封钢管注入。形成 GaN 需要高 Na 浓度。据报道,当温度升高时,形成 GaN 需要少量的 Na。此外,GaN 的大小随着 Ga – Na 熔体中 Na 浓度的减少而增加。

之后不久,Aoki 和 Yamane 采用改进的 Na 流技术生长出尺寸为 3mm 的 GaN 晶体,经

X 射线摇摆曲线测试（0004）衍射峰的半波宽低于 25arcsec——这是在温度为 750℃、压强为 5×10^6Pa、生长时间为 200h 的条件下，将 Na – Ga 熔体置于氮化硼（BN）坩埚中合成[5]，GaN 单晶的产量及形貌与早期的 Na/（Na + Ga）摩尔比有关。晶体的电学性能测试结果如下：电阻率为 $0.04\Omega \cdot cm$，载流子浓度为$(1 \sim 2) \times 10^{18}/cm^3$（N 型）、载流子迁移率为 $100cm^2/(V \cdot s)$，室温下阴极发光谱（Cathodoluminescence，简称 CL）显示出单一的发光峰（波长为 $362 \sim 365nm$）。

后来，晶体的尺寸进一步增大到 $3 \times 5mm^2$ 的薄片和沿 c 轴长度为 1mm 的柱状 GaN 晶体[6]，它们的平均生长速率分别为 $14\mu m/h$ 和 $2\mu m/h$。

据推测，钠扮演着催化剂的角色——通过释放电子使氮分子离解为氮离子[7]。因此，高含量的钠将 N 离子加速引入 Na – Ga 熔体中，形成 Na_x – (GaN_y) 复合物。Iwahashi 和 Kawamura 等人进一步研究这种现象[12]，他们的结论是，N_2 在温度高于 900K 的钠流的气 – 液界面处离子化，随后持续进入 Ga – Na 流体中。高压条件促进了氮自由基的溶解，Ca 和 Li 添加剂提高了氮在 Ga – Na 熔体中的溶解量——很明显，在熔体中形成了氮的亚稳相，从而降低了氮的活性。

图 11.1 展示了一些较大的晶体，自发成核生长的 GaN 晶体沿 c 轴方向的最大尺寸约 0.6mm。用自发成核 GaN 晶体作为籽晶的第二代 GaN 在温度为 760℃时，非极性面的平均生长速率约 $0.2\mu m/h$[9]。Li_3N 作为添加剂提高 N 的溶解度，图 11.2 比较了籽晶和生长的 GaN 晶体的大小。

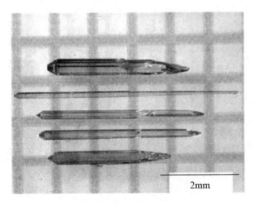

图 11.1　900℃时压强为 9.5MPa 生长 400h 制备的 GaN 柱状和针状晶体
[图片由 H. Yamane，Tohoku University，Japan 提供]

图 11.2　在 GaN 籽晶上生长的自成核 GaN 籽晶和 GaN 晶体
[图片由 H. Yamane，Tohoku University，Japan 提供]

从籽晶的初始离解性来判断，晶体的生长应该具有更高的生长速率，但 GaN 的生长速率最高为 $2\mu m/h$[10]。温度为 900℃、N_2 压强为 $(0.8 \sim 7) \times 10^6$Pa 的条件下生长 72h，Ga 熔化于 Na 蒸气中形成 Na – Ga 熔体。

目前，最大尺寸的 GaN 晶体是由大阪大学的一个研究小组采用钠流法生长而成的[2,12]。图 11.3 展示了一枚在 HVPE – GaN（0001）衬底上生长的 2in GaN 晶体。

图 11.3 采用 Na 流量液相外延法生长的 2in GaN 晶体

注：大约 0.5at%（掺杂浓度）的 C 作为添加剂以减少 GaN 的寄生成核[12]（经许可使用）© 2008，爱思唯尔出版社（Elsevier Publishers）。

大阪大学研究小组的首次报道发表于 1998 年[13]。此后，为了提高晶体的尺寸并获得定向晶体，他们成功地采用了衬底上的液相外延生长技术[14]。

研究人员认识到，在生长的 GaN 晶体附近区域强制熔体流动能改善生长条件，从而提高生长速率。2003 年，他们引入流体覆膜液相外延法（Flux - film - Coated LPE method，简称 FFC - LPE）[15]。带有流体坩埚的热生长室被安装在高温釜内，以便于施加摆动。当摆动频率为 1.5/min 时，虽然氮气压强低至 $9.5 \times 10^5 Pa$，温度为 800℃的生长速率为 $4\mu m/h$。

非极性衬底也得到了研究人员的关注——最近报道了 a 面 GaN 衬底上制备[16]。以锶（Sr）作为添加剂可获得所需的 GaN 形态，X 射线衍射结果表明，GaN 的结晶度得到改善。例如，对比 GaN 模板（在蓝宝石衬底上的 MOCVD - GaN 薄膜）与液相外延生长 GaN 晶体——它们($11\overline{2}0$)衍射面的半波宽从 1152arcsec 降低到 236arcsec。

除了钠流法，还有一些其他元素的尝试——使用碱金属盐和碱土金属盐在合适条件下获得合理的 GaN 溶解度。费格尔森（Feigelson）和亨利（Henry）最近采用 $LiF - BaF_2 - Li_3N$ 系统生长了约 0.5mm 的 GaN 单晶[17]，生长温度为 800℃，压强约 $2.5 \times 10^6 Pa$。

Song 等人采用 $Li_3N + Ga$ 混合物[18]和 Wang 等人利用 $Li_3N + Ca + Ga$ 混合物[19]在温度为 800℃左右、氮气压强为 $2 \times 10^5 Pa$ 的条件下生长出 4mm 的自支撑 GaN 薄片。

尽管以上所有提及的低温与低压生长法均具有很强的吸引力，但这里必须指出的是，除了目前大阪大学研发的 GaN 晶体生长技术之外，尚未证实其他钠流法或相关钠流法可以生长足够大尺寸的 GaN 晶体。

11.3 钠流法液相外延生长 GaN 的实验条件

为了实现特定的目标（如掺杂、形貌的控制等），实验条件通常需要不断地修订。基本上，钠流法根据具体情况遵循如下生长流程[20]：起始材料为 Ga 和 Na，均放置在氧化铝坩埚内；GaN/Al_2O_3 模板作为籽晶生长的衬底，在填充起始材料之前放置在坩埚底部，然后将坩埚置于耐高温高压的不锈钢管内。上述的这些步骤，需要在氩气(Ar)气氛下的手套箱中进行，以防止金属钠与空气中的水蒸气发生反应；接下来用氮气加压钢管，在电炉中加热。在整个生长周期保持温度约为 850℃ 和压强约为 $5 \times 10^6 Pa$，GaN 晶体通常在 Ga – Na 熔体中完成生长。当生长完成后，从熔炉中取出高压管和坩埚，将钠溶解在冷的乙醇和水中。细心地处理以防止钠与水的剧烈反应，剩余的 Ga 可用乙醇和热的浓盐酸除去。

11.4　生长机制和位错

11.4.1　熔剂组成对生长稳定性和晶体形貌的影响

众所周知，研究添加剂对溶解度、生长稳定性、晶体形态及与 GaN 的合金化的影响，可以提高 GaN 晶体的生长速率，并最终形成新相。

锂通过增加氮的溶解度来提高 GaN 的溶解度[21]，锂基助熔剂如 $Li_3N + Ga$[18] 和 $Li_3N + Ca + Ga$[19] 等已经得到了应用；然而我们应该注意到，过度的 Ca 会妨碍 GaN 的形成。包(Bao)等人近期报道了以 $Ba_3N_2 + Ga$ 为助熔剂生长 GaN 小晶体[22]，与含 Ca 的助熔剂相比，Ba 的浓度越高，GaN 的形成就越慢，同时还影响不同晶面的生长速率；因此，晶体的形态可以调整。

Sekiguchi 等人报道称，用 K 代替 Na 会生成立方相 GaN 晶体[23]。根据阴极发光谱的测试结果，该立方相 GaN 晶体的发光峰位于 3.2eV，具有很多缺陷。

Iwahashi 等人称，晶体结构的变化是由于 Sr 作为助溶剂的部分添加剂引起的[16]：相对于 Na 而言，Sr 浓度从 0 提高到 1.5%(mol)时，m 面 GaN($\{1100\}$)的形成消耗了 $\{1011\}$ 锥体的强度(如图 11.4 所示)。当 Na 熔体中含 Sr 为 1.5%(mol)时，GaN 晶体的自发形核束缚于基面(0001)和 $\{1\bar{1}00\}$；当 Sr 浓度进一步增大到 3.5%(mol)时，根本不产生 GaN 晶体。

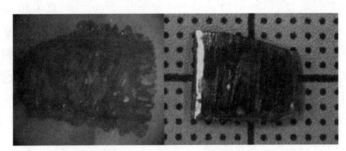

(a)纯Na流量法　　　　　　　　(b)添加Sr的Na流量法[16]

图 11.4　a 面 GaN 模板上生长的 GaN 的照片(经许可使用，© 2007，日本应用物理学会)

Kawamura 等人研究了碳(C)作为添加剂的影响[24]。由于抑制了寄生成核，形成了稳定的非极性 m 面 GaN，生长速率显著提高到 $20\mu m/h$(另有报道称甚至达到了$30\mu m/h$[24])。已经了解到，当温度为 800℃时，1at% 的 C 将完全抑制寄生成核。此外，从表面来看，C 并不会对 GaN 生长产生强烈的影响。二次电子质谱(Secondary Electron Mass Spectroscopy,

简称 SIMS)分析结果表明，这些晶体中电子浓度约为 $2 \times 10^{17}/\mathrm{cm}^3$——与非有意无碳条件下生长的 GaN 晶体相同。

此外，研究人员还使用过渡金属添加剂[如铬(Cr)、锰(Mn)、铁(Fe)、钴(Co)以及镍(Ni)][25]。Cr 导致了 CrN 单晶(与 GaN)共沉淀，而 Mn、Fe、Co 和 Ni 则对 GaN 的晶体形态有影响。在 c 方向的生长过程中，Ni 表现出最大的影响；只有 Mn 可以加入到 GaN 中，经电感耦合等离子体质谱(Inductively Coupled Plasma Mass Spectrometry，简称 ICPMS)检测，Mn 的浓度高达 0.35at%。

700℃时 ξ 相的 Mn_2N 的小晶体可以从 In－Na 熔体中制备[26]。

11.4.2　位错群的生长机制及其影响

我们研究了 MOCVD－GaN 模板上生长的 GaN(0001)，发现有几个因素确实影响籽晶和晶体生长中缺陷的形成和增殖[27]。换句话说，生长初期阶段的位错浓度(GaN 衬底上成核的小岛)与 MOCVD－GaN 模板的典型浓度是一样的(通常低于 $10^9/\mathrm{cm}^2$)。随后，在衬底界面上方数微米内弯曲的位错线上继续液相外延生长 GaN，将产生较低的位错密度($10^3/\mathrm{cm}^2$)，如图 11.5 所示[28]。

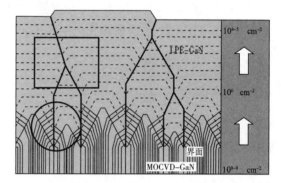

图 11.5　钠流量法在 MOCVD－GaN 衬底上生长的 GaN，在液相外延生长过程中降低了位错密度[12]
［经许可使用，© 2008，爱思唯尔出版社(Elsevier Publishers)］

11.4.3　溶解度与生长速率

GaN 的溶解度是控制晶体生长过程的一个重要参数。川村等人的研究结果表明，保持温度为 973K 生长体系运行 200h 时，仅有 0.036%(mol)的 GaN 可溶解在 27%(mol)Ga 和 73%(mol)Na 的熔体剂中[12]。熔体中加入 Na 不仅明显增强了 GaN 的溶解性，还降低了生长所需的压强。作为比较，Madar 等人所报道的，当温度为 1473K、压强为 $8 \times 10^8 \mathrm{Pa}$ 时，纯 Ga 熔体中 GaN 溶解度仅为 0.008%(mol)[29]；Karpinski 等人观察到，当温度为 1773K、压强为 1.6×10^9 时，Ga 的溶解度上升约 0.16%(mol)[30]。

GaN 的溶解度可以用系统压强和温度来表示。GaN 晶体生长开始的时候，需要一个最小的压强。当温度达到 900K 以上时，Na 明显地促进 N 在 Ga－Na 熔体中的溶解度：当温度为 1073K、压强为 $7.5 \times 10^5 \mathrm{Pa}$ 时，约 0.12% 的氮溶解在 27%(mol)Ga 和 73%(mol)Na 的熔体中[9]。

另有报道称，当温度为 1023K 时，Ga－Na 熔体中生长 GaN 晶体的压强最低，之后逐渐增大——这种现象的解释是，GaN 的溶解度比 N 的溶解度上升得更快[9]。

生长速率取决于衬底和 Na 熔体之间的温度梯度，熔体容器内的热对流就是以这种方式形成的。川村等人近期的研究结果表明，<0001>方向的生长速率高达20μm/h[20]。他们还发现，从开始实验到生长开始期间有必要停留20h，这主要是因为钠熔体中的氮缓慢饱及衬底上启动生长需要达到过饱和状态。

对寄生成核的控制也是钠流法的一大挑战。正如所观察到的，寄生成核优先在液钠熔体和气体的界面处结晶，从而消耗了衬底上生成 GaN 所需的大部分氮自由基。然而，碳(C)作为添加剂将完全抑制寄生 GaN 晶体的形成，从而支持 GaN 在衬底晶体上的生长[20]。

11.5　GaN 的属性

关于钠流法生长 GaN 的晶体结构和物理性质方面的数据非常有限，表 11.1 列出了晶格常数 a 和 c、X 射线衍射摇摆曲线的半波宽、Na 和 C 的杂质浓度、电阻率、载流子浓度和迁移率等。

表 11.1　Na 流量法生长 GaN 的性质

性能参数	Na 流量法生长的 GaN	生长于蓝宝石衬底上的 GaN
晶格常数/nm	$a=0.31903(3)$　$c=0.51864(6)$ $a=0.31896(1)$　$c=0.51854(2)$ $a=?$　　$c=0.51877$	—
XRD 摇摆曲线半波宽(arcsec)	(0004)：25；(0002)：40～60[9]	—
杂质浓度/cm^{-3}	— —	$Na=4.2\times10^{14}$[2] $C=2\times10^{17}$[24]
电阻率/(Ω·cm)	$0.04(T=110\sim350K)$[5]	—
载流子浓度/cm^{-3}	$(1\sim2)\times10^{18}$，室温，n 型[5]	—
迁移率/[cm^2/(V·s)]	100，室温[5]	—

Skromme 等人通过光致发光谱、反射光谱以及拉曼散射等方法研究了 Yamane 等人生长的无色柱状 GaN 晶体的一些光学属性[31]。拉曼光谱在739cm^{-1}处出现了 A_1(LO)声子模式，经计算表明，大小为3～4mm 的薄片内自由电子的密度为$(2\sim3)\times10^{17}/cm^3$。生长在热解 BN 坩埚(纯度>99.9999%)内较小的 GaN 薄片，其拉曼光谱在733cm^{-1}处出现了 A_1(LO)声子模式，经计算表明，大小为3～4mm 的薄片内自由电子的密度为$1\times10^{16}/cm^3$。光致发光测试结果揭示，残留着一种结合能为33.6meV 的施主杂质，可能为 O_N。低温($T=1.7K$)光致发光谱在约2.9eV 处有一个较宽的峰，经证明为残留的锌(Zn)受主，其他杂质均为低浓度的硅和镁。然而，很少能观察到与镓空位有关的黄光能带(约2.2eV)。低温($T=1.7K$)光致发光谱的中性施主 – 束缚态(D^0X)激子峰具有很高的强度，半波宽只有2.2meV。根据这些信息，作者得出了结论：这种材料的光学质量非常优异。

11.6 钠流法的工业潜力

钠流法已经被证明有可能在相对较温和的压强和温度条件下生长 GaN 晶体，即压强不超过 1.0×10^7 Pa 和温度范围为 600 ~ 900℃ 的条件下。高达 $30\mu m/h$ 的生长速率对于工业生产而言似乎是合理的，特别应该考虑到液相生长技术中固有的低生长速率，具体数值可参考本书第 7 章 ~ 第 10 章及第 12 章。但是，该法制备 GaN 的结构质量肯定可以进一步提高，特别是在晶圆区域上的单晶度和相关的边界方面。

钠流生长技术产业化的一个关键问题是，为了达到晶体高的吞吐量，有必要进行产业升级，从而实现高的 GaN 晶体产量，这将为降低外延 GaN 衬底的成本产生积极的影响。在这方面，氨热生长技术似乎是最有前途的。事实上，外延 GaN 衬底的成本是设备制造商考虑的日益重要的问题，因为它涵盖了大规模 GaN 基电子器件的成本结构中利润最大的部分。对于 GaN 器件的广阔领域而言，外延 GaN 衬底的成本必须与广泛使用的蓝宝石基模板相抗衡——可以将复杂的模板技术与横向过生长（Epitaxial Lateral Overgrowth，简称 ELOG）相结合，实现高结晶质量 GaN 器件。

参考文献

[1] Department of Electrical Engineering, Osaka University, Japan.

[2] F. Kawamura, H. Umeda, M. Morishita, M. Kawahara, M. Yoshimura, Y. Mori, T. Sasaki, Y. Kitaoka, Jpn. J. Appl. Phys. 45, L1136(2006).

[3] H. Yamane, F. J. DiSalvo, J. Solid State Chem. 119, 375(1995).

[4] H. Yamane, M. Shimada, S. J. Clarke, F. J. DiSalvo, Chem. Mater. 9, 413(1997).

[5] M. Aoki, H. Yamane, M. Shimada, T. Sekiguchi, T. Hanada, T. Yao, S. Sarayama, F. J. DiSalvo, J. Cryst. Growth 218, 7(2000).

[6] M. Aoki, H. Yamane, M. Shimada, S. Sarayama, F. J. DiSalvo, Cryst. Growth Des. 2, 119(2001).

[7] H. Yamane, D. Kinno, M. Shimada, T. Sekiguchi, F. J. DiSalvo, J. Mater. Sci. 35, 801(2000).

[8] T. Iwahashi, F. Kawamura, M. Morishita, Y. Kai, M. Yoshimura, T. Sasaki, J. Cryst. Growth 253, 1 (2003).

[9] F. Kawamura, M. Morishita, K. Omae, M. Yoshimura, Y. Mori, T. Sasaki, J. Mater. Sci. Mater. Electron. 16, 29(2005).

[10] M. Aoki, H. Yamane, M. Shimada, S. Sarayama, H. Iwata, F. J. DiSalvo, J. Cryst. Growth 266, 461 (2004).

[11] T. Yamada, H. Yamane, Y. Yao, M. Yokoyama, T. Sekiguchi, Mater. Res. Bull. 44, 594(2009).

[12] T. Sasaki, Y. Mori, F. Kawamura, M. Yoshimura, Y. Kitaoka, J. Cryst. Growth 310, 1288(2008).

[13] Y. Mori, M. Yano, M. Okamoto, T. Sasaki, H. Yamane, Bull. Solid State Phys. Appl. 4, 198(1998)(In Japanese).

[14] M. Yano, M. Okamoto, Y. K. Yap, M. Yoshimura, Y. Mori, T. Sasaki, Jpn. J. Appl. Phys. 38, L1121 (1999).

[15] F. Kawamura, M. Morishita, K. Omae, M. Yoshimura, Y. Mori, T. Sasaki, Jpn. J. Appl. Phys. Part II 42, L879(2003).

[16] T. Iwahashi, Y. Kitaoka, M. Kawahara, F. Kawamura, M. Yoshimura, Y. Mori, T. Sasaki, R. Armitage, H. Hirayama, Jpn. J. Appl. Phys. 46, L103(2007).

[17] B. N. Feigelson, R. L. Henry, J. Cryst. Growth 281, 5(2005).

[18] Y. Song, W. Wang, W. Yuan, X. Wu, X. Chen, J. Cryst. Growth 247, 275(2003).

[19] G. Wang, J. Jian, W. Yuan, X. Chen, Cryst. Growth Des. 6, 1157(2006).

[20] F. Kawamura, M. Morishita, M. Tanpo, M. Imade, M. Yoshimura, Y. Kitaoka, Y. Mori, T. Sasaki, J. Cryst. Growth 310, 3946(2008).

[21] M. Aoki, H. Yamane, M. Shimada, S. Sarayama, H. Iwata, F. J. DiSalvo, Jpn. J. Appl. Phys. 42, 7272 (2003).

[22] H. Q. Bao, H. Li, G. Wang, B. Song, W. J. Wang, X. L. Chen, J. Cryst. Growth 310, 2955(2008).

[23] T. Sekiguchi, H. Yamane, M. Aoki, T. Araki, M. Shimada, Sci. Technol. Adv. Mater. 3, 91(2002).

[24] F. Kawamura, M. Tanpo, Y. Kitano, M. Imade, M. Yoshimura, Y. Kitaoka, Y. Mori, T. Sasaki, 5th International Workshop on Bulk Nitride Semiconductors(IWBNS - V), Itaparica, Salvador, Bahia, Brazil (2007).

[25] M. Aoki, H. Yamane, M. Shimada, S. Sarayama, H. Iwata, F. J. DiSalvo, Jpn. J. Appl. Phys. 42, 5445 (2003).

[26] M. Aoki, H. Yamane, M. Shimada, T. Kajiwara, Mater. Res. Bull. 39, 827(2004).

[27] F. Kawamura, H. Umeda, M. Kawahara, M. Yoshimura, Y. Mori, T. Sasaki, H. Okado, K. Arakawa, H. Mori, Jpn. J. Appl. Phys. 45, 2528(2006).

[28] F. Kawamura, M. Imade, M. Yoshimura, Y. Mori, Y. Kitaoka, T. Sasaki, Proc. SPIE, 7216, 72160B - 1 (2009).

[29] R. Madar, G. Jacob, J. Hallais, R. Fruchart, J. Cryst. Growth 31, 197(1975).

[30] J. Karpinski, J. Jun, S. Porowski, J. Cryst. Growth 66, 1(1984).

[31] B. J. Skromme, K. Palle, C. D. Poweleit, H. Yamane, M. Aoki, F. J. DiSalvo, J. Cryst. Growth 246, 299 (2002).

第 12 章　低压熔体法生长 GaN 晶体

E. Meissner, S. Hussy, J. Friedrich

12.1　简介

由于 GaN 在其熔点处的分解压强极高，因此采用经典的晶体生长方法（如 Czochralski、布里奇曼或垂直梯度冻结等——通常用于生产 Si、GaAs 等重要的工业材料）从熔体中生长 GaN 在技术上是不可行的[1]。

目前，研究人员开发了好几种前途广阔的技术以生产厚 GaN 层或 GaN 晶体，这些内容在本书的其他章节中有详细的描述。在不同的晶体生长方法中，液相生长法不仅具有理论上的可行性，而且生长的最低位错密度的 GaN 层具有实际应用潜力。对于液相生长的理论期望基于以下事实：与任何气相生长技术相比，液相生长的过程接近热力学平衡，并且对温度的要求低得多。Porowski 等人借助于高压熔体生长技术（High Pressure Solution Growth，简称 HPSG）成功地证实了这种期望——生长的 GaN 晶体具有超乎寻常的低位错密度 $10 \sim 100/cm^2$[2]。高压熔体生长技术是在氮气压强高达 $1.7 \times 10^9 Pa$ 和温度为 $1300 \sim 1600℃$ 的条件下进行的[2]，这表明该方法的明显缺点：需要施加高压。为了在镓熔体中实现氮的合理溶解度，高温也是必不可少的条件。与经典的液相生长技术相比，氮在液镓中的溶解度是非常低的[3]。

如果不是纯 Ga 熔体而是添加了其他溶剂的 Ga 熔体，氮化镓也可以在较低的压强和温度下生长。熔剂用来提高氮在镓熔体中的溶解度并促进反应的活性，因此，我们可以将高压纯氮气（如 $5.0 \times 10^6 Pa$）输送到反应系统中，或者使用其他含氮原子的化学物质，通过降低压强使生长过程中氮的溶解度保持在一个合理水平。一些研究人员已经研究过某些碱金属或碱土金属的氮化物或混合物，这些相应的方法源于所谓的钠流法——最初由雅玛内等人主要开发于 $1997 \sim 2000$ 年[4,5]。最近，川村等人进一步研究了液相外延生长工艺（Liquid Phase Epitaxy，简称 LPE）[6]，钠流法基于使用由纯金属 Ga 和 Na_3N 混合物制成的钠熔体或系统中产生的钠蒸气[7]。周期表中 I 族或 II 族的其他元素也被尝试作为钠流法的成分，如锂或锂金属氮化物[8,9]、钾锂混合物[10] 或一定量的钙或碳作为添加剂[11,12]。熔剂的选择并不容易，因为它必须满足很多标准。在理想情况下，熔剂添加剂应该具有高的氮溶解度，但本身不应与氮形成稳定的化合物，不应与给定条件的 GaN 形成相互竞争，也不应产生稳定的二元或者三元合金，特别是在熔剂中添加多种元素的情况下。最后，周期表中仍

· 177 ·

然存在一些金属元素，这些元素有望作为 GaN 熔体生长添加剂。例如，在低压条件下，目前还没有两种以上添加剂(不包括 Ga)熔体生长 GaN 的报道，这是由于多成分系统更加难以控制溶解度、热力学和反应动力学过程中可能形成的相。Logan 和 Thurmond 从 1972 年开始使用 Ga - Bi 熔体，对氨和氢气流动气体环境中 GaN 熔体的生长进行了非常详细的研究[13]，他们成功地在蓝宝石衬底上生长外延 GaN 层。1984 年，埃尔韦尔(Elwell)等人也在类似的实验条件下以 Bi - Sn 作为熔剂再一次证明，即使在大气压强下，从熔体中生长 GaN 也是可能的[14]。Meissner 等人[15] 和 Hussy 等人[16] 在 Ga 熔体中加入了到目前为止，其他研究小组没有使用过的金属添加剂，在氨气环境中的熔体中设法生长 GaN。他们研究中使用的金属没有像钠或钾那样需要很高的蒸汽压——在生长过程中，系统没有施加过高的压强。表 12.1 展示了熔体生长 GaN 相应的压力、温度和熔剂等方面的技术汇编。

表 12.1　熔体法生长 GaN 晶体的实验条件和文献中的数据

溶剂	气氛	温度/℃	压强/(×10⁵Pa)	参考文献
NaN_3	N_2	600 ~ 800	~ 110	Yamane[17]，1997
Na + NaN_3	N_2	650 ~ 840	~ 120	Yamane[4]，2000
Na	N_2	750	50	Aoki[5]，2000
K	N_2	750	70	Yamane[18]，2000
Li	N_2	800	50	Morishita[19]，2003
Na + Ca	N_2	800	30	Kawamura[10]，2002
Na + Li	N_2	800	15	Morishita[19]，2003
Na	N_2 + NH_3	800	10 ~ 20	Iwahashi[20]，2003
Li	NH_3	300 ~ 750	1	Barry[8]，1998
Li_3N	N_2	740 ~ 800	1 - 2	Song[9]，2003
Bi	H_2 + NH_3	850 ~ 1050	1	Logan[13]，1972
Bi，Sn	H_2 + NH_3	870 ~ 990	1	Elwell[14]，1984
Bi	N_2 + NH_3	900	1	Klemenz[21]，2000
Ge	H_2 + NH_3	930 ~ 990	1	Hussy[16]，2008；本章
Ge，Sn，Au，Ag	H_2 + NH_3	960	1	Hussy[22]，2008；本章
Ge，Sn，Bi，Au，Ag 及其混合物	H_2 + N_2 + NH_3	900 ~ 1050	1	Hussy[23]，2008

钠流法仍然需要施加一定的高压，降低压强阈值是不可能实现 GaN 生长的，除非向系统中输送的是另一种更加稳定的氮化物(氮分子除外)。氨气当然是最简单的选择——以气相形态与氮气注入生长过程中，并调节至接近 GaN 的平衡曲线的稳定区域，从而防止 GaN 在生长过程中分解。

最近几年来，为了生长出 GaN 晶体，弗劳恩霍夫集成系统和器件技术研究所的晶体生长部研发了一种室压下的 GaN 熔体生长技术，并对此进行了详细的研究。其理念是，以设计 GaN 晶体生长过程为目标，由于该生长技术具有简单性、材料质量高、扩展性能优异以及成本低廉，因而其具有潜在的技术价值。以上的研究成果构成了本章的主题，即所谓的低压熔体生长法(Low Pressure Solution Growth，简称 LPSG)。

上述提及的大多数研究对所选择系统中氮的溶解度缺乏彻底研究，而只是针对特定系统中 GaN 的生成反应进行了详细的考虑。因此，晶体生长的研究人员缺乏基于熔体生长技术相关的工艺设计等重要信息。除此之外，溶液中熔剂的作用机理没有得到充分的澄清，我们知道，溶剂不仅影响氮的溶解度，还影响 Ga 熔体中 GaN 的成核和结晶动力学。因此，相应的问题亟待解决，如控制成核密度、生长速率、结晶机制等——与熔剂对 GaN 生长过程有关的基本理解。到目前为止，研究人员还无法采用文献中的数据来回答 GaN 作为过程参量函数的形成反应。热力学方面的"纯系统"，即氮气环境下 Ga 熔体形成 GaN 和纯液态 Ga 中氮的溶解度，已经在高压熔体生长流程中进行了详细的研究[3,24]。

12.2 常压下熔体生长技术

低压熔体生长 GaN 是一种相对简单的方法，它可以轻易地在水平或垂直反应炉配置中完成。一般来说，低压熔体生长技术是非常灵活的。为了达到生长 GaN 晶体的目的，可以对其进行改造，也可以将其视为多晶圆液相外延方法的变异。与任何其他方法一样，为了获得稳定的生长过程和高质量的优质材料，必须解决一些重要的特性。在过去的几年中，研究人员对这项技术进行了深入的探索，我们将在本章详细回顾这些工作[15,16,25-27]。本章还将重点讨论低压熔体生长 GaN 的最新成果以及随之而来的挑战。

12.2.1 氨气氛下 GaN 的生成反应

图 12.1 分别展示了 GaN 表面 N_2(上部区域)和 NH_3 的平衡压强，以及 GaN 作为温度的函数关系，这些数据是从文献中收集的[28,29]。热稳定性曲线由 GaN 的热分解决定，空心和实心符号代表实验数据，GaN 的高压熔体生长发生在接近平衡曲线的氮化物的稳定区域。钠流生长在稍微远离 GaN – Ga + N_2 的相边界，但仍然处于 GaN 的稳定区域，有利于低压生长工艺。洛根和瑟蒙德[13]以及埃尔韦尔等人[14]观察了氨气(而不是纯氮气)环境下 GaN 的形成或分解，以确定 GaN 与 NH_3 之间稳定共存的边界曲线。低压熔体生长 GaN 和液相外延生长 GaN[13,21]位于图 12.1 的下部区域。

在过去的几年中，我们做出了许多努力来控制成核密度，避免溶液中的同质成核，并通过仔细选择溶液组成、气体流通、工艺压强和温度来建立稳定的生长过程。Sun 等人研究了氨气环境下熔体生长 GaN 的形成反应，以检验低压熔体过程中 GaN 结晶的必要数据。他们在工作中使用了一个系统的方法——通过高分辨率的热重分析法(Thermogravimetry，简称 TG)，研究的详细结果可在相关刊物中找到[28,30]。这些考虑具有不容置疑的优势，即应用了原位测量技术，这些测量不仅反映了低压熔体生长技术的优势，而且分析了其他熔体生长技术。

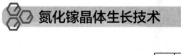
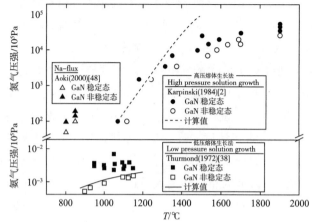

图 12.1　GaN 上的 N_2（上图）和 NH_3（在 H_2 氛围中，下图）的平衡压强与温度之间的函数关系

注：实心符号表示实验发现的稳定 GaN，空心符号表示易分解的 GaN；

虚线和实线分别表示计算的高压熔体生长法和低压熔体生长法的平衡（偏）压。

氨气环境下镓的氮化反应可以简化为下面的表达式：

$$2Ga + 2NH_3 \rightarrow 2GaN + 3H_2 \qquad (12.1)$$

在热重实验中，Ga 从熔体转化为 GaN 晶体或外延层通过监测重量信号并作为反应时间的函数，与正在进行的晶体生长过程进行比较。从熔体中形成 GaN 可用转化率 α 表示，通常以 α 与反应时间的关系来展示。α 定义为

$$\alpha = \frac{m_{Ga}^t}{m_{Ga}^0} \qquad (12.2)$$

式中，m_{Ga}^0 为 Ga 初始质量；m_{Ga}^t 为 t 时刻 Ga 的质量（反应生成 GaN 的 Ga 质量）。如文献[29]所述，转换率 α 作为反应过程时间的函数，与热重实验中测量的总重量变化有关。通常认为，从 Ga 熔体中形成的 GaN 是逐步成核并成长为晶体的[31]。

对于与低压熔体生长法相似的其他熔体生长方法，GaN 的形成实际上分为几个阶段，首先是将 NH_3 引入系统并进行初期反应，然后是所谓的成核诱导期。当晶核开始生长并以恒定的形核速率进入晶体生长期时，反应加速（$d\alpha/dt$ 为常数）——这是与低压熔体生长 GaN 的恒定的生长速率比较的结果（如果保持稳定的生长条件），也是本章接下来即将讨论的问题。诱导时间 t_{ind} 虽然不是系统的基本性质，却是一个很重要的参数，它可以用来描述成核速率，可写成下式：

$$J = K \frac{1}{t_{ind}} \qquad (12.3)$$

式中，K 为常数。

然而，上述方程需要一些假设，如 Söhnel 和 Mullin[32] 论文中所描述的[29]，以深入研究和解释低压熔体生长过程的结晶诱导期。

He 提出一个经验公式，可以用来描述温度对诱导时间的影响，从而可以给出成核的概念[33]。通常认为，过饱和度会导致高反应速率和较短的诱导期，进而期望熔体中具有

高的成核速率。因此，从对诱导时间的观察中，可以得出关于系统中存在过饱和度的结论。成核速率 J 和饱和度的关系由以下方程确定，其中 K_N 和 n 均为常数：

$$J = K_N S^n \qquad (12.4)$$

孙（Sun）等人通过观察诱导期的时长与氨气平衡分压间的函数关系，展示了如何利用这种关系找回低压熔体生长过程中的氨气的平衡分压[29]。了解氨气的平衡分压至关重要，因为必须严格控制该参数以实现稳定的生长条件，本章稍后将详细地介绍这一点。对诱导期与生长温度间函数关系的研究，为系统中同质成核活化能的产生提供了有价值的信息。研究结果发现，如果氨气分压发生改变，Ga 的反应活化能保持不变[29]。如果反应的活化能不是 $p_{(NH_3)}$ 的函数，则所有氨气参与的基本反应的机制均是相同的。然而，如果 GaN 是从熔体中结晶而不是从纯 Ga 熔体中生长的，则反应的活化能是不同的，这给熔体生长中熔剂的作用带来了一定的影响，就像生长液中的熔剂的作用一样。熔剂似乎在提高氮的溶解度方面，具有积极的能动作用。

对于生长速率，确定 GaN 形成反应中起限定速率的步骤是至关重要的。然而，限速步骤的确定并不容易。可溶性物种未知，对熔体任何特定成分的预期都会有所不同。由于氮是一种气相组分，因此定义反应速率的第一界面是气–液界面。在这里，氮的化合物必须分离，氮原子必须溶解在熔体中，或者必须形成可溶性的物质。Krukowski 等人采用理论计算的方法研究了高压熔体生长 Ga 熔体表面氮气分子的分解[34]。雅玛内等人[35]描述了氮分子的离解和复合物氮化物的形成——解决了所含复杂氮化物的问题。在后者的情况下，钠熔剂扮演了重要的角色。对可溶性物质的了解将非常关键，以便从熔体中描述和理解 GaN 的形成，并根据生长速率积极处理该参数。但是，可溶性物质仍然受到理论考量的推测或假设，因为它不容易被任何实验技术轻易获得。Sun 等人采用的方法使我们认识到，气–液界面上的动力学起着重要的作用，是实验验证方面的首次尝试[30]。在第二限制速率界面发生过程中，液–固界面也不容易通过实验手段来实现。因此，它取决于熔体中"背后"熔液表面的动力学的情况，可能更难以研究。因此，熔剂在熔体生长中的作用至今尚未完全阐明，但它绝对增强了 Ga 熔液中氮的溶解度，对相应界面的关键反应动力学影响深远。

12.2.2 氮在 Ga 熔体中的溶解度

研究人员对 Ga 熔体中氮的总浓度的了解具有极大的研究兴趣，因为氮的溶解度能够定量地表示系统过饱和状态并定义预期的 Ostwald–Miers 区以实现稳定生长。如果已经知道了氮的溶解度，就可以根据氮的溶解度选择最有效的熔剂。然而，预计氮在镓或其他金属中的溶解度非常低，因而直接测量并不容易。因此，大多数溶解度数据是由淬火样品进行原位分析获得的[3,11,13,36]。当样品冷却时，氮的离解可能会受到影响。但是即使在 1687℃的最高可用温度下，氮的溶解度也不高于 1at%。为了获得氨在常压下或者低压熔体中生长的溶解度数据，我们采用热重法测量了氮的原位溶解度[28]。我们使用与上述反应动力学同样的实验装置，实验过程非常相似，但工件和氨气的分压微妙地接近平衡条件。这种反应极不稳定，尽管必须避免氮在熔体中的溶解，如在熔体中氧化或者形成GaN，同时，从样品中蒸发Ga的重量也会干扰熔体中氮的溶解引起重量信号。必须小心地避免所有的这些寄生反应，或者至少尽量减少或定量控制，以便进行校正。由于需要推测实际可溶性物质，因此，我们为系统中发生的反应拟制了一个简单的模型，将氮原子溶解到熔体中。这可以通过仅添加氮原子所产生的重量信号来证实，氮原子本身将独立于可溶性物质本身。根据亨利定律对稀溶液的解释，如果氨气分压低于平衡分压，那么就可以采用热力学处理 $NH_3 - H_2$ 的平衡系统，氮气的溶解度将是 $p(NH_3)$ 的函数。图 12.2 描述了低压熔体生长过程中从含氨气的混合气体中吸附氮气的示意图。

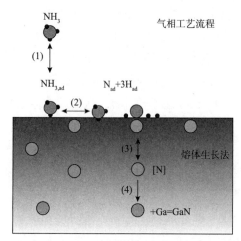

图 12.2　经过一系列步骤[(1)~(4)]氮吸收和分解以及形成 GaN 的过程示意图[28]

如图 12.2 所示，NH_3 与 Ga 熔体的交互反应包括以下步骤(模型的详细讨论可参考文献[28])：

(1)NH_3 吸附到自由熔体表面；

(2)被吸附到熔体表面的 NH_3 分子分解为氮原子溶解到熔体；

(3)氮原子通过输运进入整个熔体；

(4)如果溶解度达到极限，则从熔体中形成 GaN。

图 12.3 显示了氨气环境下 Ga – Sn 熔体校正质量变化与时间之间的函数关系，α 区域代表样品在 Ar – H_2 气流中脱氧；紧接着是含氨气氛中氮的溶解直到平衡(β 区)，最后是 NH_3 气流终止后 γ 区域的氮解吸过程。当反应各个阶段发生 Ga 蒸发时，必须对曲线进行校正。

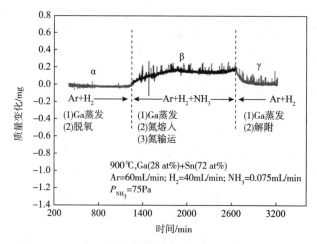

图 12.3　Ga – Sn 溶液的质量变化与时间之间的曲线图：
通过补偿或消除 Ga 的蒸发量(重新整理了文献[28]中的数据)对曲线进行了校正

溶解度是根据平衡状态下熔体总量增加计算的，表12.2总结了本研究中的溶解度数据和文献中已有的数据。从表中可以看出，使用低压熔体生长法的溶解度数据与高温和高压报道的数据相差不大——这意味着熔剂确实提高了氮的溶解性。我们在相同条件下模拟比较了纯镓在氮中的溶解度，发现熔剂将溶解度提高了约3个数量级。然而，在不同条件下比较溶解度数据时必须小心，因为气体的溶解度是温度和压强的函数。

表12.2　不同条件下GaN熔体中氮溶解度的数据比较

参考文献	温度/℃	压强/×10^5Pa	熔体组成	气氛	N_2的摩尔溶解度/×10^{-4}
Sun 2006[28]	900	1	Ga + Sn	Ar + H_2 + NH_3	6
Sun 2006[28]	930	1	Ga + Ge	Ar + H_2 + NH_3	8
Sun 2006[28]	950	1	Ga + Ge	Ar + H_2 + NH_3	8
Logan 1972[13]	1150	1	Ga	H_2 + NH_3	0.3
Morishita 2005[11]	900	42	Ga + Na	N_2	1
Madar 1975[36]	1200	8000	Ga	N_2	10
Grzegory 2002[3]	1520	11000	Ga	N_2	30

对于许多溶解在金属稀熔体中的气体，在给定的压力下 $\lg X_N$（X_N 为溶解度摩尔分数）和温度的倒数之间呈线性关系。这表明在这些系统中，氮分解的焓变和熵变几乎与温度无关。对于 $X_N = 0.11\exp(12 - 28.745/T)$ 而言，假设溶解度 N 很低，因此，所有遵循亨利定律的气体都可以被认为是理想的。使用现有文献中的数据和热重实验测量的溶解度，我们可以表示出吉布斯自由能变化与温度之间的函数关系[如图12.4(a)所示]，然后计算氮的溶解度与温度之间的依赖关系。

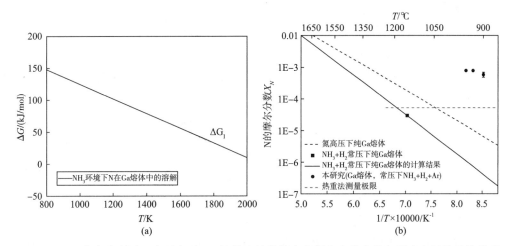

图12.4　（左）氨气气氛中，氮溶解在 Ga 熔体中计算的吉布斯自由能变化与温度之间的函数关系；（右）不同生长体系中，氮的溶解度与温度之间的依赖关系

图12.4(a)中的曲线表明，在很宽的温度范围内 N 溶解到 Ga 中的 ΔG 是正值——这意味着在 NH_3 环境下氮的溶解度随温度升高而增加。

图 12.4(b)分别比较了 Sun 获得的热重分析数据、Grzegory 在 N_2 高压下纯 Ga 系统获得的溶解度数据[3]、Logan 在氨气环境下获得的纯 Ga 的溶解度数据[13]。有关计算的细节见 Sun 的报道[28]。

总体而言，通过直接在线测量可以实验性地证明，添加适当的熔剂确实提高了氮的溶解度。成核速率和生长速率都取决于温度和氨的分压，而且熔剂具有动力学作用，如上一章所讨论的那样。因此，低压熔体生长的情况与高压熔体生长非常相似，均具有非常有利的条件——流动的气体和低温。热重分析方法也被认为是研究反应动力学、确定限制速率反应以及选择最佳熔剂和组分的最合适的方法。

12.2.3　生长设备、过程和基本挑战

不同的研究小组使用了不同的生长设备，垂直的[12]和水平的[13,14]；只有洛根和瑟蒙德在大多数熔体实验中使用了温度梯度，并声称它提高了生长速率[13]；而埃尔韦尔等人发现"温度梯度输运对熔体中 GaN 晶体的生长影响不大"[14]。

文献中报道的大部分生长过程都有衬底固定或漂浮在熔体中[13,14,16]，这有一些优点（如设置简单等），但也有一些负面影响（如热蚀刻或均匀成核等，本章后面的内容会讲到）。文献中讨论的加热炉被电阻加热到 $T = 1150℃$，采用石英玻璃作为主要炉管材料。Logan 等人[13]、Elwell[14]等人和 Klemenz 等人[21]只生长了小样品，而我们的实验室最近进一步开发了这种生长方法，使生长炉能够一次处理数个 2in 的晶圆，并首次论证了 3in GaN 模板的熔体生长法。然而，为了获得稳定的生长条件和高质量的材料，我们必须用这种方法来应对一些基本的挑战，本章的下一节将讨论这一点[16]。

1. 熔体表面结壳的形成

在熔体顶部形成氮化物或氮氧化物结壳会阻碍氨与熔体的主反应，从而减少或终止晶体的生长。洛根和瑟蒙德报道中提及[13]，当生长过程中温度低于950℃时，表面结壳层将开始形成。作为防止这种情况的措施之一，洛根建议通过机械振动或温度梯度来搅动熔体。而我们最近的研究表明，这种影响更可能与气相的纯度有关。如果隔绝氧气和湿气，则低压熔体生长可以在温度低至800℃下进行，而不会形成表面结壳层。这同时表明，气体纯度通常是必须考虑的一个主要问题，并且建议对工艺气体使用现场净化器。

2. 蠕变现象

含 Ga 的熔体有一个显著特征，即沿坩埚内壁向上流动。洛根已经观察到了该效应，他提到，如果氨的分压高于相应的平衡分压，则会发生熔体流动[13]。在这种条件下，熔融表面上方的内壁有可能形成一个 GaN 薄层，然后通过 Ga 熔体浸润；新熔体表面附近的薄层再次形成，随后被浸润，从而沿着坩埚内壁快速向上流动。氨的分压越高（过饱和度），这种效应就越强。我们的研究表明，有三种方法可以克服或至少减少蠕变问题。首先，过饱和度必须保持在奥斯特瓦尔德 – 米尔斯区，这将有助于避免 GaN 的寄生形成和熔体的蠕变现象。其次，在生长过程中短暂地终止一段时间，有助于将向上流动的熔体固定

在理想的位置。最后，熔剂的选择对熔体的各种性质具有强烈的影响。与 Ga 相比，钠、钾等具有高蒸气压的熔剂将会产生强烈的不利效果——这是由于 Ga 浓度局域增加，伴随着过饱和度的增加并促进了蠕变，而低蒸气压的熔剂将有助于规避这一现象。

3. 热区材料与氨分解

此外，还必须注意坩埚内的材料，避免氨在其表面不受控制或进行不必要的分解，这比坩埚内部的熔体和腐蚀更为重要。但是，只要在热区内不使用石墨部件，这就不是一个非常严重的问题。将石墨放置在加热炉的高温区域，对生长过程非常有害[23]，然而如果反应气体发生改变，情况可能会有所不同。关于坩埚材料的选择，同样也存在争论。与熔体直接接触的最稳定材料是氮化硼，其他材料(如石英玻璃、石墨、碳化玻璃、氮化硅或氮化铝等)能腐蚀熔体而形成不必要的杂质污染熔体。除此之外，还有如上所述氨气不受控制的离解的影响。由于钝化效应，载气中氢的浓度对炉内表面的热分解反应也有着显著的影响[37]，这种效应随着氢浓度的增加而增强[23,37]。Hussy 就如何克服或规避所有这些技术障碍进行了非常详细的讨论[23]。

与标准液相外延生长相比，低压熔体生长过程中的过饱和度不是通过熔剂冷却来实现的，而是采用施加比平衡压强更高的氨分压来实现的[14,16,22]。因此，控制过程中所用气体的分压是一个非常重要的参数。除此之外，如前文所述，熔体的温度和组成也发挥着主要作用。对于复杂的气相生长工艺，低压熔体生长中工艺参数的处理相对简单，最重要的一点将在本章的下一节中讨论。

12.2.4 影响 GaN 外延生长和寄生生长的工艺参数

1. 氨分压

正如前文所述，熔体生长中的氮浓度是氨分压的函数。因此，熔体中氮的平衡浓度(没有 GaN 生长，也没有 GaN 离解)与一定温度下的氨分压 $p_{eq}(T)$ 相对应；而寄生分压 $p_{para}(T)$ 则与给定条件下均匀成核开始前的最大过饱时熔体的最大氨分压相对应。均匀成核被认为是寄生成核，尽管籽晶上的稳定生长是必需的。这种过饱和度与平衡浓度之间的差值对应于所谓奥斯特瓦尔德 - 米尔斯区。

氨分压对氢环境中 GaN 的形成或离解的影响温度范围为 870 ~ 1150℃。采用不同方法对纯 Ga 或 Ga - Ge 熔体的研究发现，分别限制 $p(NH_3)$ 和 GaN(p_{diss})的值，将促使外延形成 GaN 和寄生形成 GaN。因此可以认为，任何从籽晶生长的 GaN，是外延 GaN(p_{epi})和任何在熔体中其他地方形核的 GaN 的寄生 GaN(p_{para})。图 12.5 绘出了研究温度范围内相应的分压(p_{diss}、p_{epi}、p_{para})与温度间的函数关系。

瑟蒙德等人计算出平衡氨分压随温度增加而升高的曲线(见图 12.5 中的实线)[38]，相应的实验结果(p_{diss}、p_{epi})展示了相同的趋势[16,38]；然而它们在 1000℃ 以上非常离散。对于在熔体中形成的(寄生)GaN 晶体，氨分压必须高于外延层生长的氨分压以防止 GaN 分解。过饱和度是克服动能势垒的必要条件，动能势垒高度依赖于温度本身(很可能随温度降低而降低），与 p_{para}、p_{epi} 或 p_{diss} 的温度依赖性不同，事实上实验结果也证明了这类相关性。图 12.5 中 p_{diss} 和 p_{para} 之间、p_{epi} 和 p_{para} 之间分别存在经典的奥斯特瓦尔德 – 米尔斯区域（被溶解度线隔开，如 p_{eq}），最大过饱和度没有发生均匀成核（过饱和溶解度线），稳定的过饱和度存在于奥斯特瓦尔德 – 米尔斯区。相应的参数 $[T$ 和 $p(NH_3)]$ 有利于籽晶或晶体的生长，而寄生 GaN 的形成则受到抑制。

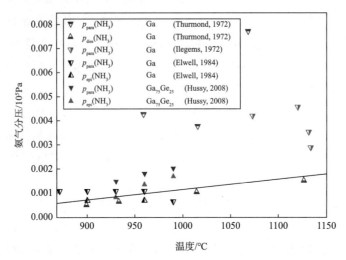

图 12.5 在 GaN(s) – Ga(1) 中分别形成外延和寄生 GaN 时，氢中氨的极限分压与温度的函数关系
注：其中 GaN 的分解温度范围为 870 ~ 1150℃，计算出的氨平衡分压被绘制成实线。[38]

实践证明，奥斯特瓦尔德 – 米尔斯区域 $[p_{epi}(T) < p(NH_3) < p_{para}(T)]$ 内的过饱和度导致相当低的外延生长速率，几乎与生长时间无关[16]。这意味着只要增加生长时间，就可以生长出较厚的 GaN 外延层，但这将导致生长周期变长。相反，应用奥斯特瓦尔德 – 米尔斯区的上限过饱和度 $[p_{para}(T) < p(NH_3)]$ 将得到与时间强烈依赖的外延生长速率。生长初期的生长速率很高，随着时间的持续生长速率急剧下降[16]。寄生 GaN 晶体形成和生长，消耗了熔体中存在的氮，这一点是毋庸置疑的。在高的过饱和度下，钠流法液相外延生长 GaN 中具有类似的观察[39]。

2. 载气的影响

载气的影响是多方面的。迄今为止发表的大多数实验研究均使用氢作为载气[13~16]，而文献 [21] 则使用了氮气。首先，氢本身在镓熔体中具有很高的溶解度[28]。在相同的条件下，通过引入氨使得氮的溶解度高出几个数量级。

我们实验研究了载气成分对平衡氨分压的影响[23]。在给定温度 960℃ 下，75% ~ 100% 含量的氢气作为运载气体时 p_{epi} 为 $1.35 \times 10^2 Pa$，氢气含量为 30% 时 p_{epi} 下降到 45Pa。氢气含量低于 30% 时，无法在 960℃ 获得稳定的外延生长——此时蠕变现象变得严重，导致无法通过实验研究 p_{epi}。

我们发现了上述提及的技术困难，当载气中氢含量较低时，坩埚内壁熔体向上流动的趋势加快。同时发现，当生长过程中氢气的含量较低时，实现稳定的外延生长更加困难。

klemenz 等人在低温 $T=850℃$、氨分压高达 $2.5\times10^{4}Pa$ 的纯氮气作为载气的条件下实现了稳定的 GaN 外延生长[21]。然而，克莱门茨等人的实验没有描述熔体沿坩埚内壁向上流动，我们在相同条件下并没有实现籽晶上的外延生长。但是，根据我们的研究，这也可以作为一个发现：氨的分解与气体的流动速率无关，特别是在总流速低和高氮含量的情况下。另外，在纯氢环境下，外延生长和寄生生长的速率均与气流速率无关[23]，这也可能是前文所述的表面钝化效应的结果。在低流速下，气体滞留在热区的时间主要决定了氨的离解。如果采用纯氢作为载气，则钝化效应将占主导地位，而通过热区气体的滞留时间将不再扮演主要角色。最后，热离解与流率无关，尤其是在气体总流速高的情况下。

3. 熔剂的组分

最关键的工艺参数是添加到镓熔剂的类型和数量。如本章前文所述，氮的溶解度以及限制速率过程的动力学是由熔剂及其浓度决定的。洛根等人研究铋添加剂在 GaN 外延生长中的影响[13]，他们在报道中称，为了使氨分压在生长初期变得更高，有必要向熔体中加入铋元素[非常高的铋浓度（>75%）]。但对于具有高蒸气压（如铋和铅）的熔体生长添加剂，p_{epi} 和 p_{para} 的精确值无法从长时间实验中轻易提取——这是由于熔体成分会随着组分的蒸发损失而随时间变化，从而导致不稳定的生长条件。因此，蒸气压低的添加剂（如锡和锗）应该成为优先使用的对象。

因此，是氨分压 p_{growth} 而不是 p_{epi} 和 p_{para} 导致了相对稳定的外延生长（高达 36h 的生长时间）。氨分压 p_{growth} 与初始熔体的组成的关系如图 12.6 所示，图中包含了不同熔体添加剂（如铋[13]、锗[23]、锡和铅）的结果。

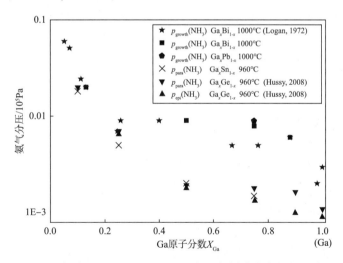

图 12.6　氨分压（p_{epi}^{*}、p_{para}^{*} 和 p_{growth}^{*}）与添加剂浓度之间的相关性

注：对于溶剂 Bi 和 Pb，相应的氨分压 p_{growth}^{*} 已经给出，这将在较短时间（如20h）的实验中形成稳定的外延层

如图 12.6 所示，添加剂浓度与平衡氨分压之间的定性关系对所有熔剂是相同的，而添加剂对寄生 GaN 晶体形成的影响在文献中是有争议的。洛根发现，增加铋的含量抑制了寄生 GaN 的形成，而在埃尔韦尔的实验中，铋和锡的加入则加速了 GaN 的形核速率[13,14]。

Sun 等人的热重测量结果进行了澄清[28]：锗和锡添加剂有助于抑制 GaN 高的成核率——延长了低饱和度下的诱导期(首次检测到质量的增加与 GaN 形成有关的时间间隔)。我们近期的研究表明，锗浓度对奥斯特瓦尔德 – 米尔斯区的宽度有影响[23]。进一步的研究还发现，少量锗(浓度为 10% ~ 40%)抑制了寄生晶体的形成，从而增强了外延生长，但无法为高浓度的添加剂(Ge 浓度高于 75at% 时)建立稳定的外延生长。这也可以通过孙(Sun)等人的研究来解释——他发现形核速率是氨分压的函数，但对于任何单独的熔体组分可能是不同的[25]。

改变熔体的组成，不仅意味着不同平衡条件下的奥斯特瓦尔德 – 米尔斯区的宽度不同，而且还会影响熔体的总密度和 GaN 的浸润角。结果表明，熔体密度对于寄生 GaN 晶体、外延 GaN 层的形态[22] 以及宏观缺陷的形成均具有强烈的影响。为了追求更高的生长速率，如果寄生 GaN 的形成不能完全消除或被接受，那么控制熔体密度将成为关键的问题，否则熔体中形成的晶体将下落在生长界面上引起宏观缺陷——这需要特别予以考虑，因为低压熔体法是一种底部籽晶生长技术，氮是以气相注入的。

4. 温度 – 时间程序

另一个重要因素是过程的温度 – 时间程序，尤其是冷却过程。如果籽晶一直保持在熔体中直到加热炉冷却，就必须注意熔体的平衡分压不会出现饱和。如果在生长初期阶段大幅减少氨气的注入量能够使熔体的平衡分压达到饱和状态，那么生长的 GaN 表面将会被均匀地蚀刻，而生长的表面形貌将受到负面影响。另外，如果氨分压高于冷却过程中的平衡压强，熔体可能过度过饱和并导致部分熔体中寄生 GaN 形成，并在后续的生长中形成宏观缺陷。为了避免这两种情况，氨分压必须在冷却过程中根据平衡分压进行仔细调整。

12.3 GaN 层的结构和形貌演变

12.3.1 初始生长阶段的重要性

GaN 在 GaN 籽晶表面的生长被认为是同质外延，由于过饱和度低，预期的生长应该按照逐层生长的机制或沿斜切方向逐步进行。因为以蓝宝石作为衬底，MOCVD – GaN 作为籽晶，因此生长方向通常向 c 轴偏离 0.25°。然而根据观察[16]，低压液相生长后存在明显的表面形态，如阶梯、台阶或不同高度和密度的小丘等六方相的特征。低压液相生长层表面的粗糙度可能存在很大差异，具体情况取决于熔体生长过程中的添加剂、生长过程的本身条件以及生长初始阶段的成核机制。

1. 初始生长阶段

生长从籽晶背面的蚀刻开始，然后是具有三维面体的小岛形核。在图 12.7 中，我们采用二次电子成像的微弱对比度可以看到它们。这种反差可能是材料沿着生长方向的不同掺杂水平造成的，目前我们对这些小岛的形成原因还不清楚。很多实验结果表明，如果生长过程中使用的籽晶有不小于1°的斜切角，则其成核容易受到抑制。

这些岛屿继续横向生长直到实现GaN层聚合在一起。籽晶表面的小岛分布不均匀，其密度和大小取决于生长温度和所使用的熔剂。为了弄清为什么这些小岛能以同质外延生长的方式形成，需要重点研究小岛的化学和结构方面的性质。

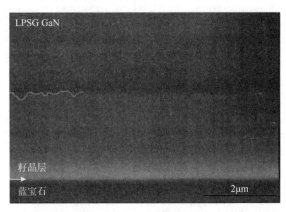

图12.7 籽晶层与低压熔体生长GaN界面横截面的扫描电子显微镜照片
注：背面蚀刻区域（灰线）清晰可见，从暗度的对比中可以看到籽晶表面的成核小岛。

2. 小岛生长的性质

我们采用光谱和显微方法研究了发生小岛生长的区域。这些研究有助于阐明为什么小岛总是会自发生长。对于GaN的发光，正如通常预期的，如果考虑施主－受主对（Dopant－Acceptor－Pair，简称DAP）的复合发光，那么掺杂体浓度的变化应与材料的发光强度变化成一定比例。室温下，我们在近带边发射波长（约364nm）下拍摄了阴极发光的照片，清晰地揭示了籽晶层界面生长的小岛具有不同的衬度。我们进一步使用互补二次离子质谱法（Complementary Secondary Ion Mass Spectroscopy，简称CSIMS）监测了GaN层的杂质穿过籽晶层界面进入蓝宝石衬底的过程，透射电子显微镜（TEM）揭示了同一区域的微观结构状况，图12.8展示了以上观测结果的汇总。Si或氧的杂质浓度为$10^{19}/cm^3$，是该n型高掺杂区域的特征。因此，高掺杂的小岛区以及低压熔体生长GaN籽晶区的发光强度与低载流子浓度（数量级为$10^{16}/cm^3$）的MOCVD－GaN籽晶层的发光强度一样低——这是违反常理的，因为施主－受主对（DAP）的发光强度随n型掺杂浓度的增加而增强。然而，从相应的透射电子显微镜照片中可以看到，在籽晶界面处的同一区域内，从籽晶层界面穿过的位错线具有很高的复合活性，这很可能是该区域非辐射复合使得发光强度较低的原因。

图12.8清楚地表明，大部分的位错反应发生在低压熔体生长层与籽晶界面的1μm处，采用二次离子质谱法测得的杂质含量的相关图表证实了这种对应情况。测量的杂质元素的最高浓度位于小岛区域。图12.9证实，位错作为非辐射复合中心，破坏了该层的特定发光，并解释了"虽然小岛区域属于n型高掺杂GaN，但发光强度较低"这一事实情况。

虽然在生长界面后1μm处恰好存在着很多结构缺陷符合这一特征，但我们不能武断地认为这一定会发生小岛成核——尽管生长属于同质外延，小岛区域的高掺杂浓度的原因可能不止一个，例如，通过位错和将不同元素纳入特定的晶面以分解杂质。然而，生长界面上的杂质积累也会导致生长材料过饱和度的局部变化，并导致不同的成核机制，尽管通常情况下的 GaN 是同质外延生长。

另外，成核小岛的存在对降低位错密度极为有益。从图 12.8、图 12.9 中可以很清楚地看到，与籽晶的初始位错密度相比，低压熔体生长过程的位错密度降低了 1 ~ 2 个数量级[41]。低压熔体生长过程中相应的作用机制与初始生长过程中籽晶表面的小岛成核有关。因此，在低压熔体生长中对 GaN 初始生长过程的原位监测进行充分的控制是非常重要的，尽管到目前为止还没有完全掌握成核的情况。

  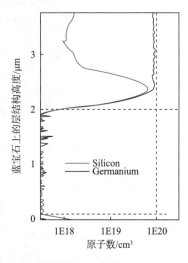

图 12.8　成核小岛和大量位错线之间的相关性(扫描电子显微镜照片，中图)；
籽晶 – 外延层界面后 1μm 内位错的重组(透射电子显微镜照片，左图)；
以及二次离子质谱测量的杂质元素的深度分布图(右图)，照片沿界面彼此对齐

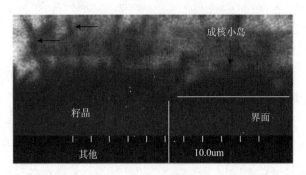

图 12.9　籽晶层和低压熔体生长 GaN 界面区域的全息阴极发光谱照片
注：成核小岛可以通过低阴极发光谱强度的对比度清晰地进行分辨，
位错作为非辐射复合中心，在图中也是可见的(黑色的两个箭头)。

12.3.2　LPSG – GaN 宏观缺陷

迄今为止，目前报道的大多数低压熔体法生长的 GaN 层生长并不适合直接制作器件，这可能是由于不完整的聚合、裂纹的存在、层的断裂或者生长过程中融入了偏析的 GaN 颗

粒(见文献[13，21])等。洛根等人在 c 面蓝宝石或 c 面籽晶上生长的 GaN 层具有较强的六方表面结构特征。最近，低压熔体法生长的 GaN 层的表面形貌主要表现为宏观的梯形台阶[见图 12.10(a)]，由于各种可能的较大缺陷(如表面凹陷和圆形缺陷)而中断，并取决于籽晶层的方向、失配及工艺参数[如图 12.10(b)~图 12.10(d)所示][16]。

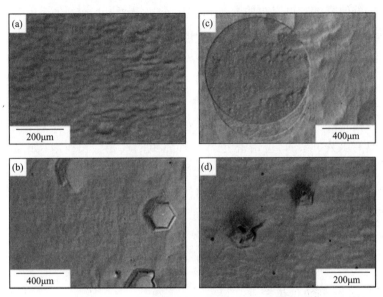

图 12.10 熔体法生长 GaN 的表面上典型缺陷的扫描电子显微镜照片
注：(a)表面的大部分区域；(b)具有六角形特征的扁平金字塔；
(c)表面上的圆形缺陷；(d)颗粒状缺陷引起的表面形态紊乱

最为关键的是表面凹陷，其直径可达 100μm，有时甚至可以穿透整个外延层到达籽晶的表面。因此，不能通过抛光去除它们，这些凹陷与采用液相外延生长的 GaAs 描述类似[42]。形成这些缺陷的几种可能的原因之一是，籽晶表面或熔体中存在晶粒。事实上，Hussy 等人指出，熔体中存在的 GaN 晶体(晶粒)可以诱发低压熔体生长 GaN 层的表面凹陷[22]。因此，避免在熔体中形成晶粒是除此类表面缺陷的 GaN 材料的先决条件。防止形成这种表面凹陷的一种方法是调整生长熔体的密度[22]。在这些有害晶粒密度过大的熔体中，晶粒将漂浮在熔体表面，因此无法与坩埚底部的籽晶或生长表面接触。

在低压熔体法生长的 GaN 层中发现的另一类典型的宏观缺陷是圆形缺陷[见图 12.10(c)]。它们与熔体生长过程中附着在生长界面上的气泡有关[23]，然而，这些气泡的来源，除了其他的原因以外，还与大气中的氢含量有关，目前仍处于研究之中。适当的抛光技术可以去除大部分的表面缺陷。这些生长在低压熔体样品上的 GaN 层以及最新生长的 GaN 层适合于制作发光二极管，并具有电致发光的信号。

12.4 LPSG – GaN 材料的特性

为了提高结晶质量并获得结构完美的 GaN 晶体，许多工作组付出了巨大的努力。在过去的几年中，由于材料的结晶发生在接近热力学平衡的条件下，所有尝试的方法中，熔体生长法是相当引人关注的。高压熔体生长的结果表明，位错密度甚至低至每平方厘米只有数百个位错[3]。此外，镓的过量有助于阻碍与镓空位有关的点缺陷的形成[26]。熔体生长法的生长速率非常缓慢，这是该项生长技术的一大劣势。但从许多专门研究 GaN 的结构、光学或电学特性的研究中，可以很明显地得出结论：快速生长过程(指单方面提高生长速率的技术)无法提供所需的材料质量，材料中的位错密度才是最关键的问题[43]。

所有的生长方法都依赖于全直径的籽晶以启动具有可用直径的厚层或准 GaN 晶体的生长。在大多数情况下，采用 MOCVD 沉积的 GaN 作为籽晶——这意味着与经典化合物半导体晶体的生长相比，籽晶的初始位错密度原则上高得令人无法接受。因此，必须在随后的生长过程中采取措施降低位错密度。氢化物气相外延技术(HVPE)降低了 GaN 晶锭中(与生长厚度之间具有函数关系的)位错密度[44]；而常见的气相生长技术(如 MOCVD)则采取先进的措施，如横向过生长(Epitaxial Lateral Overgrowth，简称 ELOG)或其他相关技术以降低位错密度[45]。接下来，我们将阐述低压熔体生长材料的情况，并介绍如何在生长过程中降低位错密度。

12.4.1　LPSG – GaN 的材料属性和位错密度

1. LPSG – GaN 材料的位错密度

我们采用缺陷选择性蚀刻(Defect Selective Etching，简称 DSE)以评估总位错密度以及初始位错密度(Dislocation Density，DD)和低压熔体生长材料中缺陷之间的关系。近几年发表了许多关于 GaN 位错密度的研究成果。然而从文献中可以看出，不同生长方法的 GaN 在湿法蚀刻过程中的行为具有很大差异，因此我们怀疑大多位错密度可能无法代表晶体中的实际位错密度[46]。我们采用透射电子显微镜确定了低压熔体生长 GaN 以及 NaOH/KOH 共熔体中蚀刻 GaN 的位错密度。通过与透射电子显微镜的结果对比，我们对刻蚀温度和时间进行了仔细的研究和校准。结果发现，低压熔体生长材料中真实位错密度的最佳条件为 420℃和 4min 的蚀刻时间。关于蚀刻温度，它明显高于普通 MOCVD 层的蚀刻温度[46]。对低压熔体生长 GaN 的缺陷选择性蚀刻实验给出了与文献中经常报道的相同照片。我们可以单独计算晶体表面产生的三种不同尺寸的蚀刻坑，然而，必须获得足够多的统计数据，尤其是对于少数大的蚀刻坑。图 12.11 还展示了低压熔体生长的 GaN 表面蚀刻的示例。通过透射电子显微镜证实，大型蚀刻坑具有 c 型螺位错的特征，中型蚀刻坑具有混合型位错的特征，而小型蚀刻坑则具有纯刃位错的特征——这与文献[46]的期望是一致的[46]。这些小型的蚀刻坑是最难刻蚀和可视化的，这是由于形成这些蚀刻坑的活化能在这三种类型的缺陷中是最高的[46]。在 MOCVD – GaN 籽晶层上生长低压熔 GaN 的平均位错密度为 $10^8/cm^2$，有时可以低至 $10^7/cm^2$。

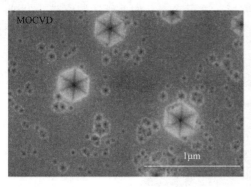 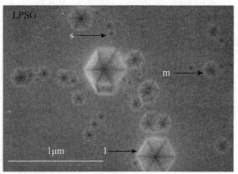

图 12.11　c 面 GaN，MOCVD 籽晶层的 Ga 极性表面
（用于后续溶液生长）与低压熔体生长 GaN 的直接比较

注：样品在 420℃时蚀刻 4min，这些蚀刻坑的大小分为三种：s 表示小型坑、m 表示中等坑、l 表示大型坑。

2. 弯曲线位错以降低位错密度

我们观察到，低压熔体生长法和钠流液相外延生长中的位错密度，比 MOCVD - GaN 籽晶上生长的 GaN 层中的位错密度降低了 1~2 个数量级[41]，这是由于位错在低压熔 GaN 籽晶界面处的狭小范围内启动了复合机制。位错的湮灭可能是由于偏离了 c 方向的线位错弯曲所致。弯曲促进了位错间的反应并增大了直接湮灭的概率，尤其是在伯格斯（Burgers）矢量相反的情况下。关键的问题如前文所述，处于生长初期孤立状态的多面小岛以及 GaN 材料中容易发生的面生长倾向——至少如低压熔体生长法中所描述的那样[26]。图 12.12 中的示意图阐明了上述情况。

晶体面的存在为位错提供了可能条件，通过晶体表面的生长方向，将其总线能量降至最低。由于横向生长速度 V_c 大于沿 c 方向的生长速度 $V_{\parallel c}$，当它们具有足够接近的相互作用时，倾斜的位错可以在小岛聚合时互相移动[6,41]。如果位错线具有大的弯曲角度，则籽晶表面的短距离足以降低低压熔体生长材料中的位错密度。90°弯曲到衬底平面是最理想的情况——它将阻碍位错沿 c 方向传播到制作器件的有源区。但是，90°弯曲的位错线并不容易实现，因为它需要在特定晶体方向的成核小岛陡峭的侧面上生长。只有在这种情况下，弯曲的驱动力才足够高，位错线才具有最低的能量。然后，直到小岛聚合实现，位错总数的减少数量是过程时间的函数，因为弯曲只有在晶体面存在时才会发生。位错线的弯曲角度越小，小岛间的聚合时间就越长。因此，低压熔体生长过程中，最有益的组合是在形核小岛陡峭的侧面形成大弯曲角度。详细研究低压熔体材料和相应的透射电子显微镜照片表明，位错的不同行为取决于其位错线和伯格斯（Burgers）矢量的特性[41]，c 方向的弯曲角度不仅取决于位错的特征，而且由相互作用的晶面指数决定。我们开发了相应的理论模型，用于观察低压熔体生长 GaN 中的位错行为，其依据是位错的总能量和线能量最小化。作为 GaN 中各类位错及其与晶体表面相互作用的主驱动力，进一步的细节可以在文献[41]中找到。我们也通过实验观察对理论模型进行了彻底的验证，并为所做的假设提供了明确的证明[41]。

如图 12.11 所示，从缺陷选择性蚀刻图像中可以确定，籽晶中的位错密度和低压熔体生长 GaN 之间的主要区别显然在于小蚀坑的数量。这意味着，如上所述的位错减少机制主要作用于混合型位错的边缘部分或边缘分量[41]。纯 c 方向的螺位错很难受到影响，这是由于能量有利于形成螺位错。

在通常情况下，生长初期采用籽晶的生长机制，其位错密度可以降低 1~2 个数量级。

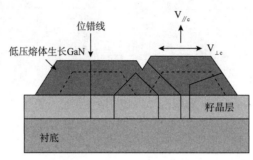

图 12.12　籽晶表面的小区域内位错减少的示意图
注：多面体小岛的成核(用虚线表示)是诱导弯曲的错位之间频繁作用的关键；
在进一步生长和横向聚合期间(用灰色表示)，错位之间可以进行重组或合并。

3. 晶格的结构质量

合成材料的结构质量不仅以透射电子显微镜和缺陷选择蚀刻为特征，还可以通过高分辨 X 射线衍射来进行研究。尽管不存在与位错密度及 X 射线摇摆曲线的半波宽直接相关的可靠模型，但可以定性地说明，摇摆曲线的半波宽越小，测量材料的结构干扰的数量越少。这包括影响 X 射线衍射摇摆曲线半波宽增大的所有因素。例如，晶体中镶嵌结构的扭转和倾转、应变、位错以及横向相干长度等。因此，摇摆曲线通常作为一种快速检测和比较不同材料结晶质量的方法。为了获得最佳的材料质量，除了其他结构对线宽的影响以外，必须采取不同的摇摆曲线测量，这有助于消除卷积的影响。因此，我们测量了两种类型的摇摆曲线，以表征低压熔 GaN 的结构质量。首先，我们研究了具有圆形探测器几何形状的典型 ω 扫描摇摆曲线，束斑尺寸较大以便聚焦在样品上的较大区域。在此几何设置中，镶嵌结构向生长方向倾斜，残余应变以及螺位错等结构缺陷影响摇摆曲线的线宽和形状。其次，我们使用具有相同束斑尺寸的 3 晶(220)Ge 探测器的 $\omega-2\theta$ 扫描分析晶体，以监测真实的材料性质(尽管材料具有镶嵌结构等其他因素)。

图 12.13 包含了两种典型[002]方向的测量曲线。通常低压熔体工艺的样品摇摆曲线的半波宽为(200±20)arcsec。如图 12.13(a)所示的圆形探测器配置的测量结果，此值可与高质量的 MOCVD - GaN 相媲美。尽管检测方向上的接收角差异较大，但从该曲线上没有看到镶嵌结构的倾转与扭转。低压熔 GaN 本身的材料质量屏蔽了其他镶嵌结构的影响，以图 12.13(b)所示的非常窄的摇摆曲线表示。所有这些低压熔 GaN 样品摇摆曲线的半波宽在 18~27arcsec，差异非常小。通常只有在高压熔体生长 GaN 等结构质量高的材料中发现，或者近期从氨热法生长的 GaN 材料中才具有这样高的结晶质量，虽然我们普遍认为，在接近热力学平衡状态下生长的材料就应该具有优异的结构性能。

虽然低压熔 GaN 材料的整体质量相当好，但如果选择正确的条件，去除位错的方法确实有效，那么该材料的位错密度可与籽晶相媲美，但无法以这种方式来消除低压熔体材料中的所有位错。当位错密度接近 $10^6/cm^2$ 时，通过复合过程来消除位错将不再有效，因为位错反应需要的相互作用的有效距离为数十纳米，而位错密度的平均距离是微米尺度。

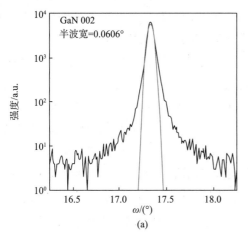
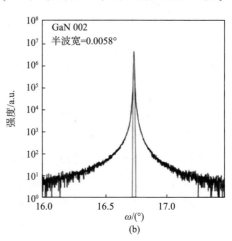

图 12.13 测量两种不同衍射几何设置中 GaN(002)的摇摆曲线

注：(a)常规测量的摇摆曲线，带有一个开放的探测器，大束斑点和最大的接收角度；

(b)描绘了带有分析仪的 XRD，用来监测整个材料的质量。

然而，对于氮化物所有现有的生长工艺来说，必须进一步减少材料中的位错总数，这是较为关键的一步。但是，初步来看，只有使用均质成核或高质量的籽晶，才能达到这种效果。在这里，我们可以看到熔体生长过程的基本优势，即理论上熔体生长的自由成核是完全可能的，但具有很大的挑战。因此，目前需要解决的最紧迫的问题之一是，如何为 GaN 生长过程提供高质量的籽晶。

12.4.2 电学属性

导电的 n 型或 p 型 GaN 衬底对光电器件具有非常大的吸引力，这是因为衬底的导电性为背面的触点提供了可能性，并为光耦合输出提供了自由路径，而射频应用中则需要半绝缘材料。从这个意义上说，熔体生长法兼有优势和劣势。通常，熔体中生长的材料会因熔剂的加入而受到影响——这当然也可以看作是一种优势，如果将那些熔剂作为掺杂剂的话。在低压熔体生长 GaN 的情况下，很容易使用如 Ge 这样的熔剂来形成高掺杂的 n 型 GaN。低压熔体生长 GaN 的电学性质采用经典霍尔效应仪测量，反射率采用傅里叶变换红外仪(Fourier Transformed Infrared，简称 FTIR)测量。与霍尔测量相比，傅里叶变换红外仪测量属于非接触测量，给出了可靠的载流子浓度 $n = 5 \times 10^{17}/cm^{3[27]}$。如果使用 n 型熔剂（如 Ge），低压熔体生长 GaN 的载流子浓度通常为 $4 \times 10^{19}/cm$。在多晶圆加工过程中晶片内部的变化是微不足道的，其他熔剂(如铋)掺杂与 Ge 掺杂相比，其载流子浓度低 1 个数量级。到目前为止，p 型掺杂 GaN 中还没有尝试过这类试验。

12.4.3 杂质

表 12.3 对低压熔体生长 GaN 中的杂质平均浓度(含锗熔体)进行了汇总。这些值由二次离子质谱测定,并在整个厚度范围内取平均值。请务必注意,这些值的准确性有待于商榷(如果与图 12.8 比较,靠近籽晶表面的杂质积累区域的差异尤其显著)。

从这些测量中可以清楚地看出,系统必须保持得相当清洁,主要的杂质是熔剂和掺杂剂。尽管如此,硅和氧的浓度仍然很高,而其他元素的浓度却相当低。没有诸如碱金属或碱土金属等的其他杂质,这是由于在低压熔体生长过程中没有使用任何这种材料。

如前文所述,低压熔体生长 GaN 中的杂质主要来自添加的熔剂,因此,Ga 和熔剂需要尽可能高的纯度。然而,也有必要对相关杂质来源进行评估。氧的污染很可能是由于氢对石英玻璃安瓿瓶的影响引起的,硼有可能来自氮化硼坩埚;含氨和氢气的工艺环境相当活跃,因此必须在加热炉内选择合适的材料,尤其是热区内的材料非常重要。如本章中 12.2.3 节讨论的,石墨或氧化物不是热区良好的候选材料,因此通常不在工艺中使用,而低浓度的碳明显另有其来源。

表 12.3   二次离子质谱法测量 LPSG GaN 中的杂质浓度

杂质	低压熔体生长 GaN 中杂质的平均浓度/cm^{-3}
Ge	9×10^{19}
O	3×10^{18}
Si	1×10^{18}
H	1×10^{17}
Al	3×10^{16}
B	2×10^{16}
C	1×10^{16}

12.5   总结和展望

本章所讨论的所有研究的目的,在于深刻理解整个低压熔体生长 GaN 的过程,本章还探索了部分熔剂在氮的动力学和溶解度方面的作用。其中的许多发现可以直接转移给其他熔体生长方法而成为熔体生长法的变异。熔体生长过程的最大内在潜力在于,可获得热力学考量的材料质量,高压熔体材料生长的质量便是最好的证明。另外,熔体生长法也有不利的方面,如低的饱和度,以及非常低的生长速率导致的漫长生长时间。然而,钠流法生长 GaN 小组已经证明,与低压或高压熔体生长法的实际状态相比,熔体生长法的生长速率可以高出 10~20 倍,这些钠流法生长的材料质量需要额外的改进才能被接受。本章对熔剂作用的研究和理解有助于对现有可能的熔剂添加剂进行相应的筛选。为了提高生长速率,本章通过确定最佳的熔剂尽可能地挖掘这种生长方法的真正潜力。但是,到目前为止，所有共同的努力都没有明确地提高熔体生长法的生长速率，这需要投入更进一步的努力和研究。

　　无论怎样，重要的讨论内容在于，是否所有应用场合都需要 GaN 晶体。低压熔体生长 GaN 过程可以显著降低位错密度，并建立了描述潜在物理机制的模型并预测位错行为。由于低压熔体生长装置简单且易于安装，可以非常直接地将生长过程增大到更大直径的晶体生长——这已经被成功地演示过。有鉴于此，尽管没有籽晶可用，但生长大于 3in 的 GaN 似乎已没有任何真正的障碍了。该方法还可以看作液相外延生长的一种变异———广泛用于多晶圆的生长以及大量的晶片。对于低压熔体生长的 GaN，我们可以证明，有可能同时处理 3 个晶圆，而不会在实验误差范围内造成任何质量和电学性能方面的损失。然而，评价和利用低压熔体生长法的全部潜力确实还需要进一步的研究工作，而如何生长出优质的籽晶的问题仍然亟待解决。

致谢

　　我们感谢多年来为这项工作做出各种贡献的所有人的支持，特别感谢 Rainer Apelt、Carmen Maier 和 Michael Lang 的不懈而完美的技术支持。感谢 G. Li Sun 在热重测量方面所做的贡献、B. Birkmann 在项目第一阶段为低压熔体生长工艺的发展所做的工作、I. Knoke 为透射电子显微镜照片以及 L. Kirste、Fraunhofer IAF 讨论和帮助摇摆曲线的曲线测量所做出的工作；感谢里尔大学的 B. Sieber 在全息阴极发光谱和 J. Weyher 对湿法蚀刻结果的富有成果的讨论。我们要感谢 Müller 教授多年来不断的讨论和宝贵建议。这项工作得到了德国教育和科学部(German Ministry of Education and Science，简称 BMBF)编号为 01 - BM - 158 和 01 - BM - 580 的合同提供的支持，I. 诺克为这项工作做出贡献的透射电子显微镜成果得到了弗劳恩霍夫博士奖学金(Fraunhofer PhD scholarship)的支持。

参考文献

[1] W. Utsumi, H. Saitoh, H. Kaneko, T. Watanuki, K. Aoki, O. Shimomura, Nat. Mater. 2, 735 - 738(2003).

[2] J. Karpinski, J. Jun, S. Porowski, J. Cryst. Growth 66, 1 - 10(1984).

[3] I. Grzegory, M. Bockowski, B. Lucznik, S. Krukowski, Z. Romanowski, M. Wroblewski, S. Porowski, J. Cryst. Growth 246, 177 - 186(2002).

[4] H. Yamane, D. Kinno, M. Shimada, T. Sekiguchi, F. DiSalvo, J. Mater. Sci. 35, 801 - 808(2000).

[5] M. Aoki, H. Yamane, M. Shimada, T. Sekiguchi, T. Hanada, T. Yao, S. Sarayama, F. DiSalvo, J. Cryst. Growth 218, 7 - 12(2000).

[6] F. Kawamura, H. Umeda, M. Kawahara, M. Yoshimura, T. Sasaki, Y. Mori, Y. Kitaoka, Jpn. J. Appl. Phys. 45, L1136 - L1138(2006).

[7] T. Yamada, H. Yamane, Y. Yao, M. Yokoyama, T. Sekiguchi, Mater. Res. Bull. 44, 594 - 599(2009).

[8] S. Barry, S. Ruoff, A. Ruoff, Chem. Mater. 10, 2571 - 2574(1998).

[9] Y. Song, W. Wang, W. Yuan, X. Wu, X. Chen, J. Cryst. Growth 247, 275 - 278(2003).

[10] F. Kawamura, M. Morishita, T. Iwahashi, M. Yoshimura, Y. Mori, T. Sasaki, JpnJ. Appl. Phys. 41, L1440 (2002).

[11] M. Morishita, F. Kawamura, M. Kawahara, M. Yoshimura, Y. Mori, T. Sasaki, J. Cryst. Growth 284, 91 - 99(2005).

[12] F. Kawamura, M. Morishita, M. Tanpo, M. Imade, M. Yoshimura, Y. Kitaoka, Y. Mori, T. Sasaki, J. Cryst. Growth 310(17), 3946 - 3949(2008).

[13] R. Logan, C. Thurmond, J. Electrochem. Soc. Solid - State Sci. Technol. 119, 1727 - 1734(1972).

[14] D. Elwell, R. Feigelson, M. Simkins, W. Tiller, J. Cryst. Growth 66, 45 - 54(1983).

[15] E. Meissner, G. Sun, S. Hussy, B. Birkmann, J. Friedrich, G. Müller, 21th Century COE Joint International Workshop on Bulk Nitrides(Institute of Pure and Applied Physics, Tokyo, Japan 2003).

[16] S. Hussy, E. Meissner, P. Berwian, J. Friedrich, G. Müller, J. Cryst. Growth 310(4), 738 - 747(2008).

[17] H. Yamane, M. Shimada, S. J. Clarke, F. J. DiSalvo, Chem. Mater. 9, 413 - 416(1997).

[18] H. Yamane, T. Kajiwara, T. Sekiguchi, M. Shimada, Jpn. J. Appl. Phys. 39, L146 - L148(2000).

[19] M. Morishita, F. Kawamura, T. Iwahashi, M. Yoshimura, Y. Mori, T. Sasaki, Jpn. J. Appl. Phys. 42, L565 - L567(2003).

[20] T. Iwahashi, F. Kawamura, M. Morishita, Y. Kai, M. Yoshimura, Y. Mori, T. Sasaki, J. Cryst. Growth 253(2003) 1 - 5.

[21] C. Klemenz, H. J. Scheel, J. Cryst. Growth 211, 62 - 67(2000).

[22] S. Hussy, P. Berwian, E. Meissner, J. Friedrich, G. Müller, J. Cryst. Growth 311(1), 62 - 65(2008).

[23] S. Hussy, PhD - thesis, Flüssigphasenepitaxie von Galliumnitrid unter ammoniakhaltiger Atmo - sphäre Universität Erlangen - Nürnberg(2008).

[24] J. Karpinski, S. Porowski, J. Cryst. Growth 66, 11 - 20(1984).

[25] G. Sun, E. Meissner, P. Berwian, G. Müller, J. Friedrich, J. Cryst. Growth 305, 326 - 334(2007).

[26] B. Birkmann, S. Hussy, G. Sun, P. Berwian, E. Meissner, J. Friedrich, G. Müller, J. Cryst. Growth 297, 133 - 137(2006).

[27] B. Birkmann, C. Salcianu, E. Meissner, S. Hussy, J. Friedrich, G. Müller, Phys. Status Solidi. (C) 3, 575 - 578(2006).

[28] G. Sun, PhD - thesis, Thermogravimetric Studies of Nitrogen Solubility in Gallium Solutions and Reaction Kinetics of Gallium with Ammonia, Universität Erlangen - Nürnberg(2006).

[29] G. Sun, E. Meissner, P. Berwian, S. Hussy, G. Müller, J. Cryst. Growth 305(2), 326 - 334(2007).

[30] G. Sun, E. Meissner, P. Berwian, G. Müller, Thermochim. Acta 474, 36 - 40(2008).

[31] D. Elwell, H. J. Scheel, Crystal Growth from High - Temperature Solutions(Academic, London, 1975).

[32] O. Söhnel, J. W. Mullin, J. Coll. Interf. Sci. 123, 43 - 50(1988).

[33] S. He, J. E. Oddo, M. B. Tomson, J. Coll. Interface Sci. 174, 319 - 326(1995).

[34] S. Krukowski, Cryst. Res. Technol. 34, 785 - 795(1999).

[35] H. Yamane, D. Kinno, M. Shimada, T. Sekiguchi, F. J. Disalvo, J. Mater. Science 35, 801 - 808, (2000).

[36] R. Madar, G. Jacob, J. Hallais, R. Fruchart, J. Cryst. Growth 31, 197 – 203(1975).

[37] C. Werkhoven, R. Peters, J. Cryst. Growth 31, 210 – 214(1975).

[38] C. Thurmond, R. Logan, J. Electrochem. Soc. Solid – State Sci. Technol. 119, 622 – 626(1972).

[39] M. Morishita, F. Kawamura, M. Kawahara, M. Yoshimura, Y. Mori, T. Sasaki, J. Cryst. Growth 270, 402 – 408(2004).

[40] H. Klapper, Phys. Status Solidi. A 14, 99 – 106(1972).

[41] I. Y. Knoke, E. Meissner, J. Friedrich, H. P. Strunk, G. Müller, J. Cryst. Growth 310(14), 3351 – 3357 (2008).

[42] E. Bauser, Appl. Phys. 15, 243 – 252(1978).

[43] T. Paskova, E. M. Goldys, R. Yakimova, E. B. Svedberg, A. Henry, B. Monemar, J. Cryst. Growth 208, 18 – 26(2000).

[44] R. Vaudo, X. Xu, C. Loria, A. Salant, J. Flynn, G. Brandes, Phys. Status Solidi(A) 194, 494 – 497 (2002).

[45] F. Habel, P. Brückner, F. Scholz, J. Cryst. Growth 272, 515 – 519(2004).

[46] J. Weyher, Personal communication with E. Meissner(2006).

[47] J. L. Weyher, S. Lazar, L. Macht, Z. Liliental – Weber, R. J. Molnar, S. Müller, V. G. M. Sivel, G. Nowak, I. Grzegory, J. Cryst. Growth 305, 384 – 392(2007).

[48] M. Aoki, H. Yamane, M. Shimada, S. Sarayama, F. DiSalvo, Mater. Lett. 56, 660 – 664(2002).

第13章　GaN 衬底的光学性质

Shigefusa F. Chichibu

摘要

在本章中，我们研究了 GaN 衬底的光学特性，并讨论了器件级衬底的优越性和关键问题。首先，我们研究了(0001)Al_2O_3衬底上异质外延生长的厚度为数百微米的自支撑 GaN 衬底的光学性质，生长方法采用金属有机气相外延(Metal Organic Vapor Phase Epitaxy，简称 MOVPE)和横向过生长(Epitaxial Lateral Overgrowth，简称 ELOG)的氢化物气相外延(Hydride Vapor Phase Epitaxy，简称 HVPE)技术。这些自支撑 GaN 衬底通常还可以作为氨热生长法的籽晶衬底。然后，我们采用流体输运氨热法在自支撑 GaN 籽晶上生长的 GaN 薄膜的空间分辨阴极发光谱与微观结构和生长极性相互关联。局域阴极发光谱的形状几乎与厚度为 $4\mu m$ 的 N 极性薄膜表现出相同的平淡无奇的形态特征：光谱仅展示了宽的近带边(Near-band-edge，简称 NBE)自由载流子复合发光谱——莫斯-布尔斯坦(Burstein-Moss)漂移。相反，100K 时厚度为 $5\mu m$ 的 Ga 极性($10\bar{1}1$)和($10\bar{1}2$)面的阴极发光谱的近带边发光峰位于 3.444eV，以及 3.27eV、2.92eV 和 2.22eV 的发光峰，所有这些发光峰都在阴极发光成像分析(Cathodoluminescence Mapping)中具有丰富的强度对比。脊峰顶处的近带边发光峰的强度明显增强，这是由于位错弯曲大大降低了位错密度中的刃位错分量的缘故。以上研究成果鼓励我们通过切割氨热法生长的厚晶体以生长低位错密度的 GaN 晶圆。

13.1　简介

明亮的蓝光/绿光和白光二极管、波长为 405nm 的激光二极管、高电子迁移率器件(High Electron Mobility Transistors，简称 HEMT)和双极晶体管等光电器件，均使用 GaN 及其相关的(Al、In、Ga)N 合金实现了(0001)Al_2O_3衬底上的异质外延生长[1~4]。然而，为了实现高效、高可靠性和低成本的光电器件，研究人员对已经获得的低位错密度、大尺寸、低成本的异质外延衬底提出了更高的要求。为了实现上述目标，使用从 GaN 晶锭中切片获得 GaN 晶圆是终极的解决方案。

我们研究了几种使用 Ga 熔体的生长的 GaN 晶体[5~7]。然而，由于氮在 Ga 熔体中的溶解度非常有限，所以只获得了 GaN 的小薄片。此外，GaN 晶体生长技术必须扩展到工业化批量生产规模，并与现有的 GaN 衬底生长技术[如金属有机气相外延[8]、图形化(111) A GaAs 衬底上的生长、锡表面修饰的 GaN/(0001)Al₂O₃ 模板的卤化物气相外延生长等[1]]展开竞争[9]。氨热法(Ammonothermal，简称 AT)是最有前途的技术之一——使用超临界氨作为流体介质的熔质生长方法，被认为具有与石英和氧化锌等水热法相似的优异可扩展性[11]。

氨热法生长 GaN 已经由数个研究小组进行了研究[12~18]，Hashimoto 等人[19~22]报道了采用氢化物气相外延法在自支撑 GaN 衬底上生长的 GaN 籽晶[23]，展示了使用碱性矿化剂[19,20]生长大面积($3 \times 4cm^2$)、低位错密度[21](Ga 极性面的位错密度低至 $1 \times 10^6/cm^2$)的 GaN 单晶。此外，长度超过 5mm、直径为 5mm 的六方结构 GaN 晶锭最近已经开始生长[22]。Ehrentraut 等人也报道了使用酸性矿化剂的氨热法生长大面积(直径为 46mm)的 GaN 籽晶[24]。最近，Dwilinski 等人展示了氨热法生长的直径分别为 1in[25]和 2in[26]的 GaN 晶圆，它们的弯曲度几乎为零(曲率半径超过 1km)。

氨热 GaN 的结构性质由多个研究小组进行了表征，然而，在我们的研究工作之前，GaN 微观结构和发光光谱之间的直接相关性尚未见报道[27]，尽管有必要将这些获得的准确信息(如激子能量与应变、杂质与载流子的寿命等)用于氨热 GaN 同质外延衬底的实际生长过程中。在本章中，我们研究了 GaN 衬底的光学特性，并讨论了器件级衬底的优越性和关键问题。首先，我们研究了(0001)Al₂O₃ 衬底上异质外延生长的厚度为数百微米的自支撑 GaN 衬底的光学性质，生长方法采用金属有机气相外延和横向过生长的氢化物气相外延技术。这些自支撑 GaN 衬底通常还可以作为氨热生长法的籽晶衬底。然后，我们采用流体输运氨热法在自支撑 GaN 籽晶上生长的 GaN 薄膜的空间分辨阴极发光谱与微观结构和生长极性相互关联。另外，氨热法流体运输在自支撑 GaN 籽晶上生长 GaN 的 Ga 极性面和 N 极性面的相关的空间分辨阴极发光(CL)光谱测量结果，和局部 CL 光谱的形态特征、微结构和生长极性显示出相关性[27]。我们沿 Ga 极性方向切割氨热法生长的 GaN 厚晶体，通过位错弯曲降低了位错密度，从而证明了生长低位错密度 GaN 晶圆的可能性。

13.2 MOVPE 和 HVPE GaN 衬底的光学性质

13.2.1 MOVPE – ELOG GaN 衬底的激活极化光反射谱

长期以来，作为纯粹的晶体材料，研究人员仍然没有制备出面积足够大的 GaN 单晶材料。在异质衬底上生长 GaN 厚层已经成为生长 GaN 晶体的替代解决方案之一。因此，研究人员使用这种高质量的 GaN 衬底(较低的位错密度和较少的残留杂质)来追求本征 GaN 材料的物理性质。Yamaguchi 等人研究 HVPE – ELOG 制备的厚 GaN 和 GaN 衬底的光反射率和光致发光谱，确定了一些价带的参数[31,32]。关注于 GaN 的激子极性[33]，Gil 等人[34]

和 Stepniewski 等人[35]讨论了 GaN/Al₂O₃[34]和高压氮气环境下同质外延生长在 GaN 晶体上外延层的激子极性[35]。此外，他们还研究了 MOVPE – ELOG GaN 衬底的低温光反射率和光致发光光谱[8]，表明该光谱能被激子极性模型很好地描绘，其中 A、B 和 C 三类激子与电磁波能够同时耦合[36]。

电调制光谱[如电反射率(Electroreflectance，简称 ER)]会产生一个非常尖锐的、与介电函数的三阶导数相关的过渡结构，是获得带隙信息的有效技术[37~39]。电反射率可用于研究低电场极限下宽禁带材料的激子共振现象，尤其是在低温条件下[40]。然而，业界对自支撑 GaN 晶体的电反射率知之甚少。我们展示的电调制电反射光谱是一种非接触式的电反射，被称为光调制反射谱，而高质量的 GaN 衬底则显示的是光致发光谱[8,29]。

GaN 衬底采用 MOVPE – ELOG 生长技术，随后去除 Al₂O₃[8]，文献[8，29，36]中提供了生长流程和结构特性的详细情况。晶格常数 $a = (0.31898 \pm 0.00002)$ nm 和 $c = (0.51855 \pm 0.00002)$ nm，GaN 晶体几乎处于无应变状态。300K 时，残余电子浓度太低以致无法使用霍尔效应仪进行测量，其估计值低于 $10^{14}/\text{cm}^3$。低的非辐射缺陷密度还采用时域分辨光致发光谱(Time – resolved Photoluminescence，简称 TRPL)[28]和正电子湮灭法进行了表征[41~43]。

GaN 衬底在 300K 时表现出双指数型衰减的特点，其衰减时间常数 $\tau_1 = 130\text{ps}$ 和 $\tau_2 = 860\text{ps}$(随后还将提及)，而标准厚度为 1μm 的 GaN/Al₂O₃ 通常具有一个较短的衰减时间常数 τ_2(小于 300ps)。此外，我们测量了温度 10K 下，入射角低于 10°时的光反射谱，还使用波长为 325nm 的连续 He – Cd 激光器作为光源测量了光调制反射谱和光致发光谱与温度间的函数关系。从氙灯反射的白光和发射光被焦距为 67cm 的光栅单色仪分散，并用 GaAs – Cs 光电倍增管进行相位敏感检测，波长为 350nm 的光谱分辨率为 ±0.3meV。衬底的正面和背面(Ga 极性面和 N 极性面)的光反射谱、光调制反射谱以及光致发光谱，被证实是相同的。接下来，我们将介绍 Ga 极性面的结果。

图 13.1 展示了在低温 10K 下金属有机气相外延法生长的自支撑 GaN 衬底的光反射谱、光调制反射谱谱和光致发光谱。图 13.1(a)和图 13.1(b)中尖锐的异常反射谱分别对应。A、B 和 C 三种自由激子的基态。A 激子的第一激发态($A_{n=2}$)分别位于 3.480eV、3.485eV、3.503eV 和 3.498eV 附近。样品中的 A、B 和 $A_{n=2}$ 自由激子的光致发光峰以及中性施主束缚激子峰 I_2 相当尖锐。I_2 峰的半波宽低于 0.7meV。然而，与 A 和 B 自由激子对应的光致发光峰相当宽(A 峰的半波宽为 2.6meV)，它们不能由单一的洛伦兹函数拟合，表明形成了极化激子。事实上，A 激子已经极化为两支：能量较低的 A 支和能量较高的 B 支(分别记为 LPB_A 和 UPB_A)。B 激子同样极化为两支(LPB_B 和 UPB_B)[36]——已经采用近谐振激子源得到解决。为了解释光反射谱，我们基于激子极化模型的图景进行了理论计算，其中 A、B 和 C 这三类自由激子同时与电磁波发生耦合，并充分考虑了有效质量各向异性、光的各向异性、自由激子衰减和激子"死层"等。在详细的计算过程中，还估算出了激子的极化寿命 τ[见图 13.1(d)][36]。最佳的拟合曲线为 $R = |(1-n)/(1+n)|^2$，其中 n 为有效折射率[如图 13.1(a)中实线所示]。计算结果达到了令人满意的一致，激子参数汇总在表 13.1 中。

表 13.1　10K 时，由反射率光谱的拟合程序中获得的 MOVPE – ELOG FS – GaN 衬底的自由激子能量值

方法	参数	激子/跃迁		
		A	B	C
反射率(OR)	激子共振能量/eV	3.4791 ± 0.0002	3.4844 ± 0.0002	3.5027 ± 0.0002
光反射(PR)	跃迁能量/eV	3.4803 ± 0.0003	3.4852 ± 0.0003	3.5033 ± 0.0003
	扩展参数 Γ/meV	1.0	1.5	1.1

注：跃迁能量和扩展参数从反射光谱的分析中获得(假定完全转换为自由激子的能量值也被列出，参见文献[29])。

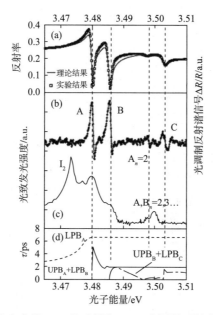

图 13.1　10K 时测量的自支撑 GaN 的反射率(a)、光调制反射谱(b)、光致发光谱(c)

注：其中，图(b)中标记的 A、B、C 和 $A_{n=2}$ 的跃迁结构分别与自由激子以及 A 激子的第一激发态有关；光致发光谱中的 I_2 是中性施主与激子束缚态的复合；图(a)中的实线为反射光谱的理论拟合；图(d)给出了 LBPA 声子峰、UPB_A 和 LPB_B 复合的声子峰，以及 UPB_B 和 LPB_C 复合的声子峰的寿命，其中 LPB_α (UPB_α) 表示与 α 激子有关的较低(高)极化分支；图(a)~图(d)中垂直的虚线显示了从光调制反射谱的分析中得到的跃迁能量。[29]

图 13.1(b)所示的光调制反射谱采用低场电反射谱的线型函数进行分析[37~39]：

$$\frac{\Delta R}{R} = \text{Re}\left\{ \sum_{j=1}^{p} C_j e^{i\theta_j} (E - E_{g,j} + i\Gamma_j)^{-m_j} \right\} \tag{13.1}$$

式中，p 为需要拟合的谱函数个数；E 为光子能量；C_j、θ_j、$E_{g,j}$ 和 Γ_j 分别为第 j 个谱函数的特征振幅、相位、能量和展宽参数。在这里，我们姑且假定光谱由自由激子共振的跃迁形成($m_j = 2$)——这将由小的 Γ 值进行证明，获得的所有值均列于表 13.1 中。另外，跃迁能量以图 13.1(a)~图 13.1(d)中的点线表示。不同于 Shan 等人[44]或 Chichibu 等人[40]报道的未进行应力弛豫 GaN/Al_2O_3 光调制反射谱，我们的自支撑 GaN 衬底的 Γ_A 值小于 1.0meV。基于光调制反射谱的跃迁能量与组合激子极化分支达到最大值时的能量吻合这一事实，即极化色散在极化激子的瓶颈处，我们可以得出以下结论：低温下光调制反射谱可以监测激子极化跃迁。我们应当很自然地承认，是光调制反射谱监测激子极化而不是监

测激子或自由载流子极化，这是因为光调制反射谱的信号 $\Delta R/R$ 由下式给出[37~39]：

$$\frac{\Delta R}{R} = \mathrm{Re}\left[\frac{2n_a}{n(\varepsilon - \varepsilon_a)}\right] = \mathrm{Re}[(\alpha - i\beta)\Delta\varepsilon] = a\Delta\varepsilon_1 + \beta\Delta\varepsilon_2 \qquad (13.2)$$

式中，$n^2 = \varepsilon$，$n_a^2 = \varepsilon_a$，n_a 为折射率的实部，$\Delta\varepsilon = \Delta\varepsilon_1 + i\Delta\varepsilon_2$ 为介电函数中的微扰诱发的改变量；α 和 β 分别为塞拉芬(Seraphin)系数。式(13.2)意味着信号 $\Delta R/R$ 对 $\Delta\varepsilon$ 非常敏感。因此，图 13.1(c)中的 A 激子和 B 激子的跃迁光致发光峰被指认为能量低的极化激子和能

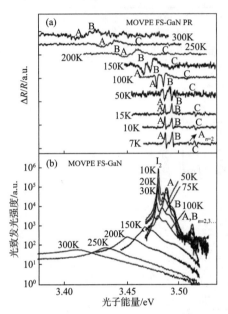

图 13.2　自支撑 GaN 的光调制反射谱(a)和
光致发光谱(b)分别与温度之间的函数关系
注：光调制反射谱中标记的 A、B、C 和 A$_{n=2}$
分别表示与它们各自激子有关的跃迁。[29]

量高的极化激子间的卷积。尽管研究中 I$_2$ 峰的线宽为 0.7meV，而文献中的线宽为 1.8meV[36]，我们的研究中没有对光致发光峰进行分辨，而对共振激发峰进行分辨的原因在于，He－Cd 激光具有高能光子(3.81eV)，产生的激子有较大的动量。

图 13.2(a)和图 13.2(b)分别展示了自支撑 GaN 衬底的光调制反射谱和光致发光谱与温度间的函数关系。从图中可以看出，A 激子和 B 激子的跃迁在 300K 时仍然能清晰地识别——这与 GaN/Al$_2$O$_3$ 的情况是一致的[40]。当温度高于 75K 时，光致发光峰谱以 A 自由激子和 B 自由激子的发射为主。令人惊讶的是，A$_{n=2}$ 激子复合的识别温度高达 200K。

图 13.3 展示了从光调制反射谱和光致发光谱中获得的跃迁能量与温度间的函数关系，它们显示出与温度变化相同趋势。已经证明，在极性半导体中，光学声子波强烈地靠近声学声子波[45]。使用带隙与温度变化的经验公式(对激子跃迁能和温度间的关系)，采用玻色–爱因斯坦统计下的爱因斯坦声子模型[46,47]，比德拜声子下使用 Varshni 的拟合结果更佳[48]。

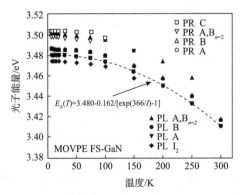

图 13.3　从 MOVPE 法生长的自支撑 GaN 的光调制反射谱和
光致发光谱中获得的跃迁能量与温度之间的函数关系[29]

$$E_A(T) = E_A(0) - \frac{0.162}{\exp(\Theta_E/T) - 1}(\text{eV}) \tag{13.3}$$

式中，自由 A 激子峰值在 0K 时的能量 $E_A(0) = 3.480\text{eV}$；爱因斯坦特征温度（又名维纳（Vina）参数）Θ_E 为 366K，与 GaN/Al_2O_3 的提取结果几乎吻合（349K）[45]，该值对应于布里渊区边界（K 和 M 点）处低能量组光学声子波的最大能量值 260cm^{-1}（370K）[49]。

13.2.2 MOVPE – ELOG GaN 衬底的时域分辨荧光测量（TRPL）

用于时域分辨光致发光谱（Time – resolved Photoluminescence Spectroscopy，简称 TRPL）测量的样品是厚度为 80μm 的自支撑 GaN 衬底，该衬底通过 ELOG – GaN 结构上生长厚度超过 100μm 的 GaN 剥离 Al_2O_3 衬底后抛光制成。为了进行对比，我们准备了两个样品：其一是厚度为 1μm 未掺杂的同质外延 GaN 层，生长于完全聚合的厚度为 8μm 的横向 SiO_2 掩模区（ELOG 翼区）[28]；另一个是厚度为 1μm 未掺杂的异质外延 GaN 层，生长于 Al_2O_3 衬底之上。为了制备上述两个样品，厚度为 2μm 的 GaN 横向过生长于 Al_2O_3 衬底上，采用 SiO_2 图形化掩模（宽度为 5μm 的窗口区被宽度为 15μm 掩模隔开），生长方向沿 $<1100>$[28]。翼区刃特征的位错密度低于 $10^6/\text{cm}^2$[50,51]。我们注意到，ELOG GaN 的翼区在合并后具有高达 0.18% 的双轴压应变[52~54]。

近带边激子发射峰的时域分辨光致发光谱采用频率为 150ps 的 3 倍频脉冲激发，采用模式锁定的 Al_2O_3：Ti 激光器以 80MHz 重复率调制运行。样品的激发能和功率分别为 4.64eV 和每脉冲约 200nJ/cm^2，信号使用标准条纹相机采集技术收集。时域分辨光致发光谱的衰减形状可以采用双指数函数进行拟合，并提取出快速时间常数和慢速时间常数（τ_1 和 τ_2）。

采用横向过生长技术、温度 300K 时，近带边发射的光致发光峰的半波宽从 32meV 下降到 29meV。根据峰值能量和半波宽，光致发光峰被指认为自由激子 A 和自由激子 B 的复合发射[40]。在通常情况下，由于非辐射复合中心的热激活，室温光致发光激子的寿命由非辐射复合过程决定——缘于非辐射复合中心的热激活。因此，图 13.4 中所示的自由激子辐射复合寿命可能反映了 GaN 晶体中自由（少数）载流子的寿命。值得注意的是，图 13.4 中两个低位错密度样品中的 τ_1 为 130ps，而在大多数有缺陷的 GaN 外延层中 τ_1 为 87ps。这些结果表明，位错密度可能与非辐射复合中心相关[28,42,43]。然而相关实践证明，GaN 晶体的非辐射复合寿命主要由含 Ga 空位的（V_{Ga}）的点缺陷复合物的浓度确定[42,43,55]。事实上，即使是

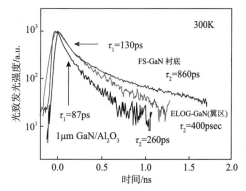

图 13.4 300K 时测量 GaN 的时域分辨光致发光谱信号（自支撑 GaN、ELOG – GaN 的翼区以及 MOVPE 生长在 Al_2O_3 上的 GaN 外延层）[28]

生长在 Al_2O_3 衬底上的中等位错密度为 $5 \times 10^8 / cm^2$ 的标准 GaN 样品，通过改变生长参数和背景载流子浓度均可使 τ_1 和 τ_2 得到显著的改变。自支撑 GaN 衬底具有较长的 τ_2（860 ps），表明晶体纯度得到了提高。

13.2.3　HVPE – ELOG GaN 衬底的低温 PL 谱

如 13.1 节所述，由于高的生长速率，HVPE 法是最有希望生长厚 GaN 衬底的方法之一。因此，HVPE 生长的自支撑 GaN 可以作为氨热法生长晶体时的籽晶。然而，HVPE 生长的未掺杂的 GaN 通常由于残留的氧和硅等杂质而具有 n 型导电类型——这将可能出现寄生电容、漏电流以及由此产生的串扰等而导致器件的性能退化。此外，当使用与 GaN 具有较大晶格失配的 Al_2O_3 作为衬底时，源于自支撑 GaN 的纯压应变晶圆的弯曲问题是不可避免的。因此，必须生长完全无应变的自支撑 GaN 晶体以提高器件的性能。在本节中，我们采用低温光致发光谱研究了自支撑 GaN 衬底的光学质量[30]。样品的生长采用 HVPE 的初始化小平面横向过生长（Facet – initiated Epitaxial Lateral Overgrowth，FIELO）技术[56]。

测量的样品采用 HVPE 的初始化小平面横向过生长的厚度为 180 μm 的未掺杂自支撑 GaN 样品，依次生长在 MOVPE – GaN（厚度为 2 μm）GaN 模板上以及直径为 2 in 的（0001）Al_2O_3 衬底上。氨作为 N 源，HCl 气流与金属 Ga 形成的 GaCl 作为 Ga 的前驱体。位错密度低于 $10^7 / cm^2$，稳态光致发光谱是由连续波长为 325 nm 的 He – Cd 激光器（6 W/cm²）产生的，并由焦距为 25 cm 的光栅单色器色散，采用 GaAs – Cs 光电倍增管进行相敏检测。

图 13.5（a）和图 13.5（b）分别给出了 8K 和 300K 时测量的初始化小平面横向过生长的自支撑 GaN 的光致发光谱，图 13.5（c）为放大的 8K 的近带边激子光致发光谱。如图 13.5（a）和图 13.5（c）所示，光谱分别显示了源自自由激子 A 和自由激子 B 的尖锐光致发光峰（分别位于 3.478 eV 和 3.484 eV）[29]，还检测到了源自激发态的自由激子 A 和自由激子 B（A、$B_{n=2,3}$…）的光致发光峰（位于 3.502 eV）。此外，还观察到了尖锐的激子束缚中性施主复合光致发光峰（记为 I_2 峰，位于 3.473 eV）[57]以及双电子卫星峰（Two – electron Satellites，简称 TES，位于 3.453 eV）。在近带边激子发光峰的低能侧观察到标有 1LO 和 2LO 的显著发光峰，它们被指认为是主峰的纵光学声子波的复制峰——它们的分裂能接近纵光学声子波的能量（91 meV）[49,58]。除近带边激子发射峰外，特别是在 300K 时，还识别出宽的蓝光发光带（Blue Band）和黄光发光带（Yellow Band），分别位于 2.8 eV 和 2.2 eV。通过比较光致发光谱和正电子湮灭法的测量结果，研究人员将黄光发光带的起源确定为 V_{Ga}/或 V_{Ga} – O 组成的受主缺陷复合物[42,59~61]，将蓝光发光带的起源确定为施主与价带间的跃迁，其中施主能级位于未掺杂 HVPE – GaN 导带最小值以下 0.58 eV 处[62,63]。另一个可能的来源是导带受主的带间跃迁（如碳）。总之，蓝光发光带和黄光发光带的强度比近带边发射峰值的强度低 2 个数量级，表明这些点缺陷的浓度较低。

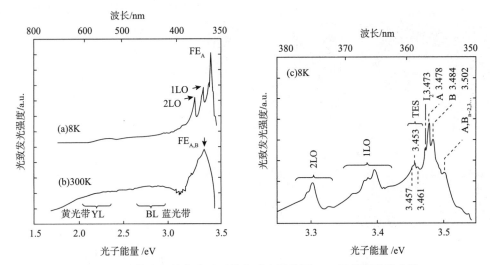

图13.5　未掺杂初始化小平面横向过生长的厚GaN层的光致发光谱

注：(a)8K；(b)300K；(c)未掺杂的初始化小平面横向过生长GaN在8K时近带边吸收的光致发光谱。

13.3　氨热法极性方向生长对籽晶GaN衬底光学性能的影响

研究的样品是厚度为$5\mu m$的Ga极性面和厚度为$4\mu m$的N极性面，同时生长于厚度为$400\mu m$的自支撑GaN籽晶的正面和背面，采用HVPE法生长在$(0001)Al_2O_3$衬底上，随后进行激光剥离[23]，籽晶的位错密度为$10^7 \sim 10^8/cm^2$。这些外延薄膜是在镍基超合金制作的高温高压釜内以氨热法生长而成的[19~21]，Ga作为反应物置于低温区($520 \sim 530℃$)，籽晶置于高温区($550 \sim 565℃$)——这是由于500℃时GaN在含碱性NaNH-NaI矿化剂的超临界氨中具有反常的溶解性[19]。生长过程中压强保持$(1.5 \sim 2.0) \times 10^8 Pa$，生长时长为72h，更多的生长细节详见文献[19，20]。

我们采用扫描电子显微镜和原子力显微镜(Atomic Force Microscopy，简称AFM)观察了样品的表面形态，采用200keV的透射电子显微镜表征了样品的微观结构，样品通过机械抛光并采用Ar^+减薄后沿 <1010> 进行观测，采用会聚束电子衍射测定了样品的极性，采用二次离子质谱测量了样品中的痕量杂质，采用波长为325nm的He-Cd连续波激光器($38W/cm^2$)作为激发源测量了293K时大面积($\phi = 200\mu m$)的光致发光谱。

图13.6展示了氨热GaN薄膜的扫描电子显微镜照片，其中图13.6(a)和图13.6(c)是厚度为$5\mu m$的Ga极性面照片，图13.6(b)和图13.6(d)是厚度为$4\mu m$的N极性面的照片。在本研究采用的特定生长条件下，薄膜的平均厚度基本上是相同的。Ga极性表面填充了线状排列的倒六角金字塔凹槽——倾向于$(10\bar{1}1)$和$(10\bar{1}2)$面，中心部位具有小坑；而N极性表面几乎没有特征。然而，Ga极性表面的局部均方根(Root-mean-square，简称RMS)粗糙度(0.6nm)低于N极性表面的局部均方根粗糙度(2.1nm)。凹槽的成因及其对位错密度和阴极发光的影响将在稍后讨论。

如图13.7(a)、图13.7(b)所示，N极性面在100K和293K时只展示了宽的近带边发

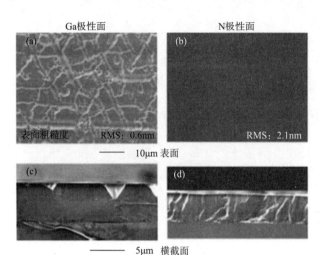

图 13.6　在厚度为 400μm 的 HVPE 自支撑 GaN 籽晶上采用氨热法生长 GaN 的 Ga 极性[(a)、(c)]和 N 极性[(b)、(d)]的平面图和横截面扫描电子显微镜照片[27]

射峰，峰值能量（3.440eV）比无应变 GaN 的 A 自由激子峰和 B 自由激子峰（3.41eV）高 30meV[29]。293K 时，近带边发射峰的半波宽较宽（为 231meV），被认为是由自由载流子复合的莫斯 - 布尔斯坦（Burstein - Moss）漂移引起的[64]。根据 100K 时的半波宽（200meV）估算出残余的电子浓度约为 $10^{20}/cm^3$[65]。二次离子质谱测量结果表明，Si、O 是主要杂质。

同时，Ga 极性面薄膜在 293K 时的光致发光谱与 HVPE 法生长的自支撑 GaN 籽晶的光致发光谱相似。我们观察到明显变宽的近带边发射峰和位于 3.0eV 处的弱发光带，如图 13.7（b）所示。与 N 极性面薄膜的显著差异为 100K 时[见图 13.7（a）]：大面积的阴极发光谱的主峰位于 3.444eV 处，更高能量的肩峰位于 3.57eV 处；此外还观察到位于 3.27eV、2.92eV 和 2.22eV 处的发光峰，它们分别被标记为 A 峰、H 峰、B 峰、C 峰和 D 峰。其中，D 峰是著名的黄光发射带，其成因已被确定为 V_{Ga} 或 V_{Ga} - O 的复合物[42,59~61]。100K 时，A 峰能量比 A 自由激子能量（E_A）低 30meV，但接近 293K 时的 3.407eV[29]。根据 100K 时 A 峰值的半波宽（94meV）估算出样品中的残余电子浓度为 $10^{19}/cm^3$[65]，高于莫特浓度（Mott density）[40]。因此，A 峰在 100K 时被认为是自由束缚（Free Bound，简称 FB）激子的跃迁，在 293K 时被认为是自由载流子的复合。值得注意的是，这其中不能排除激子的贡献。温度为 100K 和 293K 时 H 峰的能量分别为 3.58eV 和 3.51eV，被认为是自由载流子复合形成的莫斯 - 布尔斯坦漂移。显然，近带边发射峰 A 和 H 可能不会共存于同质 GaN 薄膜中。由于薄膜具有奇异的表面形态，图 13.7（a）和图 13.7（b）的光谱被认为是位置特异性与局域光谱的卷积。

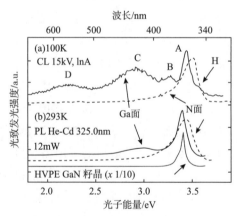

图 13.7　大面积氨热法 GaN 的 100K 时的阴极发光谱（a）及 293K 时的光致发光谱（b）
注：为了便于比较，图（b）也给出了 HVPE 生长的自支撑 GaN 籽晶的光致发光谱。[27]

13.4 位错弯曲对氨热 GaN 籽晶衬底光学性质的影响

采用连续电子束的空间集成(连续电子束扫描)或解析(无电子束扫描)的阴极发光谱以及装配有焦距为 20cm 的光栅单色器的扫描电子显微镜,加速电压和探针电流分别为15kV 和 1nA,在温度为 100K 时束扫波长固定的情况下,获得了单色阴极发光谱的强度成像分析。

图 13.8 汇总了 100K 时点激发的阴极发光谱、相应的扫描电子显微照片以及 Ga 极性面薄膜的 A~D 激子发光峰的单色阴极发光谱的强度成像分析,编号为 1~6 的局域光谱采集于图 13.8(b)中相应的点。如图所示,局域光谱会根据点的位置而变化。如图 13.8(c)~图 13.8(f)所示,点 2、点 3 和点 6 处,整体的阴极发光谱强度很弱,其中的白色区域对应于发光明亮的区域。

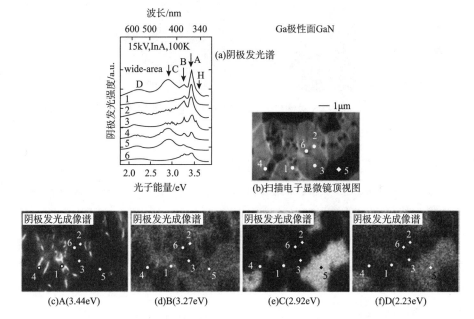

图 13.8 100K 时大面积和点激发的阴极发光谱(a)及局域典型扫描电子显微镜照片(b)

注:(c)~(f)100K 时 5μm 厚的 Ga 极性氨热法 GaN 的光子能量照片;光谱编号(b)~(f)中的编号对应于(a)图中 1~6 的位置;在(c)~(f)中,白色区域对应于明亮的光线。[27]

考虑到我们的实验配置,点 2 和点 3 处较暗的原因是低的光收集效率所致。点 6 处的低阴极发光强度是由于存在与位错顶点对应的中心坑,从而启动了微面生长。在平面区域5 中,蓝光发光带(C 发光带)的强度更高,因此特定杂质的参与效率对(0001)面的 C 发光带更高。最可疑的杂质是 Mg 或 C,这两种杂质均采用二次离子质谱测定。在点 1~点 6 均发现了 B 峰(位于 3.27eV 处),虽然峰值能量接近闪锌矿结构的 GaN(或者纤锌矿结构GaN 的基面堆垛层错)的近带边发射峰,但没有发现明显堆垛层错[如图 13.9(a)和图 13.9(c)所示的横截面透射电子显微镜照片]。因此,B 峰的成因被认为是杂质(如 Mg)所致。

最有意思的特征是，在点 1、点 2 和点 3 处，A 峰的强度明显增加——微面生长导致了位错弯曲而降低了边缘区域的位错密度[如图 13.9(c)所示][56]。平面区域的平均位错密度约为 $10^9/cm^2$，而脊峰顶处区域的位错密度低于 $10^6/cm^2$（如点 1 所示）。因此，当较厚的薄膜持续生长时，通过这种机制可以制备大面积的低位错密度区域。与 HVPE 生长自支撑 GaN 衬底类似，平整的 GaN 晶片可以通过切片和抛光厚的 GaN 晶层或晶锭来制备[9]。

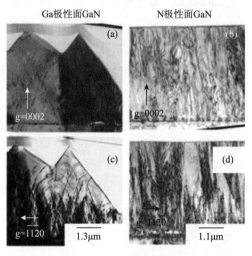

图 13.9　Ga 极性(a)、(c)和 N 极性(b)、(d)氨热法生长 GaN 薄膜的透射电子显微镜照片

注：(a)、(b)$g = <0002>$；(c)$g = <1\bar{1}20>$；(d)$g = <11\bar{2}0>$。[27]

与 Ga 极性薄膜相比，N 极性薄膜的局域阴极发光谱的线型几乎与位置无关[如图 13.10(a)所示]——结果反映了薄膜的表面具有无特征形态。然而在阴极发光成像分析谱中，近带边发射峰具有明显的强度对比度[如图 13.10(c)所示]。由于圆形明亮区域的直径(图中白色区域)介于数百纳米和 1 微米之间，因此被认为与位错之间的距离相对应。事实上，从图 13.9(b)和图 13.9(d)中估算的位错密度约为 $10^9/cm$，相应的位错间距约为 316nm。

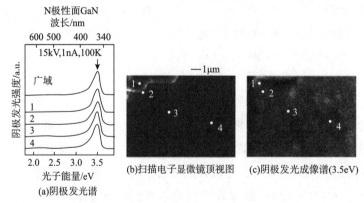

图 13.10　100K 时样品的大面积和点激发的阴极发光谱(a)、局域典型扫描电子显微镜照片(b)、100K 时 3.5eV 的光子能量激发下，4μm 厚的 N 极性氨热法 GaN 的全息面扫阴极发光照片

注：其中(a)图中 1～4 取自于(b)图中相应的编号位置；图(c)中的白色区域对应于明亮的光线。[27]

13.5　总结

在本章中，我们概述了由三种方法制备的 GaN 衬底的光学特性，并讨论了每种方法的优越性和关键问题。使用横向过生长技术的金属有机气相外延法和使用初始化小平面横向过生长技术的氢化物气相外延法生长的自支撑 GaN 衬底均表现出优异的光致发光特性，在低温光致发光谱中观察到了自由激子的精细结构。分别源于点缺陷复合物和杂质的特征黄光发光带和蓝光发光带的强度比室温下相应的近带边发光峰强度低两个数量级。此外，在金属有机气相沉积法生长的自支撑 GaN 衬底的低温光调制发光谱中，还发现了极性激子的特征，300K 时光致发光的 τ_2 为 860ps。结果表明，这些自支撑 GaN 可以作为氨热生长法中的籽晶，平面压应变引起的晶圆弯曲问题除外。

接下来，我们讨论了氨热生长 GaN 薄膜 Ga 极性和 N 极性的局部阴极法发光谱与亚微米尺度的相关形态特征。N 极性薄膜含有高密度的残余电子，可能与 O 和 Si 的掺入有关，并导致了自由载流子复合的莫斯 – 布尔斯坦明显漂移。另外，Ga 极性薄膜表现出丰富的光谱和强度变化——源于微面的生长。微面生长过程中的位错弯曲，导致脊峰顶处的位错密度大大降低。本章的研究结果表明，通过氨热法和随后的切片生长厚 GaN 锭/层，从而获得低位错密度的 GaN 衬底。

致谢

我们要感谢 S. Nakamura、S. P. DenBaars、J. S. Speck、Mishra、A. Uedono 和 T. Sota 长期以来的合作；我们还要感谢 T. Hashimoto、S. Keller、K. Fujito、H. Marchand、M. S. Minsky、P. T. Fini、J. P. Ibbetson 和 UCSB 的 S. B. Fleischer 以及富原和富川株式会社的 A. Usui 提供的测试样品；还要感谢 T. Onuma 和 M. Kubota 的光学测量。这项工作得到日本高级氮化物技术中心（Center for Advanced Nitride Technology，简称 CANTech）、日本东北大学多学科高级材料研究院（IMRAM）、东北大学、国家能源局项目以及日本文部科学省（MEXT）第 18069001 号优先科学领域研究的部分支持。

参考文献

[1] S. Strite, H. Morkoc, J. Vac. Sci. Technol. B 10, 1237(1992).

[2] S. Nakamura, G. Fasol, The Blue Laser Diode(Springer, Berlin, 1997).

[3] I. Akasaki, H. Amano, Jpn. J. Appl. Phys. 36, 5393(1997).

[4] S. Nakamura, S. F. Chichibu(Eds.), Introduction to Nitride Semiconductor Blue Lasers and Light Emitting Diodes(Taylor and Francis, London and New York, 2000).

[5] H. Yamane, M. Shimada, T. Sekiguchui, F. J. DiSalvo, J. Cryst. Growth 186, 8(1998).

[6] S. Porowski, MRS Internet J. Nitride Semicond. Res. 4S1, G1. 3(1999).

[7] F. Kawamura, M. Morishita, K. Omae, M. Yoshimura, Y. Mori, T. Sasaki, Jpn. J. Appl. Phys. 42, L879 (2003).

[8] S. Nakamura, M. Senoh, S. Nagahama, N. Iwasa, T. Yamada, T. Matsushita, H. Kiyoku, Y. Sugimoto, T. Kozaki, H. Umemoto, M. Sano, K. Chocho, Jpn. J. Appl. Phys. 37, L309(1998).

[9] K. Motoki, T. Okahisa, S. Nakahata, N. Matsumoto, H. Kimura, H. Kasai, K. Takemoto, K. Uematsu, M. Ueno, Y. Kumagai, A. Koukitu, H. Seki, J. Cryst. Growth 237 – 239, 912(2002).

[10] Y. Oshima, T. Eri, M. Shibata, H. Sunakawa, K. Kobayashi, T. Ichihashi, A. Usui, Jpn. J. Appl. Phys. 42, L1(2003).

[11] K. Maeda, M. Sato, I. Niikura, T. Fukuda, Semicond. Sci. Technol. 20, S49(2005).

[12] R. Dwilinski, R. Doradzinski, J. Garczynski, L. Sierzputowski, M. Palczewska, A. Wysmolek, M. Kaminska, MRS Internet J. Nitride Semicond. Res. 3, 25 0072.

[13] Y. C. Lan, X. L. Chen, Y. P. Xu, Y. G. Cao, F. Huang, Mater. Res. Bull. 25, 2325(2000).

[14] D. R. Ketchum, J. W. Kolis, J. Cryst. Growth 222, 431(2001).

[15] A. P. Purdy, R. J. Jouet, C. F. George, Cryst. Growth Des. 2, 141(2002).

[16] M. J. Callahan, B. Wang, L. O. Bouthillette, S. Q. Wang, J. W. Kolis, D. F. Bliss, Mater. Res. Soc. Symp. Proc. 798, Y2. 10(2004).

[17] A. Yoshikawa, E. Ohshima, T. Fukuda, H. Tsuji, K. Ohshima, J. Cryst. Growth 260, 67(2004).

[18] T. Hashimoto, K. Fujito, B. A. Haskell, P. T. Fini, J. S. Speck, S. Nakamura, J. Cryst. Growth 275, e525 (2005).

[19] T. Hashimoto, K. Fujito, F. Wu, B. A. Haskell, P. T. Fini, J. S. Speck, S. Nakamura, Mater. Res. Soc. Symp. Proc. 831, E2. 8. 1(2005).

[20] T. Hashimoto, K. Fujito, M. Saito, J. S. Speck, S. Nakamura, Jpn. J. Appl. Phys. 44, L1570(2005).

[21] T. Hashimoto, F. Wu, J. S. Speck, S. Nakamura, Jpn. J. Appl. Phys. 46, L525(2007).

[22] T. Hashimoto, F. Wu, J. S. Speck, S. Nakamura, Jpn. J. Appl. Phys. 46, L889(2007).

[23] B. A. Haskell, F. Wu, M. D. Craven, S. Matsuda, P. T. Fini, T. Fujii, K. Fujito, S. P. DenBaars, J. S. Speck, S. Nakamura, Appl. Phys. Lett. 83, 644(2003).

[24] D. Ehrentraut, Y. Kagamitani, T. Fukuda, F. Orito, S. Kawabata, K. Katano, S. Terada, J. Cryst. Growth 310, 3902(2008).

[25] R. Dwilinski, R. Doradzinski, J. Garczynski, L. P. Sierzputowski, A. Puchalski, Y. Kanbara, K. Yagi, H. Minakuchi, H. Hayashi, J. Cryst. Growth 310, 3911(2008).

[26] R. Dwilinski, R. Doradzinski, J. Garczynski, L. Sierzputowski, A. Puchalski, M. Rudzinski, M. Zajac, presented at International Workshop on Nitride Semiconductors 2008, Oct. 6 – 10, Montreux, Switzerland, No. We1 – C1(2008).

[27] S. F. Chichibu, T. Onuma, T. Hashimoto, K. Fujito, F. Wu, J. S. Speck, S. Nakamura, Appl. Phys. Lett. 91, 251911(2007).

[28] S. F. Chichibu, H. Marchand, M. S. Minsky, S. Keller, P. T. Fini, J. P. Ibbetson, S. B. Fleischer, J. S. Speck, J. E. Bowers, E. Hu, U. K. Mishra, S. P. DenBaars, T. Deguchi, T. Sota, S. Nakamura, Appl. Phys. Lett. 74, 1460(1999).

[29] S. F. Chichibu, K. Torii, T. Deguchi, T. Sota, A. Setoguchi, H. Nakanishi, T. Azuhata, S. Nakamura, Appl. Phys. Lett. 76, 1576(2000).

[30] T. Kashiwagi, S. Sonoda, H. Yashiro, Y. Ishihara, A. Usui, Y. Akasaka, M. Hagiwara, Jpn. J. Appl. Phys. 46, 581(2007).

[31] A. A. Yamaguchi, Y. Mochizuki, H. Sunakawa, A. Usui, J. Appl. Phys. 83, 4542(1998).

[32] A. A. Yamaguchi, Y. Mochizuki, C. Sasaoka, A. Kimura, M. Nido, A. Usui, Mater. Res. Soc. Symp. Proc. 482, 893(1998).

[33] J. J. Hopfield, Phys. Rev. 112, 1555(1958).

[34] B. Gil, S. Clur, O. Briot, Solid State Commun. 104, 267(1997).

[35] P. Stepniewski, K. P. Korona, A. Wysmolek, J. M. Baranowski, K. Pakula, M. Potemski, I. Gregory, S. Porowski, Phys. Rev. B 56, 15151(1997).

[36] K. Torii, T. Deguchi, T. Sota, K. Suzuki, S. Chichibu, S. Nakamura, Phys. Rev. B 60, 4723(1999).

[37] M. Cardona, Modulation Spectroscopy, Solid State Physics. Suppl. 11, ed. by S. Seitz, D. Turnbull, H. Ehrenreich(Academic, New York, 1969).

[38] D. E. Aspnes, Handbook on Semiconductors, Vol. 2, Chap. 4A, ed. by T. S. Moss(North – Holland, Amsterdam, 1980), p. 109.

[39] D. E. Aspnes, Surf. Sci. 37, 418(1973).

[40] S. Chichibu, T. Azuhata, T. Sota, S. Nakamura, J. Appl. Phys. 79, 2784(1996).

[41] A. Uedono, S. F. Chichibu, Z. Q. Chen, M. Sumiya, R. Suzuki, T. Ohdaira, T. Mikado, T. Mukai, S. Nakamura, J. Appl. Phys. 90, 181(2001).

[42] S. F. Chichibu, A. Uedono, T. Onuma, T. Sota, B. A. Haskell, S. P. DenBaars, J. S. Speck, S. Nakamura, Appl. Phys. Lett. 86, 021914(2005).

[43] S. F. Chichibu, A. Uedono, T. Onuma, B. A. Haskell, A. Chakraborty, T. Koyama, P. T. Fini, S. Keller, S. P. DenBaars, J. S. Speck, U. K. Mishra, S. Nakamura, S. Yamaguchi, S. Kamiyama, H. Amano, I. Akasaki, J. Han, T. Sota, Nat. Mater. 5, 810(2006).

[44] W. Shan, T. J. Shmidt, X. H. Yang, S. J. Hwang, J. J. Song, B. Goldenberg, Appl. Phys. Lett. 66, 985 (1995).

[45] S. Chichibu, T. Mizutani, T. Shioda, H. Nakanishi, T. Deguchi, T. Azuhata, T. Sota, S. Nakamura, Appl. Phys. Lett. 70, 3440(1997).

[46] G. D. Cody, T. Tiedje, B. Abeles, Y. Goldstein, Phys. Rev. Lett. 47, 1480(1981).

[47] L. Vina, S. Logothetidis, M. Cardona, Phys. Rev. B 30, 1979(1984).

[48] Y. P. Varshni, Physica 34, 149(1967).

[49] T. Azuhata, T. Matsunaga, K. Shimada, K. Yoshida, T. Sota, K. Suzuki, S. Nakamura, Physica B 219 – 220, 493(1996).

[50] H. Marchand, J. Ibbetson, P. T. Fini, P. Kozodoy, S. Keller, S. P. DenBaars, J. S. Speck, U. K. Mishra, Mater. Res. Soc. Internet J. Nitride Semicond. Res. 3, 3(1998).

[51] H. Marchand, X. H. Wu, J. Ibbetson, P. T. Fini, P. Kozodoy, S. Keller, J. S. Speck, S. P. DenBaars, U. K. Mishra, Appl. Phys. Lett. 73, 747(1998).

[52] S. Chichibu, A. Shikanai, T. Azuhata, T. Sota, A. Kuramata, K. Horino, S. Nakamura, Appl. Phys. Lett.

68, 3766(1996).

[53] A. Shikanai, T. Azuhata, T. Sota, S. Chichibu, A. Kuramata, K. Horino, S. Nakamura, J. Appl. Phys. 81, 417(1997).

[54] S. Chichibu, T. Azuhata, T. Sota, H. Amano, I. Akasaki, Appl. Phys. Lett. 70, 2085(1997).

[55] S. F. Chichibu, A. Uedono, T. Onuma, B. A. Haskell, A. Chakraborty, T. Koyama, P. T. Fini, S. Keller, S. P. DenBaars, J. S. Speck, U. K. Mishra, S. Nakamura, S. Yamaguchi, S. Kamiyama, H. Amano, I. Akasaki, J. Han, T. Sota, Philos. Mag. 87, 2019(2007).

[56] A. Usui, H. Sunakawa, A. Sakai, A. A. Yamaguchi, Jpn. J. Appl. Phys. 36, L899(1997).

[57] A. Wysmolek, M. Potemski, R. Stepniewski, J. M. Baranowski, D. C. Look, S. K. Lee, J. Y. Han, Phys. Status Solidi B 235, 36(2003).

[58] T. Azuhata, T. Sota, K. Suzuki, S. Nakamura, J. Phys. Condens. Matter 7, 129(1995).

[59] J. Neugebauer, C. G. Van de Walle, Phys. Rev. B 50, 8067(1994).

[60] J. Neugebauer, C. G. Van de Walle, Appl. Phys. Lett. 69, 503(1996).

[61] K. Saarinen, T. Laine, S. Kuisma, J. Nissilä, P. Hautojärvi, L. Dobrzynski, J. M. Baranowski, K. Pakula, R. Stepniewski, M. Wojdak, A. Wysmolek, T. Suski, M. Leszczynski, I. Grzegory, S. Porowski, Phys. Rev. Lett. 79, 3030(1997).

[62] P. Hacke, T. Detchprohm, K. Hiramatsu, N. Sawaki, K. Tadatomo, K. Miyake, J. Appl. Phys. 76, 304 (1994).

[63] Z. – Q. Fang, D. C. Look, J. Jasinski, M. Benamara, Z. Liliental – Weber, R. J. Molnar, Appl. Phys. Lett. 78, 332(2001).

[64] E. Burstein, Phys. Rev. 93, 632(1954).

[65] E. Iliopoulos, D. Doppalapudi, H. M. Ng, T. D. Moustakas, Appl. Phys. Lett. 73, 375(1998).

第 14 章　GaN 中点缺陷和杂质的正电子湮灭光谱研究

Filip Tuomisto

摘要　正电子湮灭光谱（Positron Annihilation Spectroscopy，简称 PAS）是一项实验技术，可用来选择性地检测半导体中的空位和缺陷，并为识别和量化这些缺陷提供了方法。在本章中，我们首先简要介绍了正电子湮灭技术，然后进一步介绍了（准）GaN 晶体中的空隙缺陷和杂质的正电子湮灭谱研究概况。

14.1　简介

在通常情况下，可以应用多种技术鉴别原子层面的半导体缺陷。正电子湮灭光谱的主要优点在于，它能够选择性地检测出缺陷类型。正电子具有两种特殊的属性：它带有一个正电荷，并与电子发生湮灭。高能正电子穿透到固体中迅速失去能量，数百皮秒后与环境达到热平衡。在热运动过程中，正电子与缺陷间的相互作用导致其陷入局域状态。因此，电子与正电子的最终湮灭可能发生在各种不同的状态下。由此可知，正电子与空位型缺陷的敏感性是很容易理解的。晶格中的正离子核强烈地排斥自由正电子，而空位型的缺陷（如空置的晶格点）则容易成为吸引正电子的中心，并将正电子俘获。降低空置晶格点的电子密度会延长正电子的寿命，而缺失价带电子和核层电子将导致湮灭电子的动量分布发生显著变化。在半导体的缺陷研究中，有效地采用两种正电子技术，即正电子寿命和 511keV 线的多普勒谱扩宽，这些方法为识别空位型缺陷提供了条件。此外，正电子技术得到了理论方面的有力支持——湮灭特性可以从第一性原理中计算得出。电子湮灭光谱的一个显著优点是，它可以应用于任何导电类型的晶体和薄层。

GaN 中的空位缺陷存在于两个子晶格中，其中 Ga 子晶格（称为 Ga 空位缺陷）的空位缺陷更有可能被正电子观察到，因为它们的尺寸较大且具有非正电荷态。自 20 世纪 90 年代末以来，采用正电子湮灭光谱研究 GaN 缺陷的工作主要由一个研究小组进行，即 TKK 的研究小组（TKK 位于芬兰的埃斯波）。本章的目的是采用正电子湮灭光谱分析 GaN 晶体中空位缺陷和其他点缺陷，GaN 晶体的生长采用高压氮气法（High Nitrogen Pressure，简称 HNP）或者氢化物气相外延法。讨论的重点将放在 GaN 晶体的空位缺陷研究方面取得的成果，正电子湮灭光谱的原理将很快被完整描述——为了全面了解半导体中的正电子湮灭，我们建议读者参阅早期的评论文章[1~4]、书籍[5~10]、国际正电子湮灭会议论文集(International Conference on Positron Annihilation,简称ICPA)以及其他参考文献。本章的安排如下:第14.2节简单回顾了正电子湮灭光谱的原理;第14.3节对高压氮气法[11~17]和氢化物气相外延法[16,29]生长的GaN中的缺陷进行了研究;第14.4节对GaN中的人为制造的点缺陷(例如通过辐射或注入)和操作(例如通过热退火)的正电子湮灭光谱结果进行了研究[30~35]。最后,第14.5节对本章的内容进行了总结。

14.2　正电子湮灭光谱学

在本节中,我们将简要概述正电子湮灭光谱的原理和实验技术。晶格中处于热振动的正电子行为像自由电子或空穴。类似地,正电子在负离子(如受主杂质)的能级中具有弱类氢态。此外,空位和其他具有开放体积的中心充当正电子的深能级陷阱。这些缺陷可以通过正电子寿命或正电子–电子对湮灭的动量密度(湮灭辐射过程的多普勒扩宽)进行实验检测。为了清楚起见,我们将专注于这两个量的测量,因为这些方法是半导体缺陷研究中最常用的方法,其他技术的描述详见文献[9]。

14.2.1　固体中的正电子

正电子很容易由具有放射性(β^+)的同位素获得(如^{22}Na),其中正电子的发射伴随着能量为1.27meV光子,该光子作为正电子发射的时间信号用于正电子寿命实验中。来自β^+发射的正电子的终止曲线呈指数形式:对于^{22}Na源的正电子能量分布扩展到$E_{max}=0.54$meV,正电子在GaN中的平均终止深度约40μm[6,36]。直接从放射性源发射的正电子直接探测固体,研究覆盖层及其近表面区域,需要低能正电子束。从β^+发射的正电子在减速剂中减速并热化,减速剂通常包括放置在正电子源前面的薄膜,由对正电子具有负亲和能的材料(例如W)制作而成。靠近减速剂表面的热化正电子以1eV的能量发射到真空中,并利用电场和磁场形成正电子束。正电子束可以加速调制为10~100keV的能量范围(相应的平均注入深度从几纳米到超过10μm),从而可以控制样品中正电子的终止深度。

注入和快速热化后(需要数皮秒),半导体中的正电子像自由载流子一样,即正电子态状是在无缺陷晶格中处于布洛赫状态(Bloch State,存活时间为数百皮秒)。各种不同的正电子状态具有特定的湮灭特性,可以通过正电子寿命和多普勒扩宽实验来进行观察。正电子的波函数可以从单粒子的薛定谔方程进行计算[3],其中正电子势能包括两个部分:库仑静电势和电子–正电子的关联效应项。有许多实用方案用于从薛定谔方程中解出正电子态的波函数ψ_+[3,37,38]。

正电子的状态可以通过测量正电子寿命和湮灭辐射过程中的动量分布来进行实验表征。一旦知道固体系统的相应电子结构,就可以计算出上述量值。正电子湮灭率λ是正电子寿命τ的倒数,与电子和正电子密度的交叠成正比:

$$1/\tau = \lambda = \pi r_0^2 c \int dr \, | \, \Psi + (r) \, |^2 n(r) \gamma [\, n(r) \,] \tag{14.1}$$

式中，r_0 为电子的经典半径；c 为光速；$n(r)$ 为电子密度；$\gamma[n]$ 为增强因子，表示当正电子超过电子的(平均)密度 $n(r)$ 时电子积存的部分[3]。湮灭辐射过程的动量分布 $\rho(P)$ 是一个非局域量，需要了解所有电子波函数 ψ_i 与正电子的交叠。如下式表示：

$$\rho(p) = \frac{\pi r_0 c}{V} \sum_i \left| \int dr e^{-i\, p\cdot r} \Psi + (r) \Psi_i(r) \, \sqrt{\gamma_i(r)} \right|^2 \tag{14.2}$$

式中，V 为归一化体积；$\gamma_i(r)$ 仅依赖 i 或 r。多普勒扩宽实验测量沿发射 511KeV 光子方向的纵向动量分布，在 z 轴定义为：

$$\rho(p_{\mathrm{L}}) = \int\limits_{-\infty}^{\infty} \int\limits_{-\infty}^{\infty} dp_x dp_y \rho(p) \tag{14.3}$$

应当指出，湮灭辐射过程的动量分布 $\rho(P)$ 主要是"正电子可见"湮灭电子的动量分布，因为热化正电子的动量可以忽略不计。

14.2.2　缺陷中的正电子

1. 缺陷中的正电子态

与自由载流子类似，正电子在晶格缺陷时也有局域态。在一个或多个离子缺失的空位缺陷中，正电子受到的斥力降低，这类缺陷成为正电子的势阱。因此，正电子易于在开放体积的缺陷处形成局域态，空位型缺陷处正电子基态通常较深，结合能高于 $1\mathrm{eV}$[3]。

在空位型缺陷中，电子密度是局部降低的，这反映出正电子寿命比完美晶格中的更长。例如，在未弛豫的 Ga 和 N 空位中计算的正电子寿命分别是 55ps 和 5ps，比完美晶格中的寿命更长[13]。V_{Ga} 比 V_{N} 具有更长正电子寿命的原因是更大的开放体积，因此，正电子寿命测量是探测材料中存在空位型缺陷的探针。在空位型缺陷中，正电子的湮灭也会导致动量分布 $\rho(P)$ 的变化——采用多普勒扩宽实验探测。由于电子密度较低，价电子湮灭引起动量分布变窄。此外，在空缺处的局域正电子与离子核的重叠减少，导致高动量核心电子的湮灭量大大降低。以 GaN 为例，动量分布中高动量部分的主要贡献来自 Ga $3d$ 电子，当正电子被困在 Ga 的空位时，动量分布的变化更为明显。

测量的正电子寿命和多普勒扩宽光谱与特定缺陷理论计算数据的比较，为识别观察到空位型缺陷提供了极大可能。近年来，我们对几种从头计算(ab initio)的方法进行了研究(见文献[37]及其参考文献)。理论计算与实验结果在缺陷数据和完美晶格之间的差异或比率方面具有极佳的一致性。许多材料的数据也具有一致的定量关系，但迄今为止，应用的所有理论方案似乎都不适用于部分束缚态 $3d$ 电子的处理，有可能低估了它们对正电子湮灭数据贡献。例如，就 GaN 而言，完美晶格中计算的正电子寿命范围为 $130 \sim 160\mathrm{ps}$[13,26]，具体数值取决于实验方案；而实验确定的 GaN 晶体中正电子寿命为 $160\mathrm{ps}$[11,17,26,34]。同时，在缺陷材料和体材料中，计算的寿命差异和动量分布的比率与实验结果非常一致[26,37~39]。

带负电荷杂质原子或本征点缺陷可以束缚浅能级状态的正电子，即使这些缺陷中不包含开空间(open volume)[40,41]。作为正粒子，正电子可以绕负电中心的类氢态库仑场实现局域化，这种情况类似于电子与浅施主原子的结合。正电子结合能量的典型值 $E_{ion} = 30 \sim 120meV$，表明正电子在 $100 \sim 300K$ 时从 Redberg State 热激发。负离子周围的类氢态正电子的典型延伸范围为 $10 \sim 100Å$，因此，正电子探测的电子密度与完美晶格中的电子密度相同。由此得出结论，正电子的湮灭特性(寿命及动量分布)与完美晶格没有区别。虽然负离子不能根据实验参数来识别，但在负离子与正电子俘获空位的竞争中，可以通过正电子的湮灭寿命和多普勒扩宽实验来得到其浓度的信息。

2. 缺陷俘获正电子

正电子从自由布洛赫态向缺陷局域态的过渡称为正电子俘获，类似于载流子俘获。然而为了观察，正电子的俘获过程必须足够快，并与湮灭竞争。缺陷 D 上正电子的俘获率 κ_D 与缺陷浓度 C_D 成正比：$\kappa_D = \mu_D \times c_D$。俘获系数 μ_D 取决于缺陷和晶格主体。由于正电子在空位型缺陷处的结合能通常大于 $1eV$，因此从空位的热逃逸(释放)的正电子可以忽略。由于库仑斥力，正电荷空位型缺陷的俘获系数非常小，以至在数百皮秒的短寿命期间正电子不会发生俘获[42]。因此，使用正电子湮没技术无法检测正电荷态的空位或其他缺陷。

中性空位型缺陷的典型捕获系数为 $\mu_D = 10^{14} \sim 10^{15}/s$，且与温度无关[42~44]，该值意味着中性空位浓度为 $10^{16}/cm^3$($100 \sim 200ppb$，ppb 为浓度单位，$1ppb = 1\mu g/L$)时，可以观测到的中性空位浓度值。室温下对于负电性空位，正电子的捕获系数通常为 $\mu_D = 10^{15} \sim 10^{16}/s$[42~44]，因而检测负电性空位的灵敏度为 $10^{15}/cm^3$($10 \sim 20\mu g/L$)。负电性空位的实验指纹区 μ_D 随温度的降低而增大($\mu_D \sim T^{-1/2}$)，通常用于从中性空位的缺陷中区分负电性空位的缺陷[42~44]。

负电性离子周围类氢态的正电子俘获系数 μ_{ion} 与负电性空位的俘获系数有相同数量级[41,45]。此外，俘获系数表现出类似 $T^{-1/2}$ 的温度依赖关系。与空位缺陷不同，正电子从负离子中的热逃逸在通常的实验温度下具有至关重要的作用，根据详细的平衡原理推导出类氢态正电子的释放率 δ_{ion}，如方程(14.4)[3]所示：

$$\delta_{ion} = \mu_{ion} \left(\frac{2\pi m^* k_B T}{h^2} \right)^{3/2} \exp \left(-\frac{E_{ion}}{k_B T} \right) \tag{14.4}$$

通常，低温($T < 100K$)时离子浓度超过 $10^{16}/cm^3$ 时将影响正电子湮灭，但在高温($T > 300K$)时没有观察到这种现象，此时，式(14.4)中的释放率较大。

在实践中，正电子湮没数据以动力学速率方程进行分析，这些方程描述了正电子在自由布洛赫状态和缺陷局域态之间的转化[8~10]。经常发生的情况是，实验数据显示存在两种缺陷，其一是空位，另一个是负电性的离子。在这种情况下，平均寿命 τ_{ave}(质心的寿命谱)、正电子动量分布 $\rho(P)$、形状参数 S 和多普勒扩宽湮灭线 W(分别代表低动量的价带电子湮灭和高动量的芯电子湮灭)，由下式给出：

$$P = \eta_B P_B + \eta_{ion} P_{ion} + \eta_V P_V \tag{14.5}$$

式中，P 为实验参数，下标"B、ion、和 V"分别表示晶体、负电性离子和空位缺陷的特征参数。根据式(14.5)和实验数据，可通过下列方程组获得俘获率 κ_v 和实验俘获分数 κ_{ion}，从而获得缺陷浓度。

$$\eta_B = 1 - \eta_{ion} - \eta_V \tag{14.6}$$

$$\eta_V = \frac{\kappa_V}{\lambda_B + \kappa_V + \dfrac{\kappa_{ion}}{1 + \delta_{ion}/\lambda_{ion}}} \tag{14.7}$$

$$\eta_{ion} = \frac{\kappa_{ion}}{(1 + \delta_{ion}/\lambda_{ion})\left(\lambda_B + \kappa_V + \dfrac{\kappa_{ion}}{1 + \delta_{ion}/\lambda_{ion}}\right)} \tag{14.8}$$

此外，这些方程将正电子寿命和多普勒扩宽结果相结合，可以进一步研究 τ_{ave}、ρ (p_L)、S 和 W 之间的各种相关性。

在高温下，所有正电子将从负电性离子的类氢状态中逃逸而没有发生湮灭。结合 $\eta_{ion} = 0$ 和 $\delta_{ion}/\lambda_{ion} \gg 1$，因此，通过式(14.5)~式(14.8)可以直接得到确定的正电子俘获率和空位浓度：

$$\kappa_V = \mu_V c_V = \lambda_B \frac{\tau_{ave} - \tau_B}{\tau_V - \tau_{ave}} = \lambda_B \frac{S - S_B}{S_V - S} = \lambda_B \frac{W - W_B}{W_V - W} \tag{14.9}$$

应该注意的是，在上述情况下，τ_{ave}、S 和 W 三者之间存在线性依赖关系。三组 (τ_{ave}, S)、(τ_{ave}, W) 和 (S, W) 实验点的线性关系提供给了正电子可从两种状态中湮灭的证据，表明它们仅被俘获在样品中单一类型的空位型缺陷中。

14.2.3　实验技术

正电子寿命谱是缺陷研究中的一种强大技术，因为各种正电子状态表现出不同的指数衰减分量，正电子的状态数、湮灭率及其相对强度由此而确定。在正电子寿命测量中，我们需要分别检测样品中与正电子入口和湮灭时间对应的初始信号和终止信号。跟随 ^{22}Na 同位素正电子发射的 1.27MeV 光子是一个合适的初始信号，511keV 湮灭光子作为终止信号。正电子源采用密封在两个薄箔之间的放射性同位素制成，放射强度约为 $10\mu Ci$（Ci 即居里）或 $10^5 \sim 10^6 Bq$（Bq，即贝可，放射性活度单位，放射性元素每秒有一个原子发生衰变时，其放射性活度即为 1 贝可）。然后，正电子夹在样品材料的相同部分（如 $5mm \times 5mm \times 0.5mm$）。这种技术已经成为研究晶体的标准方法，脉冲正电子束专为测量薄层材料的寿命谱而构建，但迄今为止，它们在缺陷研究中并没有被广泛使用[46,47]。

在通常情况下，在 1h 内可以记录约 10^6 个寿命事件。实验谱表示在 t 时刻正电子湮灭的概率，它由指数衰减函数确定：

$$-\frac{dn(t)}{dt} = \sum_i I_i \lambda_i e^{-\lambda_i t} \tag{14.10}$$

式中，$n(t)$ 为正电子在 t 时刻的存活概率。衰减常数 $\lambda_i = 1/\tau_i$ 称为湮灭率，它们是正电子寿命的倒数，每个正电子寿命都有强度 I_i。实际上，式(14.10)的理想湮灭谱是由半波宽（Full Width at Half Maximum，简称 FWHM）为 200~250ps 的高斯分辨函数卷积得到。源材料中5% ~10% 的正电子发生湮灭，因此必须进行适当的"源修正"。由于有限的时间分辨率、源材料中的湮灭以及背景的随机影响，分析实验光谱时通常只有 1 ~ 3 个寿命分量，两个寿命分量的分离只有在 $\lambda_1/\lambda_2 \geq 1.3 ~ 1.5$ 时才能获得成功。

图 14.1 展示了采用 HVPE 和 HNP 方法生长的两个自支撑 GaN 样品的正电子寿命谱[17,34]。正电子进入样品并在 $t = 0$ 时刻进行热化，图 14.1 的纵坐标轴为时间每间隔 25ps 的正电子湮灭数。在 O 浓度较低的 HVPE - GaN 样品中，300K 时正电子湮灭谱中的单一寿命分量为 (160 ± 1) ps，对应于完美晶格中的正电子湮灭。在较高 O 浓度的 HNP - GaN 样品中有两个寿命成分，其中较长寿命的分量（$\tau_2 = 235$ps）是正电子在 Ga 空位缺陷处湮灭的结果。

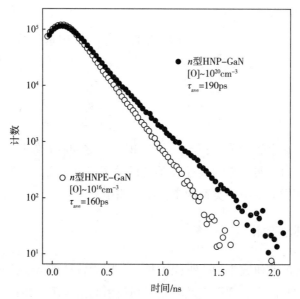

图 14.1　两种不同方法生长的自支撑 GaN 晶体（含有不同浓度的非有意掺杂氧）的正电子寿命谱

注：采用氢化物气相外延法（HVPE）和高氮压力（HNP）方法；源材料中的背景常数和湮没常数已从光谱中去除，该光谱记录 2～10^6 个猝灭事件；实线是指数分量和光谱仪分辨率卷积的之和，样品中的数据在 300K 时记录；HVPE 样品的猝灭光谱仅有 160 ± 1ps 的单一分量，HNP 样品的光谱可以分解为两个分量，其中较高的分量为 235 ± 5ps。

实验结果通常以平均正电子寿命 τ_{ave} 来表示，其定义为：

$$\tau_{ave} = \int_0^{\infty} dt\ t\left(-\frac{dn}{dt}\right) = \int_0^{\infty} dt\ n(t) = \sum_i I_i \tau_i \qquad (14.11)$$

平均寿命是一个统计上的精确参数，因为它等于湮灭谱质量中心的实验寿命。因此，可以根据强度和寿命值正确地计算出平均寿命，即使衰变仅代表了对没有任何物理意义实验结果的完美拟合。图 14.1 所示的两个光谱中正电子的平均寿命分别为 160ps（HVPE - GaN）和 190ps（HNP GaN），这种差异是非常重要的——实验能可靠地观察到平均寿命小于 1ps 的显著变化。

多普勒扩宽光谱通常应用于低能正电子束实验中，由于缺乏初始信号，寿命光谱通常非常难以实现。电子 - 正电子对的湮灭辐射过程（释放能量 $\Delta E = cp_1/2$）产生多普勒漂移，

其中 P_L 为湮灭光子发射方向上正负电子对的纵向动量分量——这将导致 511keV 湮灭线的扩宽。511keV 光谱峰的形状描绘了电子 – 正电子对湮灭的一维动量分布 $\rho(p_L)$，因此，1keV 多普勒漂移对应的动量值为 $p_L = 0.54a.u.$（$\approx 3.91 \times 10^{-3} m_0 c$）。

多普勒扩宽可以通过具有良好能量分辨率的 γ 射线 Ge 探测器来进行实验测量。对于晶体材料样品的测量，采用与寿命实验中相同的源样品夹层装置；对于薄膜层样品的测量，正电子束打到样品上，多普勒扩宽通常作为光束能量的函数进行监测。探测器在 500keV 时的典型分辨率为 1~1.5keV，与总宽度为 2~3keV 的湮灭峰的相比，这是相当大的——意味着实验线型受到探测器分辨率的强烈影响。因此，可用各种形状参数来描述 511keV 线。

低动量电子参数 S 为中心区湮灭线数（通常 $P_L < 0.4a.u.$）与湮灭线总数之比。以同样的方式，高电子动量参数 W 是翼区湮灭线数（通常为 $P_L > 1.5a.u.$）与湮灭线总数的之比。选择参数 S 和 W 的最佳方法是积分窗口法，如图 14.2 所示。其中，参数 S 从高斯部分积分得到（由未束缚或弱束缚的价电子动量分布给出），因此它包含了峰值中大约 50% 的总计数。选择参数 W 的窗口下限，有助于理解谱中芯电子指数分布尾部的重要贡献（半对数图中的线性部分）。为了获得尽可能好的统计数据，从数据的分散角度来看，上限应尽可能合理。出于上述考虑，应当正确地选择参数 W 的窗口下限。参数 S 和 W 有时也分别被称为价带湮灭参数和芯湮灭参数。

多普勒扩宽谱中的高动量部分产生于芯电子湮灭，其中包含了原子的化学特性信息。因此，详细研究芯电子湮灭谱可以揭示正电子湮灭区域原子的性质。为了更详细地研究高动量部分，需要减少实验背景。第二个 γ 射线探测器可以放置在 Ge 探测器的对面，使检测到 511keV 光子成为唯一被接受的事件[48,49]。根据第二探测器的类型（如图 14.2 所示），电子动量在高达 $P = 8a.u.$（$\approx 60 \times 10^{-3} m_0 c$）时，也可以采用多普勒扩宽实验进行重合检测。

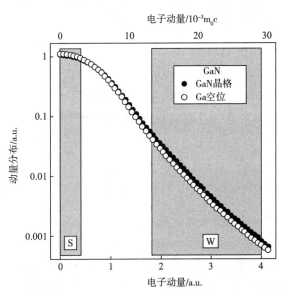

图 14.2 在 GaN 晶格和电子辐照诱导的 Ga 空位中测量的正电子 – 电子动量分布图

注：图中给出了 S 和 W 积分面积的区域；需要指出的是，多普勒展宽谱是对称的，为了增加统计数据，只考虑了零动量附近。

14.3 生长缺陷

自从第一次在 GaN 中识别 Ga 空位以来，HVPE 法和 HNP 法生长的掺杂及未掺杂 GaN 晶体一直是许多正电子缺陷研究的主体[11]。这些样品的特点是，各种杂质类型及和生长温度产生了不同的空位浓度。此外，生长极性在确定杂质的加入和材料中点缺陷的形成方面具有重要作用。接下来，我们尝试理解文献[11～13，15～20，23～29]中的内容，提供 GaN 晶体(或类晶体材料)中空位型缺陷形成的系列照片。

14.3.1 形成缺陷：生长方法和掺杂

图 14.3 展示了测量的六个不同掺杂 GaN 样品(采用 HVPE 法和 HNP 法生长)的正电子平均寿命 τ_{ave} 与温度间的函数关系。对于平均寿命 τ_{ave} 大于晶体寿命 $\tau_{B} = 160ps$ 的样品，表明空位缺陷俘获导致正电子湮灭。湮灭光谱具有两个分量组成，较高分量的平均寿命 $\tau_2 = (235 \pm 10) ps$ (此处不显示)——该分量对应 Ga 空位的特征，因此，这些样品中 Ga 空位的浓度均超过 $10^{15}/cm^3$ (温度相关的正电子测量灵敏度的极限)[11,17,24]。

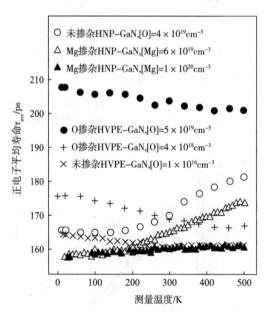

图4.3 HVPE – GaN 样品和 HNP – GaN 样品中正电子的平均寿命与测量温度之间的函数关系

在 Mg 重掺杂的 HPN – GaN 样品中，正电子平均寿命随温度升高略有增加，即正电子从完美晶格的非局域态中湮灭，这是由 GaN 晶格的热膨胀造成的。在 HVPE – GaN 样品中，正电子的平均寿命随测量温度的降低而增加(见 14.2 节)。因此，Ga 空位缺陷在 n 型 HVPE – GaN 中是负电性的，而与 O 浓度无关。在名义未掺杂和少量 Mg 掺杂的 HNP – GaN 样品中，正电子的平均寿命随测量温度降低而减小，这表明低温下负离子非常丰富，足以与俘获正电子的空位缺陷竞争，而浅能级类氢态[莱德贝格态(Rydberg)，即类氢态]的逃逸率则可忽略不计。数据还显示，空位是负电性的——在 Mg 掺杂样品中，中性空位型缺陷减少得更快，正电子平均寿命不可能稳定地高于名义未掺杂 GaN 样品中的晶体寿命。应该指出的是，负离子不能仅根据正电子数据来识别。然而，我们采用二次离子质谱（Secondary Ion Mass Spectrometry，简称 SIMS）测量了负离子的浓度并与受主杂质浓度进行了比较。在上述 HNP – GaN 样品中，比较的结果允许将负离子识别为 Mg 杂质[12]。

平均寿命的温度依赖性可以通过 14.2 节中引入的动力学方程进行建模。负 Ga 空位处的正电子俘获系数 μ_v 和负离子处的正电子俘获系数 μ_{ion} 随温度函数 $T^{-1/2}$ 变化[3,8]。在离子处正电子的逃逸率可以表示为：$\delta(T) \propto \mu_{ion} T^{-3/2} \exp(-E_{ion}/k_B T)$。式中，$E_{ion}$ 为正电子与处于类氢态离子的结合能[见式（14.4）]。Ga 空位的湮灭分数 η_v 和负离子的湮灭分数 η_{ion} 在 [见式（14.6）~式（14.8）]中给出，它们与浓度的依赖关系分别为 $C_V = \kappa_V/\mu_V$ 和 $C_{ION} = \kappa_{ion}/\mu_{ion}$ [见式（14.9）]，还依赖发射率 $\delta_{ion}(T)$ [见式（14.4）]。300K 时，我们使用正电子俘获系数的常用值 $\mu_V = 3 \times 10^{15}\,s^{-1}$[8,9]，通过将湮灭分数 η_B、η_{ion} 和 η_V [见式（4.6）~式（14.8）]代入平均寿命方程 $\tau_{ave} = \eta_B\tau_B + \eta_{ion}\tau_{ion} + \eta_V\tau_V$ [见式（14.5）]，所得的结果与实验数据吻合良好。表 14.1 展示了各种不同杂质浓度的 HVPE – GaN 和 HNP – GaN 样品中以这种方式获得的空位和负离子浓度。经计算，负离子周围浅能级态与正电子的结合能为（60 ± 10）meV。

表 14.1　不同生长方法、掺杂形式和极性的 GaN 晶体样品中的缺陷浓度
（单位：$10^{17}\,cm^{-3}$）[12,17,24,28]，杂质数据由 SIMS 测得

样品/缺陷	[O]	[V_{Ga}]	[Mg]	c_{ion}
HNP GaN Ga 面				
未掺杂	400	2	10	30
Mg 掺杂 1	1200	0.7	600	600
Mg 掺杂 2	900	<0.01	1000	
N 面				
未掺杂	800	7	10	30
同质外延 HVPE – GaN				
Ga 极性（未掺杂）	4	<0.01	0.4	
N 极性（未掺杂）	200	7	2	50
异质外延 HVPE – GaN Ga 面				
未掺杂	0.3	0.02		
O 掺杂 1	2	0.04		
O 掺杂 2	4	0.2		
O 掺杂 3	500	1.5		
GaN a 面				
未掺杂	1	3		

图 14.3 中的正电子数据进一步表明，在 HVPE – GaN 样品中，涉及 Ga 空位缺陷的主要是带负电荷的受主，而负离子(Mg 杂质)在 HNP – GaN 样品中占主导地位。从表 14.1 中还观察到，在 O 掺杂 HVPE – GaN 中，当 O 浓度为 $[O] = 2 \times 10^{17} \sim 2 \times 10^{20}/m^3$ 时，Ga 空位浓度与氧浓度之间具有相关性。在 HNP – GaN 样品中，Ga 空位浓度随 Mg 掺杂而降低，这一事实可以解释为：当费米能级向能带中间(较多 Mg 掺杂的 HNP – GaN 样品是半绝缘的)降低时，受主类缺陷的形成能增加。另外，随着 HVPE – GaN 样品中 O 掺杂的增加，自由载流子浓度的增加不会使费米能级显著移动，因此热力学的形成能不足以解释 Ga 空位浓度的增加。一个合乎逻辑的解释是，Ga 空位缺陷是以 $V_{Ga} - O_N$ 复合物的形式存在的，其中将 Ga 空位浓度限制在低 O 低掺杂能级的因素是可用的 O 杂质，而不是通过费米能级的载流子浓度来决定形成能。事实上，近期对多普勒扩宽光谱的详细研究表明，占主导地位的空位缺陷，导致的正电子寿命为 235ps，是一个 Ga 空位和 O 的复合物[24]。

本节中介绍的正电子结果表明，Ga 空位作为 n 型 GaN 的主要补偿中心。值得考虑的是 p 型 GaN 的情况，因为受主的属性不利于 Ga 空位形成。问题在于，N 空位是否能补偿掺杂。由于缺失 N 原子产生的开放体积较小，采用正电子检测 N 原子晶格上的空位缺陷并不明显。然而，N 空位的存在证据——我们采用正电子技术在 Mg 掺杂 MOCVD – GaN(p 型)中获得了 N 空位的复合物 Mg($V_N - Mg_{Ga}$)[50]。应该指出的是，尽管空位浓度与 n 型和 p 型 GaN 中的掺杂浓度(最多只有百分之几)相似，但空位作为主要的补偿中心仅限于 n 型 GaN 中，而在 p 型 GaN 中，其他缺陷和杂质(如氢)似乎起着最重要的作用。

14.3.2 缺陷和极性生长

上一节的主要结论是，如果 O 浓度足够高，n 型 GaN 晶体(通过 HNP 或 HVPE 生长)中的 Ga 空位以 $V_{Ga} - O_N$ 对的形式存在。然而，实验并未揭示这些缺陷的形成过程。幸运的是，六方纤锌矿结构的 GaN 提供了研究与材料生长极性(或方向)相关影响的可能性。通过对 HVPE 同质外延和异质外延 GaN、生长在极性或非极性方向以及与 HNP – GaN 的比较，我们揭示了 GaN 中杂质的掺入和缺陷的形成问题[17,18,27,28]。

表 14.1 展示了两个同质外延 HVPE – GaN 层之间的比较，这些层的厚度为 $30 \sim 60 \mu m$，且厚度均匀，生长于基本无位错的 HNP – GaN 衬底的 Ga 面和 N 面上。这两层获得的数据可以与从衬底的 Ga 面和 N 面获得的数据进行比较(如表 14.1 所示)。巧合的是，N 极性面 HVPE – GaN 和 N 面 HNP – GaN 中的 Ga 空位浓度($7 \times 10^{17}/cm^3$)是一致的，与二次离子质谱测量的杂质浓度类似。另外，Ga 极性面 HVPE – GaN 中的空位浓度($[V_{Ga}] < 10^{15} cm^{-3}$)与 Ga 面 HNP – GaN 体单晶中的空位浓度($[V_{Ga}] = 2 \times 10^{17} cm^{-3}$)之间的差异较大。这些观测结果支持了这样的观点，即氧的加入(以及随后镓空位形成)在非极性方向上更强，生长主要发生在 N 极性方向[51]。HVPE – GaN 中极性之间的差异大于 HNP 生长的 GaN 晶体——这可以解释为 HVPE 生长时温度和压强较低，降低了氧的扩散，以及高压生长中存在更多的氧。

为了进一步研究生长极性在 GaN 缺陷结合中的作用，我们采用能量可变的正电子束测量了 HVPE 法在蓝宝石衬底上生长的 a 面 GaN 层(厚度为 5 ~ 25μm)。图 14.4 的左图展示了在 a 面 GaN 层中测量的参数 S 和参数 W。我们将数据与 c 面 HVPE – GaN 和 He 辐照的 GaN 中获得的数据进行了比较[18,52]。在后者中，数据点落在了 GaN 晶格和孤立 V_{Ga} 的连线上——表明这些点是在 He 辐射中产生的[24]。另外，a 面 GaN 和 c 面 GaN 的数据在 V_{Ga} – O_N 对和 GaN 晶格参数的连线上——表明这些缺陷是 GaN 层中观察到的主要缺陷[24]。图 14.4 右边展示了 a 面 GaN 和 c 面 GaN 样品中 V_{Ga} – O_N 对的浓度与距离界面之间的函数关系，极性 HVPE – GaN 和非极性 HVPE – GaN 之间的差异非常明显——a 面 HVPE – GaN 中的 Ga 空位浓度是恒定的，而 c 面 HVPE – GaN 中的 Ga 空位浓度随着距离的增加而降低。二次离子质谱测试结果表明，O 浓度在 a 面 HVPE – GaN 层中是恒定的，扩展的位错密度也是恒定的(采用横截面透射电子显微镜观察的结果)[28]。

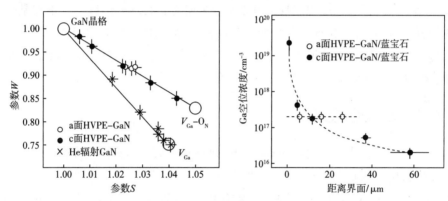

图 14.4　(S, W) 曲线显示的 c 面和 a 面 GaN 的多普勒展宽参数

注：左图为辐照 GaN 的参数；右图为 a 面和 c 面 HVPE – GaN 中 Ga 的
空位浓度与蓝宝石界面的距离之间的函数关系。

这些结果进一步支持了基于表面生长依赖氧合(oxygen incorporation)及形成镓空位的模型。在 c 面异质外延生长的 Ga 极性面 HVPE – GaN 中，O 浓度分布由蓝宝石衬底扩散引起的位错分布决定。另外，在 c 面同质外延生长的 Ga 极性面 HVPE – GaN 中，位错密度低，衬底中的氧含量明显降低，即使在非常薄的 GaN 层中也没有观察到空位；而在 N 极性的 GaN 中，Ga 空位和 O 浓度都很高。因此，由于 N 极性 GaN 和非极性 GaN 的生长模式相似(生长进行的一个重要部分来自非极性表面)，因此很自然地，从生长环境进入的 O 对两种生长模式均有效，导致高 O 浓度及 Ga 空位浓度——这与可能的扩展缺陷无关。然而，应当指出的是，异质外延生长的 a 面 HVPE – GaN 中的空位浓度高比 c 面异质外延 HVPE – GaN——这很可能与高的扩展缺陷密度有关。

根据以上研究结果，加上 600K 时孤立的 Ga 空位缺陷是移动的这一事实[30,31]以及最近被实验验证的理论形成能[32,53]，我们可以提出以下镓空位形成模型。Ga 空位形成于 n 型 GaN 生长过程中，它们在 HVPE 和 HNP 晶体中的高温(约 1300K)条件下快速迁移，并在冷却过程中通过施主杂质达到稳定(淬火)。这一事实通过如下事实得以证明：当 O 浓度相近时，尽管生长温度具有 500K 的差异，HVPE – GaN 和 HNP – GaN 中的 V_{Ga} – O_N 对浓度相近。事实上，相关实验已经证明，直到约 1300K 时 $V_{Ga} - O_N$ 对都是稳定的[30~32]。另外，Si 掺杂 n 型 GaN 中 Ga 空位浓度明显低于具有类似自由电子浓度的 O 掺杂 n 型 GaN[54]——单个受主（Ga 空位）和施主缺陷（Si 替位）之间的大距离以及 N 原子的筛选导致了 $V_{Ga} - O_N$ 对具有较低的结合能。

14.4 缺陷机制

为了广泛地了解半导体材料中点缺陷的性质，通常使用比热力学平衡来获得更高点缺陷浓度的方法——电子辐照被证明是切实可行的，研究热处理过程中的辐照诱导和生长缺陷的行为值得关注。电子辐照还可以用来模拟离子注入诱发的缺陷，这是半导体技术的典型工艺步骤之一。离子注入过程本身也可用于缺陷研究，在这种情况下，重点是研究具有更大体积的复合缺陷（如空位簇及其形成）以及注入物质与内在缺陷之间的相互作用。接下来，我们将介绍电子辐照和热退火研究中所获得的综合知识。迄今为止，离子注入 GaN 中的正电子实验还处于初步研究阶段，在这里不做讨论[55,56]。

14.4.1 高压热退火

在早期的尝试中，我们对生长的 GaN 样品进行热退火，退火温度高达 1300K，但没有成功地改善生长中的点缺陷分布[30,31]。如图 14.5 所示，温度高于 1400K，才能对正电子数据产生变化[32]。在实验中，我们使用 1×10^9Pa 高压氮气防止 GaN 样本离解。GaN 样品以蓝宝石为衬底生长在 MOCVD - GaN 模板之上（生长温度为 1350K），厚度为 270μm。从晶圆中挑选 4 个无裂纹、自分离样品在 4 种不同温度下进行退火处理（退火温度范围为 1423 ~ 1723K，退火时间为 1h）。为了获得高灵敏度，在 10 ~ 300K 的温度下进行正电子寿命实验。正电子寿命实验中使用的快速正电子以指数终止曲线的方式进入 GaN 晶格，平均深度为 30μm，从而探测了大约 1/3 的样品厚度。因此，为了研究 c 轴方向的缺陷分布，我们对样品的正电子寿命进行了测量（样品的 Ga 极性面和 N 极性面均面向电子辐照源，与 14.3.2 节中的 HNP - GaN 晶体同样的方式）。

图 14.5 展示了从样品中的正电子数据获得的 $V_{Ga} - O_N$ 浓度，以及通过比较二次离子质谱和光致发光数据估算的 O 浓度[32,57]。HVPE - GaN 样品 N 面附近的 O 浓度相对较高，这是由于即使使用缓冲层，异质外延界面区域的位错密度仍然较高。生长过程中的

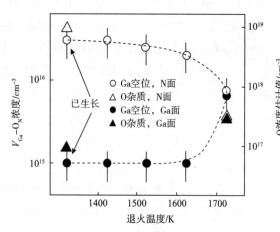

图 14.5 由 HVPE - GaN 层的侧面 N 极性和 Ga 极性确定的 $V_{Ga} - O_N$ 及氧杂质浓度与退火温度之间的函数关系（虚线是指向眼睛观测的方向）

高 O 浓度(n 型电导率较高)区域更容易形成 Ga 空位缺陷，并通过与 O 杂质形成复合物而在冷却中存活下来。因此，Ga 空位浓度的降低是缘于 $V_{Ga} - O_N$ 对的离解能。通过拟合 Ga 空位浓度和退火温度之间的函数关系，我们得出了激活能(E_A)的拟合值为 3.2(2)eV，这可以近似地表示为 V_{Ga} 的迁移能与 $V_{Ga} - O_N$ 复合物结合能的加和 $E_M + E_B$。根据电子辐照数据确定的迁移能 $E_M = 1.5(2)$eV[30]，我们获得的结合能 $E_B = 1.6(4)$eV，与理论预测的结合能 $E_B = 1.8 \sim 2.1$eV 完全一致[53,58]。

经 1723K 退火后，在样品 Ga 面一侧测量的空位浓度增加，表明材料中存在热处理形成的空位缺陷。平缓的空位浓度和氧杂质浓度分布表明样品已达到热平衡。事实上，面内压应力、a 面和 c 面晶格常数之间的差异也会在退火过程中消失[57]。结果表明，$V_{Ga} - O_N$ 对在 1523K 时变得不稳定，因此样品冷却后观察到的 Ga 空位浓度由 1423 ~ 1523K 的平衡浓度确定，这与早期实验估计的结果非常一致——$V_{Ga} - O_N$ 对的离解温度范围为 1300 ~ 1500K[30]。这些结果支持了 14.3 节中提出的模型，即 Ga 空位是在高生长温度下孤立形成的，最终浓度取决于 Ga 空位的扩散与 O 杂质结合的能力。最后，假设所有的 O 型施主均被电离，在 1723K 时 Ga 面一侧浓度的增加使费米能级 E_F 从 $E_C(0.7eV)$ 到 $E_C(0.5eV)$ 向上偏移到导带，即 Ga 空位的稳定温度由 O 杂质确定。这种偏移足以降低负 Ga 空位缺陷的形成能，使其在正电子可检测到的浓度下形成。以 $S = (5 \sim 10)K_B$ 的典型形成熵为例，从 1723K 的平衡浓度中估算出分离的 Ga 空位的形成能为 $E^F = 2.5 \sim 3.2$eV（在费米能级为 $E_C - E_F = 0.5$eV 处），与理论预测的结果 $E^F = 2.5 \sim 3.5$eV 完全一致[53,58]。

14.4.2 电子辐照实验

最先进的自支撑 HVPE – GaN 中的低位错密度和低杂质浓度使得采用辐照（如电子辐照）对缺陷引入进行受控研究成为可能。图 14.6 展示了 HVPE – GaN 样品的电子辐照结果，该样品辐照源分别为 0.45MeV（产生的位错密度为 $2 \times 10^{17}/cm^2$）和 2MeV（产生的位错密度为 $5 \times 10^{17}/cm^2$），随后在高于室温的温度下进行辐照退火[34,35]。在生长的样品中，发现低浓度（约 $4 \times 10^{15}/cm^3$）的 Ga 空位缺陷（$V_{Ga} - O_N$ 对）。在两种辐照情况下，经过足够高的退火温度后，最终获得了缺陷结构：0.45MeV 电子辐照的情况下为 600K，2MeV 电子辐照的情况下为 1120K，在更高温度下进行处理，数据不会发生任何进一步的变化；另一个共同的特点是，这两种电子辐照下引起的缺陷均在 450K 保持稳定。

选择 0.45MeV 的电子能量只是为了在 N 原子晶格中产生损伤，这是因为理论预测的 Ga 原子晶格产生损伤的阈值是 0.53MeV[59]。事实上，即使辐照的平均正电子寿命增加（如图 14.6 所示），也没有观察到 Ga 空位存在的迹象。相反，当温度与生长情况的差异最大时，第二寿命分量（图中未显示）$\tau_2 = (190 \pm 15)$ps 可以从湮灭谱中分离出来[34]。此外，由于多普勒扩宽光谱在 0.45MeV 的辐照中没有发生变化，产生这一寿命的缺陷可能是中性 N 空位：多普勒光谱的变化预计是最小的，Ga 的 3d 电子与 GaN 晶格和 N 空位的交叠相似。通过比较电学数据、光学数据[59]和理论预测数据[60]，这些 N 空位很可能与 HVPE – GaN 中足够丰富的氢形成中性复合物。图 14.6 还展示了 N 空位浓度与退火温度的演变：

拟合所得的激活能 $E_A = (1.8 \pm 0.1)\,\mathrm{eV}$。由于预测的 N 空位更加稳定[61]，因而这一结果表明，热退火中 N 空位消失是由于温度高于 450K 时 N 空隙（假设也与氢束缚）原子易于移动并填充了空位的缘故。

如图 14.6 所示，在 2MeV 电子辐照的情况下，正电子数据及其作为测量温度和退火温度的函数更复杂。在湮灭谱中的分离寿命分量 $[\tau_2 = (235 \pm 10)\,\mathrm{ps}]$ 表明，辐照及整个退火过程中均存在 Ga 空位，平均正电子寿命与温度的依赖性表明它们处于负电性状态。在不同温度退火后，详细分析平均正电子寿命与测量温度之间的函数关系，表明在不同的退火阶段存在两种负离子[34]。辐照后，具有较高结合能的负离子（电荷 2⁻）在 600K 出现，其中的 90% 消失形成低结合能的负离子（电荷 1⁻）。与此同时，约 1/2 的负电荷 Ga 空位消失。离子 1⁻ 和离子 2⁻ 共存至 700K，温度高于 700K 时剩余 10% 的离子 2⁻ 迅速消失。随着退火温度从 700K 上升到约 1100K，离子 1⁻ 慢慢开始消失，其余 50% 的 Ga 空位开始从 800K 以上的样品中退火，约 1100K 时慢慢消失。

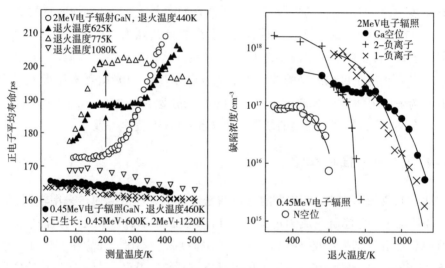

图 14.6　HVPE–GaN 样品的电子辐照和退火后的平均正电子寿命与温度之间的函数关系（左图）、从正电子数据中提取的缺陷浓度与退火温度之间的函数关系（右图）

Ga 空位的第一退火阶段约为 600K，这与早期的观测和理论预测完全一致[30,61]，并验证了孤立 Ga 空位的迁移势垒为 $E_M = (1.8 \pm 0.1)\,\mathrm{eV}$。从退火数据和离子 2⁻ 的转变中拟合提取的激活能为 1.9eV 和 2.3eV，负离子电荷状态的变化很可能与缺陷本身的两次后续重建有关。这种解释是基于样品中费米能级的普适行为：在 n 型半导体材料中，费米能级通常随温度降低向导带移动，当通过退火去除了辐照诱发的缺陷补偿时，也会引起费米能级向导带移动。因此，如果负离子缺陷由于费米能级的移动而改变了其电荷状态，那么它们负离子的特性将显著增强，而在我们的实验中，它们的负离子特性确实增强了（从 2⁻ 到 1⁻）。一种可能的解释是，如从其他缺陷复合物中释放氢，然后迁移并俘获这些负离子，它们的负离子特性将变得更强。然而，由于这些缺陷的结构尚未解决，需要进一步的实验来理解这些负离子的可观测行为。

800K 以上的退火数据无法拟合单个激活能，此时离子 1⁻ 与另一半 Ga 空位一起消除，这表明其中涉及了复杂的迁移过程。由于众所周知的事实，孤立 Ga 空位在 600K 时具有可移动性，其余的 Ga 空位需要由其他缺陷来稳定。2MeV 电子辐射中也产生了 N 空位(尽管产率较低)和氢——有可能成为候选的缺陷，这是由于难以将 Ga 空位复合物与孤立的 Ga 空位区分开来。此外，因为我们的样品中 O 浓度太低，导致大部分的 Ga 空位不能与氧形成复合物；而已知的 $V_{Ga}-O_N$ 对复合物分解温度只发生在 1500K 以上(见 14.3 节)。有趣的是，光学检测电子顺磁共振(Optically Detected Electron Paramagnetic Resonance，简称 ODEPR)测量的最近结果(也是在高纯度 HVPE – GaN 样品中，用 2.5MeV 电子辐照与本文工作类似的氟)，被解释为孤立的 Ga 空位在 600K 的退火中存活，在 800K 以上则消失[62]。然而，氢与 Ga 间隙的影响很可能是正电荷，并导致它们对正电子不可见。因此，应该更详细地考虑，并进一步采用实验澄清这些情况(请注意，H 和 Ga 间隙将会部分带电或部分呈电中性，因为费米能级可能与它们的能级接近)。

14.5　总结

通常来说，正电子湮灭谱提供了半导体中空位缺陷的微观信息，其测量的浓度范围为 $10^{15} \sim 10^{19}/cm^3$。正电子寿命是与缺陷相关的开放体积的指纹检测的结果，可用来识别单一空位、双空位和更大的空位簇。湮灭辐射的多普勒扩宽光谱可以测量电子湮灭的动量分布，也可以用来识别空位周围原子的性质。因此，它可以区分化合物半导体的不同子晶格中的空位缺陷，并确定与空位有关的杂质。空位缺陷的电荷状态可以通过正电子俘获系数与温度之间的依赖关系来决定，围绕负电中心进入莱德贝格态(即类氢态)的局域正电子能够提供无开放体积的离子受主信息。

在本章中，我们采用正电子湮灭谱法对晶体和类晶体 GaN 中的空位缺陷和杂质进行了描述和总结，最重要的结果包括确定了 O 掺杂 n 型 GaN 中的主要本征受主——Ga 空位复合物，并进一步加深理解了 HVPE 或 HNP 高温生长 GaN 中 $V_{Ga}-O_N$ 对形成的物理过程。此外，通过电子辐照和退火实验，解决了 Ga 原子晶格和 N 原子晶格中点缺陷的许多内在属性，特别是关于热力学形成能或空位迁移势垒的结果。这些结果与理论预测非常一致，为理论物理学家提供了有价值的参考。

参考文献

[1] R. N. West, Adv. Phys. 22, 263(1973).

[2] P. J. Schultz, K. G. Lynn, Rev. Mod. Phys. 60, 701(1988).

[3] M. J. Puska, R. M. Nieminen, Rev. Mod. Phys. 66, 841(1994).

[4] P. Asoka – Kumar, K. G. Lynn, D. O. Welch, J. Appl. Phys. 76, 4935(1994).

［5］P. Hautojärvi(ed.)，Topics in Current Physics，vol. 12，Positrons in Solids(Springer，Heidelberg，1979).

［6］W. Brandt，A. Dupasquier(eds.)，Positron Solid – State Physics(North – Holland，Amsterdam，1983).

［7］A. Dupasquier，A. P. Mills Jr. ，(eds.)，Proceedings of the International School of Physics Enrico Fermi Course CXXV，Positron Spectroscopy of Solids(IOS，Amsterdam，1995).

［8］K. Saarinen，P. Hautojärvi，C. Corbel，in Identification of Defects in Semiconductors，Semi – conductors and Semimetals，vol. 51A，ed. by M. Stavola(Academic，New York，1998)，p. 209.

［9］R. Krause – Rehberg，H. S. Leipner，Positron Annihilation in Semiconductors (Springer，Heidelberg，1999).

［10］K. Saarinen，in III – V Nitride Semiconductors：Electrical，Structural and Defects Properties，ed. by M. O. Manasreh(Elsevier，Amsterdam，2000)，p. 109.

［11］K. Saarinen，T. Laine，S. Kuisma，J. Nissilä，P. Hautojärvi，L. Dobrzy′nski，J. M. Baranowski，K. Paku-la，R. Stepniewski，M. Wojdak，A. Wysmołek，T. Suski，M. Leszczy′nski，I. Grzegory，S. Porowski，Phys. Rev. Lett. 79，3030(1997).

［12］K. Saarinen，J. Nissilä，P. Hautojärvi，J. Likonen，T. Suski，I. Grzegory，B. Łucznik，S. Porowski，Appl. Phys. Lett. 75，2441(1999).

［13］K. Saarinen，J. Nissilä，J. Oila，V. Ranki，M. Hakala，M. J. Puska，P. Hautojärvi，J. Likonen，T. Suski，I. Grzegory，B. Łucznik，S. Porowski，Phys. B 274，33(1999).

［14］T. Suski，E. Litwin – Staszewska，P. Perlin，P. Wi′sniewski，H. Teisseyre，I. Grzegory，M. Bo′ckowski，S. Porowski，K. Saarinen，J. Nissilä，J. Cryst. Growth 230，368(2001).

［15］K. Saarinen，V. Ranki，T. Suski，M. Bo′ckowski，I. Grzegory，J. Cryst. Growth 246，281(2002).

［16］F. Tuomisto，T. Suski，H. Teisseyre，M. Kry′sko，M. Leszczy′nski，B. Łucznik，I. Grzegory，S. Porows-ki，D. Wasik，A. Witowski，W. Ge，bicki，P. Hageman，K. Saarinen，Phys. Status Solidi(B) 240，289(2003).

［17］F. Tuomisto，K. Saarinen，B. Łucznik，I. Grzegory，H. Teisseyre，T. Suski，S. Porowski，P. R. Hageman，J. Likonen，Appl. Phys. Lett. 86，031915(2005).

［18］J. Oila，J. Kivioja，V. Ranki，K. Saarinen，D. C. Look，R. J. Molnar，S. S. Park，S. K. Lee，J. Y. Han，Appl. Phys. Lett. 82，3433(2003).

［19］D. Gogova，A. Kasic，H. Larsson，B. Pécz，R. Yakimova，B. Magnusson，B. Monemar，F. Tuomisto，K. Saarinen，C. Miskys，M. Stutzmann，C. Bundesmann，M. Schubert，Jpn. J. Appl. Phys. 43，1264(2004).

［20］D. Gogova，A. Kasic，H. Larsson，B. Monemar，F. Tuomisto，K. Saarinen，L. Dobos，B. Pécz，P. Gibart，B. Beaumont，J. Appl. Phys. 96，799(2004).

［21］T. Paskova，P. P. Paskov，E. M. Goldys，E. Valcheva，V. Darakchieva，U. Södervall，M. Godlewski，M. Zieli′nski，S. Hautakangas，K. Saarinen，C. F. Carlström，Q. Wahab，B. Monemar，J. Cryst. Growth 273，118(2004).

［22］M. Misheva，H. Larsson，D. Gogova，B. Monemar，Phys. Status Solidi(A) 202，713(2005).

［23］D. Gogova，C. Hemmingsson，B. Monemar，E. Talik，M. Kruczek，F. Tuomisto，K. Saarinen，J. Phys. D Appl. Phys. 38，2332(2005).

［24］S. Hautakangas，V. Ranki，I. Makkonen，M. J. Puska，K. Saarinen，L. Liszkay，D. Seghier，H. P. Gislason，J. A. Freitas，R. L. Henry，X. Xu，D. C. Look，Phys. B 376，424(2006).

[25] D. Gogova, D. Siche, R. Fornari, B. Monemar, P. Gibart, L. Dobos, B. Pecz, F. Tuomisto, R. Bayazitov, G. Zollo, Semicond. Sci. Tech. 21, 702(2006).

[26] S. Hautakangas, I. Makkonen, V. Ranki, M. J. Puska, K. Saarinen, X. Xu, D. C. Look, Phys. Rev. B 73, 193301(2006).

[27] F. Tuomisto, T. Paskova, S. Figge, D. Hommel, B. Monemar, J. Cryst. Growth 300, 251(2007).

[28] F. Tuomisto, T. Paskova, R. Kröger, S. Figge, D. Hommel, B. Monemar, R. Kersting, Appl. Phys. Lett. 90, 121915(2007).

[29] K. Saarinen, S. Hautakangas, F. Tuomisto, Phys. Scripta. T126, 105(2006).

[30] K. Saarinen, T. Suski, I. Grzegory, D. C. Look, Phys. Rev. B 64, 233201(2001).

[31] K. Saarinen, T. Suski, I. Grzegory, D. C. Look, Phys. B 308, 77(2001).

[32] F. Tuomisto, K. Saarinen, T. Paskova, B. Monemar, M. Bockowski, T. Suski, J. Appl. Phys. 99, 066105 (2006).

[33] F. Tuomisto, S. Hautakangas, I. Makkonen, V. Ranki, M. J. Puska, K. Saarinen, M. Bockowski, T. Suski, T. Paskova, B. Monemar, Phys. Status Solidi(B) 243, 1436(2006).

[34] F. Tuomisto, V. Ranki, D. C. Look, G. C. Farlow, Phys. Rev. B 76, 165207(2007).

[35] F. Tuomisto, D. C. Look, G. C. Farlow, Phys. B 401 − 402, 604(2007).

[36] S. Valkealahti, R. M. Nieminen, Appl. Phys. A 35, 51(1984).

[37] I. Makkonen, M. Hakala, M. J. Puska, Phys. Rev. B 73, 035103(2006).

[38] M. Alatalo, B. Barbiellini, M. Hakala, H. Kauppinen, T. Korhonen, M. J. Puska, K. Saarinen, P. Hautojärvi, R. M. Nieminen, Phys. Rev. B 54, 2397(1996).

[39] I. Makkonen, M. J. Puska, Phys. Rev. B 76, 054119(2007).

[40] K. Saarinen, P. Hautojärvi, A. Vehanen, R. Krause, G. Dlubek, Phys. Rev. B 39, 5287(1989).

[41] C. Corbel, F. Pierre, K. Saarinen, P. Hautojärvi, P. Moser, Phys. Rev. B 45, 3386(1992).

[42] M. J. Puska, C. Corbel, R. M. Nieminen, Phys. Rev. B 41, 9980(1990).

[43] J. Mäkinen, C. Corbel, P. Hautojärvi, P. Moser, F. Pierre, Phys. Rev. B 39, 10162(1989).

[44] J. Mäkinen, P. Hautojärvi, C. Corbel, J. Phys. Condens. Mat. 4, 5137(1992).

[45] K. Saarinen, S. Kuisma, J. Mäkinen, P. Hautojärvi, M. Törnqvist, C. Corbel, Phys. Rev. B 51, 14152 (1995).

[46] D. Schödlbauer, P. Sperr, G. Kögel, W. Triftshäuser, Nucl. Instrum. Methods B 34, 258(1988).

[47] R. Suzuki, Y. Kobayashi, T. Mikado, H. Ohgaki, M. Chiwaki, T. Yamazaki, T. Tomimatsu, Jpn. J. Appl. Phys. 30, L532(1991).

[48] M. Alatalo, H. Kauppinen, K. Saarinen, M. J. Puska, J. Mäkinen, P. Hautojärvi, R. M. Nieminen, Phys. Rev. B 51, 4176(1995).

[49] P. Asoka − Kumar, M. Alatalo, V. J. Ghosh, A. C. Kruseman, B. Nielsen, K. G. Lynn, Phys. Rev. Lett. 77, 2097(1996).

[50] S. Hautakangas, J. Oila, M. Alatalo, K. Saarinen, L. Liszkay, D. Seghier, H. P. Gislason, Phys. Rev. Lett. 90, 137402(2003).

[51] E. Frayssinet, W. Knap, S. Krukowski, P. Perlin, P. Wisniewski, T. Suski, I. Grzegory, S. Porowski, J. Cryst. Growth 230, 442(2001).

[52] F. Tuomisto, A. Pelli, K. M. Yu, W. Walukiewicz, W. J. Schaff, Phys. Rev. B 75, 193201(2007).

[53] J. Neugebauer, C. G. Van de Walle, Appl. Phys. Lett. 69, 503(1996).

[54] J. Oila, V. Ranki, J. Kivioja, K. Saarinen, P. Hautojärvi, J. Likonen, J. M. Baranowski, K. Pakula, T. Suski, M. Leszczynski, I. Grzegory, Phys. Rev. B 63, 045205(2001).

[55] Y. Nakano, T. Kachi, J. Appl. Phys. 91, 884(2002).

[56] A. Uedono, K. Ito, H. Nakamori, K. Mori, Y. Nakano, T. Kachi, S. Ishibashi, T. Ohdaira, R. Suzuki, J. Appl. Phys. 102, 084505(2007).

[57] T. Paskova, D. Hommel, P. P. Paskov, V. Darakchieva, B. Monemar, M. Bockowski, T. Suski, I. Grzegory, F. Tuomisto, K. Saarinen, N. Ashkenov, M. Schubert, Appl. Phys. Lett. 88, 141909(2006).

[58] T. Mattila, R. M. Nieminen, Phys. Rev. B 55, 9571(1997).

[59] D. C. Look, G. C. Farlow, P. J. Drevinsky, D. F. Bliss, J. R. Sizelove, Appl. Phys. Lett. 83, 3525(2003).

[60] B. Szucs, A. Gali, Z. Hajnal, P. Deak, C. G. Van de Walle, Phys. Rev. B 68, 085202(2003).

[61] S. Limpijumnong, C. G. Van de Walle, Phys. Rev. B 69, 035207(2004).

[62] K. H. Chow, L. S. Vlasenko, P. Johannesen, C. Bozdog, G. D. Watkins, A. Usui, H. Sunakawa, C. Sasaoka, M. Mizuta, Phys. Rev. B 69, 045207(2004).